华 章 图 书

一本打开的书，一扇开启的门，
通向科学殿堂的阶梯，托起一流人才的基石。

www.hzbook.com

MIDDLE PLATFORM ARCHITECTURE AND IMPLEMENTATION

Based on DDD and Microservices

中台架构与实现

基于DDD和微服务

欧创新 邓頔◎著

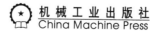

机械工业出版社
China Machine Press

图书在版编目（CIP）数据

中台架构与实现：基于DDD和微服务 / 欧创新，邓頔著 . —北京：机械工业出版社，
2020.9（2022.1 重印）

ISBN 978-7-111-66630-1

I. 中… II. ① 欧… ② 邓… III. 软件设计 - 研究 IV. TP311.1

中国版本图书馆 CIP 数据核字（2020）第 184136 号

中台架构与实现：基于 DDD 和微服务

出版发行：机械工业出版社（北京市西城区百万庄大街 22 号 邮政编码：100037）	
责任编辑：李 艺	责任校对：殷 虹
印　　刷：文畅阁印刷有限公司	版　　次：2022 年 1 月第 1 版第 6 次印刷
开　　本：186mm×240mm　1/16	印　　张：19.25
书　　号：ISBN 978-7-111-66630-1	定　　价：89.00 元

客服电话：（010）88361066　88379833　68326294　　投稿热线：（010）88379604
华章网站：www.hzbook.com　　　　　　　　　　　　读者信箱：hzjsj@hzbook.com

　　个人对 DDD 一直比较有兴趣，也包括企业架构设计、在 DDD 之前的领域分析如分析模式、彩色建模等。如果把软件按照相对的"稳定性"来排序，领域层＞应用层＞界面层。以营销为例，撬动用户的还是老三样：卡、券、积分，本质就是营销资产＋资金流，而从产品包装上可以策划满减、满返、2 件折扣、限时优惠、限定电商全场消费、限定活动线下商超、限定品类等活动，不一而足。领域层是相对稳定的，应用层（业务逻辑层和具体规则）可以有多种变化，而广义界面层的实质包括产品包装、交互等可以有更多的互动玩法。窃以为，领域分析的价值所在就是寻求"千变万化"中相对的"稳定性、第一性"，然后通过合理的架构分层及抽象隔离的业务复杂度和技术复杂度，隔离业务领域的稳定性和易变性，从架构上精巧、快速地支持业务的变化。技术为业务服务，但绝不是业务到 IT 的简单翻译。

　　欧老师精于保险业务，对于 DDD 也有自己的理解和看法。从经典的 DDD 战略设计到基于微服务的战术设计／实现的案例，本书给出了全面的参考案例。知行合一，则"限界上下文""实体""值对象""聚合""事件""事务一致性"等都不再神秘。本书也有一些可喜的创见，如对于"微前端"和"业务单元化"的提炼。本书以保险订单化销售业务领域为例，采用自顶向下策略，完成保险部分业务领域的中台设计，带领读者了解中台设计全流程，理解 DDD、业务中台、微服务、微前端与单元化设计的关系以及它们的核心设计思想。

　　本书价值不菲，强烈推荐。无论对于 DDD 的初学者，还是 DDD 的资深人士，都有相应的启发。写作者的最大安慰莫过于读者觉得有价值，有收获。祝大家阅读愉快！

右军，《深入分布式缓存》《程序员的三门课》联合作者

序 2 *Foreword*

为不确定而架构

在过去的几年中,因为工作的关系,我同很多科技类企业和组织合作过。这些企业和组织分布在不同的行业和地区,从电信、金融到物流供应链,从国内到全球各地。几乎所有技术行业的同人在谈到未来的时候,都流露出了很强的改变意愿和紧迫感。例如今年出现的新冠肺炎疫情,以及围绕疫情在全球范围出现的一系列连锁反应,都导致大家逐渐形成了一个共识:世界已经从根本上改变,未来 20 年将要发生的事情,可能是我们今天根本无法想象的。在这样的背景下,每一个组织都希望能够通过加大科技的投入,赋能自己的客户和业务,从而做好应对未知挑战的准备。

另一方面,软件"侵蚀"世界已经是不争的事实,在国内的很多城市中,恐怕已经很难想象完全脱离软件的生活会是什么样子。即使我们不谈"不可见"的嵌入式软件和网络控制类软件,仅仅脱离了智能手机以及建于其上的各种 App,我们熟悉的生活似乎将无法运转下去。新兴的科技公司,在利用软件技术打造新的场景,培养用户的使用习惯,创造新的业务价值的同时,也在倒逼前辈们对传统的业务进行数字化改造,以适应新时代下技术的变化速度。同时,科技公司又将自己的最佳实践标准化、产品化,希望通过与传统企业的合作,加速整个行业变革的进程。20 年前的 SOA 架构、6 年前的微服务架构和 3 年前阿里的"中台"都是这种模式的很好代表。

客户习惯的改变,技术的发展和快速演进,以及在一些行业出现的外力作用,都带来了价值、场景、技术、政策的不确定性。所有不确定性的综合,使得软件的构建过程一定会面对这样的窘境:**软件永远跟不上业务变化**。为了解决这样的问题,业界的前辈们一直在通过管理、技术、工具平台等多种维度来解决同一个问题:如何使软件的构建具备更高的响应力。敏捷、精益、DevOps、效能平台都是为解决这个问题而出现的解决方案。在这个过程中,

"如何在复杂业务场景下设计软件"逐渐成为架构师们关注的焦点。领域驱动设计（以下简称DDD）的提出，恰恰解决了这一问题。但是在 2010 年之前，因为单体应用仍然占据主流地位，DDD"曲高和寡"。直到"微服务"的出现，才消除了原来单体应用的桎梏，使得 DDD 成为架构师们都在讨论的软件架构设计标准实践。

近年来，DDD 在国内的影响力逐年增大。我仍然记得在 2015 年前后和企业交流的时候，当时大家对于什么是 DDD 完全摸不着头脑，很多组织直接把源自"产品线工程"的"领域工程"和 DDD 作为相同的概念加以实践。2017 年我们举办了第一届 DDD 中国峰会，那时有很多参与的同行对于 DDD 如何在自己的组织、场景中落地还存有这样或那样的疑虑。而到 2019 年的第三届峰会时，大家更多是带着问题和经验来和业界的同行们一起交流心得，探索在新场景下如何利用 DDD 带来更多的价值。

我和欧创新老师正是在这样的背景下认识的。欧老师在过去几年中将 DDD 的思想、微服务以及中台的理念同自己企业的实际相结合，积累了丰富的实践经验。每一次和欧老师交流，我都能学到很多东西。当欧老师找到我为这本书作序的时候，我既受宠若惊，又诚惶诚恐。在拜读完本书后，我惊讶于在这么短的时间内，欧老师不仅将自己获得的经验提炼总结，还用通俗易懂的语言和丰富的案例，将 DDD、微服务、中台的概念和围绕在它们周围的实践讲述得如此详细。本书确实是业界难得的一个针对架构设计和中台转型的技术层面的总结，我个人从中获益匪浅，相信本书的读者朋友会和我有同样的体会。

王威

ThoughtWorks 中国区技术战略咨询服务负责人

前　言 *Preface*

为何写作本书

当前基于微服务架构来构建企业级应用已成为业界趋势。微服务架构很好地实现了应用解耦，可以更好地实现应用上云，解决单体应用扩展和弹性伸缩能力不足的问题。鉴于众多互联网企业微服务架构转型后带来的成功和收益，越来越多的传统企业也开始从单体架构向微服务架构转型。但在演进的过程中，微服务到底应该怎样拆分和设计，拆多小才算合理？这已经成为业内重点关注的话题。

继阿里巴巴成功完成中台战略转型后，很多大型企业也紧随其后开启了中台数字化转型。作为中台，需要将通用的业务能力沉淀到中台业务模型，实现企业级业务能力复用。中台建设面临的首要问题是如何按照可复用原则完成企业级业务模型重构。而在中台落地时，又会面临微服务拆分和设计的问题。这两个问题一前一后，对任何企业来说都是不小的挑战。

现在市面上关于微服务开发和技术的学习资料非常多。但在中台数字化转型过程中，关于如何进行业务领域边界划分，如何完成中台领域建模实现能力复用，如何完成单体应用拆分和微服务设计，如何实现前中后台的协同设计等，可参考和借鉴的资料并不是很多，即便有一些，真正理解和实施起来也是困难重重。

中台越来越火，微服务越来越热，参与的人也越来越多，但是市面上一直没有一套体系化的理论与方法来指导中台和微服务建设。那是否有成熟的理论或方法来指导中台领域建模以及微服务拆分和设计呢？答案是肯定的，那就是DDD（Domain Driven Design，领域驱动设计）。

2003年埃里克·埃文斯（Eric Evans）出版了《领域驱动设计》[⊖]，从此DDD诞生。在沉

⊖　Eric Evans. Domain-Driven Design: Tackling Complexity in the Heart of Software[M]. Hoboken, NJ: Addison-Wesley Professional. 2003.

寂了十多年后，随着微服务架构的流行，DDD 强势崛起，成为很多企业微服务的主流设计方法。DDD 首先从业务领域入手，划分业务领域边界，采用事件风暴工作坊方法，分析并提取业务场景中的实体、值对象、聚合根、聚合、领域事件等领域对象，根据限界上下文边界构建领域模型，将领域模型作为微服务设计的输入，进而完成微服务详细设计。用 DDD 方法设计出来的微服务，业务和应用边界非常清晰，符合"高内聚，低耦合"的设计原则，可以轻松适应业务模型变化和微服务架构演进。

微服务与 DDD 的共生关系主要从两方面来体现。一方面是微服务提倡将应用进行服务化拆分，通过业务领域边界实现应用服务边界的划分。另一方面，DDD 恰好提供了一种基于业务限界上下文边界来实现微服务"高内聚，低耦合"的服务构建方法。将两者合理搭配使用，研发组织可以轻松实现面向服务的设计，享受持续交付与架构演进。

DDD 与微服务，乃至中台设计的结合，目前仍是一个非常新的领域。很多人可能并不清楚它们的关系，不知道该如何利用 DDD 来完成中台和微服务的协同设计。

基于上述背景，本书聚焦业务中台设计和建设，系统地阐述了基于 DDD 的中台和微服务建设的方法体系，主要包括中台业务边界划分和领域模型构建，微服务、微前端设计理念与实践，以及如何进行前中后台的协同设计和单元化设计等内容。

本书主要特点

纵观全书，本书具有以下 6 个显著特点。

1）**深入浅出，浅显易懂**。本书打破了常规采用大量理论知识堆砌来讲解 DDD 知识的方式，用大量场景化的案例类比和分析，带你深入理解 DDD 基础知识和核心设计思想，解决了 DDD 知识体系过于庞大而难以理解和微服务落地困难的问题。

2）**结构合理，从 DDD 理论到微服务实践完美结合**。本书从理解 DDD 基础理论知识和核心设计思想出发，结合多个企业级业务场景，完成了 DDD 全流程的领域建模和微服务设计，对服务设计与技术落地等实现细节进行了大量的示例说明。结合案例设计，完成了微服务代码的开发，并对代码实现进行了详细的代码分析和讲解，帮助你避免开发过程常见问题的发生。可以说，本书从理论中来，到实践中去，能够有效指导中台和微服务的设计和开发。

3）**化繁为简，从宏观业务分析到微观技术实现面面俱到**。DDD、微服务与中台三者中的任何一项，放在任何一家企业，都是一项非常庞杂且复杂度非常高的工作。本书分别从 DDD 设计视角和中台建设视角进行对比分析，梳理了 DDD、微服务与中台三者之间的协作关系。特别强调从业务领域出发，利用 DDD 战略设计和战术设计方法同时指导中台领域建模和微服务设计。可以说，DDD 是中台和微服务设计的最佳指导方法，而微服务则是中台的最佳技术实现，它们就是这样的铁三角协作关系。我们将三者结合，从企业领域到子域的战略设计、宏观业务领域边界划分到微服务内底层领域对象的逐级细化设计，降低软件产品建设的复杂度，实现从宏观战略到技术实现细节的无缝衔接。

4）**案例翔实，建立了企业级的中台建设方法体系**。本书涵盖了前台、中台和后台建设及设计的完整方法，建立了一套标准的中台领域建模和微服务设计方法及流程，可以很好地指导企业完成中台设计和微服务落地。通过大量复杂业务场景的详细案例设计和分析，将 DDD、中台和微服务三者结合，以近乎手把手的方式详细介绍了中台和微服务的设计方法和步骤。在中台业务建模时，你可以利用 DDD 战略设计，分解业务领域，从事件风暴入手，根据限界上下文边界构建可复用的中台领域模型。在中台落地时，你可以利用 DDD 战术设计，根据领域模型指导完成微服务和微前端设计和落地。

5）**问题导向，一切都是为了解决实际问题**。本书引入了大量成熟的中台与前台相关技术和设计方法，体系化地解决了企业中台建设过程中前台、中台和后台的协同设计，以及共享、联通与融合的问题。引入微前端设计思想，解决中台微服务化后，前端仍存在因单体而产生的前端集成和开发复杂的问题。为此，书中首次提出了基于领域模型的、单元化的设计思想，以领域模型为基准，向上构建微前端以实现领域模型的前端页面逻辑，向下构建微服务以实现领域模型的核心领域逻辑。将微服务和微前端集成组合为组件级业务单元，实现微前端页面逻辑和微服务接口能力的企业级复用。设计时，我始终强调应结合企业实际情况，选择最合适的方法和工具解决企业的实际问题，具体情况具体分析，灵活、体系化地运用技术和方法，通过常见问题分析和经验总结，避免陷入常见设计误区。

6）**文字简洁，易于阅读**。本书部分内容来源于我在极客时间的专栏《DDD 实战课》，整体采用与读者交互的行文风格，经过多重打磨，文字有活力，内容不刻板，更加简洁易懂。

本书阅读对象

本书是一本关于中台、微服务和微前端设计与建设的书，采用了 DDD 设计思想和方法，适合的阅读对象主要分为下面几类：

❑ 从事企业数字化转型的企业管理者；

❑ 从事企业技术架构和微服务设计的架构师；

❑ 从事企业业务架构设计和业务建模的业务人员；

❑ 从事微服务设计和开发的高级技术人员；

❑ 希望从事中台和微服务架构设计的人员；

❑ 对 DDD、微服务和中台设计感兴趣的学习者。

如何阅读本书

本书主要包含 24 章，共分为 6 部分。

第一部分　认识中台（第 1 ～ 4 章）

本部分包括 4 章，主要介绍中台相关背景知识，认识并理解中台的真正含义，从业务中台、数据中台、技术中台以及与之匹配的组织架构等多个方面分析传统企业中台转型应该具备的能力，带你初步了解 DDD 是如何指导中台和微服务设计，并厘清它们的协作关系的。

第二部分　DDD 基本原理（第 5 ～ 11 章）

为了让你能够更加深刻地理解 DDD，本部分通过一些浅显易懂的案例，帮助你学习并深刻理解 DDD 的核心基础知识、设计思想、原则和方法等内容，了解它们之间的协作和依赖关系，解决 DDD 概念理解困难的问题，做好中台实践前的准备工作。本部分包括 7 章，主要讲解 DDD 的关键核心知识体系，包括领域、子域、核心子域、通用子域、支撑子域、限界上下文、实体、值对象、聚合、聚合根、领域事件和 DDD 分层架构等知识。

第三部分　中台领域建模与微服务设计（第 12 ～ 19 章）

本部分包括 8 章，主要介绍 DDD 是如何通过战略设计构建中台业务模型，以及如何通过战术设计指导微服务拆分和设计的。在这一部分，我会用多个实际案例，带你用 DDD 方法完成中台和微服务的全流程设计，深刻理解 DDD 在中台领域建模与微服务设计中的步骤、方法、设计思想和价值。

1）了解如何用事件风暴方法构建领域模型。

2）了解如何用 DDD 设计思想构建企业级可复用的中台业务模型。

3）了解如何用 DDD 设计微服务代码模型，如何将领域模型映射到微服务以建立领域模型与微服务代码模型的映射关系，如何完成微服务架构演进等。

最后用一个案例将 DDD 所有知识点串联在一起，带你深入了解如何用 DDD 的设计方法完成领域建模与微服务设计的全流程，并对代码示例进行了详细分析和讲解。

第四部分　前端设计（第 20 章和第 21 章）

本部分包括两章，主要介绍微前端的设计思想，通过前端微服务化和单元化的设计思想，解决业务中台建设完成后前端应用解耦和前后端服务集成复杂的难点。书中阐述了如何借鉴微服务的设计思想来解构前端应用,实现前端应用的拆分解耦,并结合实践介绍前端架构的转型策略与技术落地。

另外,本部分还探讨了基于领域模型的单元化设计方法。通过微服务与微前端组合后的单元化设计,既可以降低企业级前台应用集成的复杂度,又可以让企业具有更强的产品快速发布和业务响应能力。这种能力能给我们的团队组建、研发模式、业务能力发布等带来非常大的价值。

第五部分 中台设计案例(第 22 章)

本部分包括一章,通过保险订单化设计案例,采用自顶向下的领域建模策略,带你走一遍中台设计的完整流程。案例中涵盖业务领域分解、中台领域建模、微服务和微前端设计、单元化设计以及如何实现业务和数据融合等内容,希望能够帮助你加深对 DDD、中台、微服务和微前端等知识体系、设计思想和技术体系的全面理解,更好地投入 DDD、中台和微服务建设实践中。

第六部分 总结(第 23 章和第 24 章)

本部分是全书的总结,包括两章。书中结合我多年的设计经验和思考,带你了解单体应用向微服务架构的演进策略,如何避免陷入 DDD 设计的常见误区,微服务设计原则以及分布式架构下的关键设计等内容。

勘误

由于时间仓促,加之水平有限,错误和疏漏之处在所难免。在此,诚恳地期待你的批评指正。如果你有任何疑问、技术交流需求或建议,可以直接发送至邮箱(chuangxinou@163.com),或关注微信公众号"中台架构与实现",我们会及时反馈。

致谢

感谢 ThoughtWorks 强大的技术团队和丰富的文档资料。ThoughtWorks 对 DDD 的大力宣传和推广，给我们提供了大量的学习和参考资料。技术雷达可以让我们了解最新的技术趋势和研究方向。总之，受益匪浅。

感谢机械工业出版社华章公司副总编辑杨福川老师和编辑李艺老师，他们在我们写作过程中提供了大量的帮助和支持，付出了辛勤劳动，指导我们顺利完成本书。

感谢极客时间总编辑郭蕾老师和专栏主编李佳、王冬青老师指导我顺利完成了《DDD 实战课》专栏，有了专栏的技术和文字积累，我才有足够的信心完成本书。

感谢本书合著者邓頔提供的微前端实施经验。他负责编写本书微前端部分章节内容，并为本书的策划、内容、实践和校对提供了宝贵建议和意见。

特别感谢 PICC 各位领导和同事在本书编写过程中提供的帮助和支持！

在本书编写过程中，ThoughtWorks 中国区技术战略咨询服务负责人、首席架构师王威（David）老师给予了大量指导并为本书写序。在此表示感谢！

欧创新

目　录 *Contents*

绪　　论

企业尤其是巨型企业，当业务发展到一定规模后，往往会面临业务种类繁多、业务高度依赖的问题。而随着业务的发展，企业内的部门会越来越多，分工越来越细，部门之间的依存度和沟通成本也会越来越高。

如果缺乏企业级总体规划，缺乏应对市场变化的快速反应能力和高效支撑商业模式创新的机制，企业运营和创新的成本将会大大增加。

为了提高市场响应能力，解决商业模式创新问题，越来越多的企业开始尝试数字化转型。

0.1　传统企业数字化转型的困难

由于企业发展历程、业务规模和自主研发能力不一样，企业在不同阶段的信息系统建设模式可能会存在差异。下面我们先来简单回顾一下传统企业数字化建设的历程和软件产品的建设模式。

0.1.1　传统企业数字化建设回顾

随着业务发展和自主研发能力的提升，传统企业信息系统建设可能会经历从产品外购、外包、自主研发，甚至集团统一运营的建设阶段。

第一阶段：以产品外购方式为主

规模较小或初创传统企业由于 IT 人员较少，短时间难以形成自主研发能力，一般采用产品外购方式。

产品外购方式是指企业从软件供应商处购买成熟软件产品，或在购买成熟产品后，根据企业内部业务需求进行定制开发的方式。

早期，很多成熟的套件化产品，往往会将很多功能打包在一个软件产品中。这样容易出现单体应用，即"一个系统包打天下"的问题，导致产品耦合度高，扩展能力不强，出现很多单体应用的通病。

第二阶段：自主研发为辅、外包为主

随着业务发展，当企业内部研发人员得到一定补充，达到一定规模，并具备了一定的研发和设计能力后，企业系统建设模式会慢慢转型为以自主研发为辅、外包为主的模式。

自主研发为辅、外包为主模式是指部分关键核心应用的项目管理、需求分析和系统设计由企业内部研发团队完成，而开发的工作仍然依赖外部人力提供商。这种模式下企业仍然需要采购大量成熟产品，或采用项目、人力外包方式完成信息系统建设。在这种模式下，企业只能实现 IT 建设的局部可控。

第三阶段：自主研发为主、外包为辅

当企业内部研发人员达到相当规模，企业 IT 团队有能力实现核心业务全流程自主研发后，企业大多会选择以自主研发为主的模式。这时企业对自己的核心竞争力具有完全掌控能力，可以根据业务发展随时做出响应，持续保持企业核心竞争力。

自主研发为主、外包为辅模式是企业内核心业务领域全流程采用自主研发模式。但基于成本考虑，有些企业对于非核心业务领域可能仍然会通过项目外包或采购外部人力方式完成信息系统建设。在这种模式下，企业可以实现 IT 建设的完全自主可控。

第四阶段：集团统一运营模式

对于大型跨业经营的集团，不同子公司之间可能由于早期缺少统一规划，因此在技术栈和应用系统建设上存在较大的差异，导致集团内部出现大量 IT 重复投入和重复建设，难以在集团内实现交叉销售和商业模式创新。

集团统一运营模式是通过集团内统一规划、统筹管理、统一运营、重构中台业务模型、统一技术标准、统一云环境和优化研发运营体系等，实现集团内各子公司之间业务流程的共享和联通、技术体系的标准统一和资源共享的信息系统建设模式。

近年来，越来越多的大型集团开始学习阿里巴巴，实施中台数字化转型战略。这种模式改变了集团内各子公司"山头林立、各自为政"的 IT 建设方式，可以在整个集团实现企业级业务能力复用和集团统一运营。

0.1.2　传统企业数字化转型的问题

过去这十年，移动互联等新型电商模式以及客户消费行为和习惯的改变，极大地刺激和影响了传统企业固有的业务形态和商业模式。传统企业从封闭走向开放，借鉴互联网企业的成功经验，开始积极融入互联网商业生态圈。

但由于历史原因，传统企业背负了太多的技术债，长期的技术停滞导致技术能力严重落后，同时企业内各部门之间坚实的"部门墙"，业务与技术之间的鸿沟，也给企业数字化转型带来不小的困难。

综合来看，传统企业数字化转型需要重点解决以下几个问题。

1. 技术体系落后的问题

传统企业大多采用集中式架构，技术体系相对落后，可扩展能力不强。集中式架构过于依赖设备资源，基于稳定或性能考虑，大多运行在大型机或小型机上。同时，传统企业多采用"两地三中心"的容灾模式，高可用能力不强，难以实现多中心多活，也容易带来资源浪费的问题。

在运维能力上，过于依赖人工，难以实现自动化运维，面对突发高频访问的业务场景，不能实现自动弹性伸缩。当业务量到达一定规模后，集中式数据库的容量和性能问题也容易成为业务发展的瓶颈。

总而言之，传统的集中式架构技术体系已经难以适应新形式下的业务发展要求。

2. 单体架构的问题

集中式单体应用往往会将多个功能放到一个应用中，经过日积月累，这个应用就会变成一个庞大而复杂的"怪物"。随着项目团队成员的更替，时间一长就很少有人能完全搞懂这些代码之间的逻辑关系了。**有些人可能会因为担心修改遗留代码而出现不可预知的 Bug，而宁愿增加大量不必要的代码，这样会导致应用越来越庞大，越来越复杂，可读性越来越差，最终陷入恶性循环。**对于整个项目团队来说，系统研发工作变成了一件极其痛苦的事情。

除了代码，单体应用还存在诸多问题。由于单体应用的各个模块之间耦合度高，很可能因为一个局部的小 Bug，而导致整个单体应用不可用。另外，单体应用部署包过于庞大，难以上云实现资源的弹性扩缩，导致应用扩展能力差且资源利用率不高。

同时，单体应用作为一个整体，也难以完成局部功能的技术升级。**企业难以尝试新的技术，以至于技术能力一直停滞不前，无法及时完成技术升级，导致技术债越积越多。**

3. 研发和运维能力落后的问题

一般单体应用的项目团队的规模较大，通常采用传统的瀑布开发模式。这种开发模式的弊端在于开发和测试周期耗时长，交付质量和周期难以保证，不能实现持续快速交付，对业务需求和市场的响应能力相对较慢，难以实施敏捷开发。

另外，云计算平台和自动化运维工具对单体应用的生态支持有限，应用的部署和运维过程相对复杂。当应用出现问题时，基本靠人肉排查，且研发团队与运维团队难以快速定位和协同解决问题。

4. IT 能力重复建设的问题

为了支持企业内部业务发展，传统企业大多建设了一套集中式架构的单体核心系统。

而近十年来，随着互联网电商业务的快速发展，很多传统企业既要维持传统业务，又要面向移动互联网生态圈开拓新业务。

由于传统集中式技术体系和研发模式难以支持互联网海量高并发的业务要求，为了避免传统核心与移动互联应用之间的相互影响，不少企业在传统核心应用之外，采用分布式技术体系建设了移动互联应用，但由于两者销售同质产品，在基本功能模块上存在交集，这样就出现了重复造轮子的问题。

除了传统核心应用和移动互联应用的重复建设外，在不同的业务场景或渠道也出现了业务同质化的问题。这些存在同质业务的不同渠道，可能也是重复建设的重灾区。

另外，在集团内部，由于缺少 IT 建设总体规划，不同子公司之间的公共业务能力（如客户等）的重复建设问题可能会更加突出。

所以很多传统企业出现了关于"双核心"或"稳敏双态"的争论。那么，为什么这类问题主要出现在传统企业，而没有出现在新型互联网企业呢？

我认为其根本原因是："传统的技术体系、研发模式以及业务模型难以同时处理传统和移动互联业务发展的矛盾。"

综上，要解决 IT 重复建设的问题，就要从提升技术能力和重构业务模型入手，实现企业级业务能力的复用，这也是传统企业中台数字化转型亟需重点解决的问题。

0.2　从 AKF 可扩展能力立方体模型说起

为了更好地理解企业数字化能力，我们先来了解 AKF 可扩展能力立方体模型，如图 0-1 所示，模型来源于《架构即未来》。它有 X、Y、Z 三个轴，分别从三个维度来定义软件产品的扩展能力。AKF 可扩展能力立方体模型是软件扩展能力的理论基础，在云计算和微服务盛行的时代，该模型获得了越来越多的人的认可，在软件扩展能力建设方面也有很多成功的实践案例。

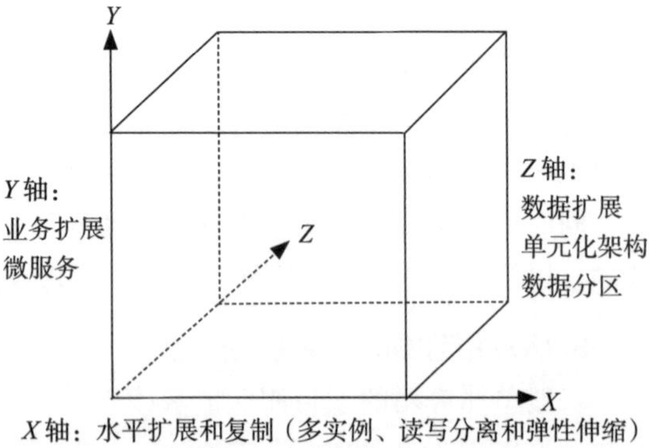

图 0-1　AKF 可扩展能力立方体模型

1. X 轴：容量扩展能力

X 轴关注无差别的服务和数据的复制，解决应用和数据库容量水平扩容的问题。当应用或数据库实例负载过重时，可以复制应用或数据库实例实现扩容。扩容后，任务可以通过负载均衡均匀分布到不同应用服务或数据实例，所有的实例都可以无差异地完成任务。

⊖　Martin L. Abbott, Michael T. Fisher 著，陈斌译. 架构即未来: 现代企业可扩展的 Web 架构、流程和组织（第 2 版）[M]. 北京: 机械工业出版社，2016: 389.

在分布式架构下，X轴的典型实践案例主要体现在应用和数据库实例的水平扩展能力上。如 Nginx 负载均衡，应用或数据库的多实例，应用的弹性伸缩，数据库多副本和读写分离等场景。

2. Y 轴：业务扩展能力

Y轴关注应用的业务职责划分，如根据数据类型、交易类型或根据两者组合来划分业务和应用边界，在划分过程中会遵循单一职责原则。Y轴主要用于划分业务和应用边界，解决业务能力复用的问题。

Y轴的典型实践案例是从单体向微服务的演进。这个过程会有业务和应用边界拆分的问题。但是在单体拆分为微服务时经常会有人问：单体到底应该如何拆分为微服务？是否有成熟的方法来完成应用和业务边界的划分呢？

答案是肯定的！

DDD（Domain Driven Design，领域驱动设计）方法就是一种行之有效的划分业务领域边界的方法，以帮助完成应用的拆分和微服务的设计。它会按照流程或功能边界分解业务领域，根据业务上下文边界，构建领域模型，并将其作为微服务设计的输入。如将电商业务按照商品、订单、支付和客户等业务上下文边界进行Y轴拆分，构建基于不同业务边界的领域模型，最后完成微服务的设计和开发。

 注意 百度百科中对领域模型的定义是：对领域内的概念类或现实世界中对象的可视化表示，是用于描述业务用例实现的对象模型。在 DDD 中，领域模型可以理解为在某一上下文边界内，由若干业务实体、行为或者由若干业务实体或行为组合而成，完成某个单一职责业务能力的对象组合。我们可以在领域模型内定义对象的依赖和组合关系。领域模型不是一成不变的，它会随着业务发展而不断演进。

---

3. Z 轴：数据扩展能力

Z轴关注数据的扩展能力，它按照业务类型或数据属性进行数据分片。根据数据分片策略将数据集划分为不同的数据子集，提升数据的扩展能力。如按照地域、机构或按照客户ID 哈希进行数据分片。

Z轴的典型实践案例有：**数据库水平切分和单元化架构**。

数据库水平切分是通过数据分片规则将一个大的数据集切分为多个数据子集，并分布到不同的数据库中，按照分片规则可以路由到具体数据库完成数据查询等操作。单元化架构是按照业务特点或用户需求进行数据分片，将一个数据集水平切分为多个数据子集，然后根据数据分片分别部署业务应用单元。业务应用单元内包含若干依赖紧密的应用，应用在单元内可以不依赖单元外的服务独立完成单元内的业务全流程，以形成业务场景闭环。业务单元之间相互独立、天然隔离。当业务需要扩容时，只需增加和部署新的业务单元与数据子集就可以很容易实现扩容，从而提高业务的承载能力。单元化架构在很多多数据中心的多中心多活方案中都有实践。

综上，AKF 可扩展能力立方体模型的 X、Y、Z 轴代表的三个维度相辅相成，涵盖业务和技术的多个领域。通过克隆应用和数据库实例，可以提高应用和数据库的业务承载容量，对应 X 轴扩展能力。通过划分业务职能边界建立领域模型，以拆分应用和设计微服务，可以提高业务的复用和扩展能力，对应 Y 轴扩展能力。通过分片策略将数据集拆分为多个数据子集或业务单元，可以提高数据的扩展能力，对应 Z 轴扩展能力。

企业将多个不同维度的扩展能力融合在一起，就可以实现应用能力的无限扩展了。

0.3　企业数字化转型的重要关注点

数字化转型是企业能力全面体系化提升的过程，远不是升级几个系统技术架构就能解决的事情。这种能力的提升是企业从技术、业务到组织能力的全面提升，需要从技术能力、业务能力和组织架构等多方面，分步骤、有计划地统筹推进，从多个方面整体提升企业核心竞争力。

从技术能力来看，随着移动互联技术和电商业务模式的蓬勃发展，为应对海量高频业务场景，很多互联网企业研发并开源了大量的分布式技术，其中不乏成熟的解决方案。基于这些新的开源技术和方案，企业可以相对容易地用较低的成本完成企业信息系统技术升级和转型。

这些分布式技术大多开源于技术先进的一线互联网企业，且都经历过高频海量业务场景的考验，应该说完全有能力支撑传统企业未来很长一段时间内的业务发展要求。毕竟很少有传统企业，在业务上能够达到与一线互联网企业同等体量的业务规模。可以预见，随着开源的技术越来越多，未来企业技术升级的频率将会越来越快，技术（性能和扩展能力等）制约业务发展的短板也将会不复存在。

从业务能力来看，企业之间的竞争会越来越激烈，企业面对的商业环境也会越来越复杂。为了持续保持核心竞争力，企业往往会根据市场发展和用户需求，持续调整企业整体战略，不断变革业务模式，快速推出与市场需求和发展相适应的新商业模式。

从长远来看，随着大量经过海量业务验证后的先进开源技术和云计算以及无服务器（Serverless）等技术的广泛使用，作为传统 IT 基础的技术能力，最终将会成为一种标准化和封装好的基础能力。就像使用操作系统一样，开发人员不再需要关注和陷入那些深奥的底层技术细节，而是可以真正将关注点放在业务能力设计和实现上。

不妨大胆预测，在不久的将来，这些基础技术能力将不再那么神圣，也不再成为制约企业业务发展的瓶颈。当然，这个过程还是免不了要提升传统企业 IT 从业人员的技能和认知能力，完成从集中式到分布式架构思维方式的转变。

反之，与基础技术能力相比，企业级可复用的业务模型构建能力、面对市场快速响应的业务模型设计能力、数据智能驱动的精细化产品运营能力和快速的应用发布能力，将会在企业数字化建设中占据更加重要的位置，成为企业未来发展的核心竞争力。

这或许是阿里提出中台战略后能抓住很多企业眼球的原因吧。

结合传统企业数字化转型的困难和 AKF 可扩展能力立方体模型，我们一起来看一看传统企业数字化转型时应该提升哪些能力，以及重点关注哪些方面。

1. 提升技术能力，完成从集中式架构向分布式架构的转型

技术能力是数字化转型的关键基础能力。技术平台统一、业务模型统一、数据整合和实时共享以及中台能力的建设等都离不开技术能力的强力支撑。

所以，企业数字化转型第一个重要关注点是完成从集中式架构到分布式架构技术体系的转型。

技术能力提升不仅仅是提升技术平台的能力，更应该提升人员技能、知识和方法体系等方面的能力，用新的思维和方法解决数字化转型过程中出现的新问题。

同时，要打破传统核心应用与移动互联应用的技术壁垒，促进两大关键技术和业务体系的融合。技术能力提升了，传统应用和移动互联应用才有统一的基础；应用统一了，才会有业务模型的统一；业务模型统一了，才能实现业务能力共享和复用，企业才会有实施中台战略的技术基础。

2. 降低应用建设复杂度，完成从单体到微服务的转型

集中式单体应用承载了过多的业务功能，导致应用建设过程过于复杂、业务逻辑耦合度过高等诸多问题，因此，微服务应运而生。它采用分治的策略，降低了应用建设复杂度，解决了单体应用建设过程中遇到的若干问题。

微服务业务职责单一，团队规模较小，可以更好地实施敏捷开发。微服务软件部署包较小，可以更好地上云，实现应用弹性扩展能力，提高自动化的运维能力，更好地管理和利用好资源。

所以，企业数字化转型的第二个重要关注点是完成从单体到微服务的转型。

> **注意**　微服务虽好，但它只是手段而不是目标。微服务是为了解决业务和应用扩展能力问题，也是为了应用更好地上云，让应用具有更好的弹性扩展能力。微服务实施需要一定的前置条件，企业需要结合自身能力做出选择，切忌为了微服务而微服务。

从单体到微服务的转型，对应 AKF 模型 Y 轴的业务扩展能力。"高内聚，低耦合"的可复用的业务模型和微服务，可以更灵活地应对业务变化，更快地响应市场需求。

3. 提升业务复用能力，从 IT 重复建设到中台战略

企业可能由于缺乏总体规划，存在组织架构上的部门墙，技术对不同场景应用缺乏适配能力等原因，在应用建设时出现重复建设的问题，导致企业投入大量的人力和资源，却没有获得预期价值，还降低了业务响应速度和创新能力。

所以，企业数字化转型的第三个重要关注点是统一业务模型，实现企业级能力复用，

降低 IT 重复建设。这也是企业数字化转型过程中最需要重点关注和解决的问题。

通过实施中台战略，重构企业业务模型，提升企业级业务的复用能力。在从单体应用向微服务转型时，通过划分业务边界构建领域模型，将可复用的业务能力沉淀到中台领域模型，建立企业级整体解决方案，实现业务和流程的组合、复用和融合。

4. 提升移动运营能力，从传统 PC 端向移动线上化转型

随着电子商务销售模式的流行，客户消费习惯和行为已经悄然从线下场景转移到了线上移动端，这已经成为一个不可逆的趋势。**智能技术在移植到 PC 端应用时，总是受限于 PC 端应用各种条件的限制，存在这样或那样的"水土不服"。但这些智能技术在移动端应用中却可以实现完美结合。移动端应用有更好的用户体验设计，正吸引着越来越多的用户，也改变了用户的消费行为和使用习惯。**

在企业级应用设计和中台领域建模时，可以分步骤统一传统核心和移动互联业务领域的领域模型，逐步完成传统核心和移动互联业务应用的融合，将内部员工和外部客户等用户逐步统一到移动端。在一个移动平台内实现企业内部、外部人员的一致性体验，完成移动线上化转型。

企业在制定 IT 资源投入策略时，可以将关键资源从传统 PC 端应用逐步转移到移动端，集中企业核心力量打造和运营一个用户体验良好的移动平台。

所以，企业数字化转型的第四个重要关注点是统一传统核心和移动互联应用业务模型，结合 AI 和大数据等技术应用，完成核心业务能力的移动线上化转型，进而实现企业业务能力的无限延伸。

在产品移动线上化后，企业可以将能力直接延伸到客户和前台一线，这样企业也就具备了实施数字化运营的前提和基础。

5. 提升企业组织能力，建立与中台相适应的组织架构和方法体系

传统企业业务的割裂往往源于组织架构的边界和壁垒，在跨部门协同时往往存在部门墙现象，部门墙不仅存在于 IT 科技部门与业务部门之间，也存在于业务部门之间。部门墙往往会形成应用系统之间的壁垒，导致业务复用能力差，应用和数据难以共享与融合。

其实很多企业早已经意识到，中台战略最终提升的是企业的整体组织能力。它不仅仅是 IT 科技部门的工作任务，更是企业一把手工程。如果不能站在企业高度来统筹协调，推动组织架构转型，中台的建设将会非常困难，也很有可能偏离中台建设的初衷。所以，中台建设要与优化组织架构同步进行。

也就是说，数字化转型的第五个重要关注点是提升组织能力，建立与中台建设、中台运营和商业模式创新相适应的组织架构。在企业全员建立统一的中台文化和方法体系，按照统一的标准和方法协同推进中台建设。

灵活敏捷的组织架构可以提升企业的业务响应能力，降低企业创新成本。组织优化是企业数字化转型面临的最复杂、最棘手的问题，**需要一把手用很大的魄力来推动。**

0.4　本章小结

　　不同企业由于发展历程或所处行业不同，其存在的问题和面临的困难也不一样，所以企业的诉求也会不同。传统企业数字化转型过程中遇到的这些困难，有偶然的因素，也有必然的原因。其中有一个非常关键的原因就是在应用建设过程中过度依赖昂贵的设备资源，而忽视了技术能力的提升。**在遇到性能瓶颈时，往往首先想到的是增加资源容量，而不是提升技术能力，改善应用效率，错失了技术演进的良机，以至于技术一直停滞不前。而当技术体系出现代差时，企业内各种问题就很容易爆发出来。**

　　企业数字化转型是一个非常复杂的工程，也是企业能力全面提升的过程。但企业的数字化转型离不开企业技术能力、数据能力、业务能力和组织能力等多种综合能力的提升。这些能力属于不同的层面，企业首先要找到解决问题的根本和切入点，从提升基础技术能力入手，然后逐一解决业务模型统一、IT重复能力建设和组织能力建设等问题。

　　企业内全员要达成共识，站在企业高度围绕企业核心战略和企业需要迫切解决的问题，优化组织架构，提升企业级综合能力，构建统一的业务模型，实现业务流程的复用和融合。在数字化转型的过程中要细致规划，夯实技术基础，分步实施，小步快跑，不断检验和纠偏。

　　另外，企业数字化转型在不同的阶段会有很多不同的工作和任务，它们相互关联，相互依赖，有的是手段，有的是目标。手段千千万，而目标却只有一个。在学习其他企业的成功经验时，企业应该有清晰的顶层设计和战略目标，清楚哪些是手段，哪些是目标。确定目标后，根据企业实际情况选择适合自己的方法和手段来达成目标。如果错将手段当成目标，就很容易陷入邯郸学步的尴尬。

认识中台

在阿里巴巴成功完成中台战略转型后，很多大型企业对标阿里开启了中台数字化战略转型。很多人看到了中台带来的好处，但也有不少人对中台提出了质疑。

中台到底是什么？传统企业应该如何做中台？中台和平台的关系是什么？

总之，每个人心里都有自己认为的中台。

作为中台，它需要将通用的、可复用的业务能力沉淀到中台，实现企业级能力的复用。而从企业架构的角度来讲，业务中台更偏向于业务架构，因此企业在进行中台建设时首先要从业务领域出发，考虑如何按照可复用的原则进行领域分解，完成中台领域建模。

然后，我们需要考虑如何完成中台落地。现在中台落地的技术手段和架构有很多种，微服务架构是目前公认的最佳实践。在中台微服务落地时会面临微服务应该如何拆分和设计的问题。

中台本质上是企业的业务模型，而微服务则是中台领域模型系统落地时的一种架构实现方式。这两个问题一前一后，对于任何一家企业来说，都是一个不小的挑战。那是否有好的方法来指导中台领域建模和微服务拆分及设计呢？

答案是肯定的！

那就是 DDD。DDD 虽然在 2003 年就已被提出，但它与微服务及中台设计的结合，却是一个很新的领域。

DDD 包含战略设计和战术设计两个阶段。通过战略设计可以完成中台业务边界划分和领域建模，然后将领域模型作为战术设计的输入，完成微服务设计。

DDD、微服务与中台都强调从业务领域出发。DDD 可以同时指导中台领域建模和微服务设计，是中台领域建模和微服务设计的最佳指导方法，而微服务是中台的最佳技术实践。三者呈铁三角关系。

本部分包括数字化中台的基本认识以及建设策略分析，企业中台数字化转型的基本能力，微服务设计为什么会选择 DDD，以及 DDD、中台和微服务的关系等内容。具体包括以下章节。

第 1 章 数字化中台初步认识与建设策略。

第 2 章 企业中台能力框架。

第 3 章 微服务设计为什么要选择 DDD。

第 4 章 DDD、中台和微服务的关系。

由于本部分会用到第二部分的部分概念，建议读者将两部分内容结合起来学习，效果可能会更好。

数字化中台初步认识与建设策略

阿里巴巴的中台战略最早从业务中台和数据中台开始，采用业务和数据中台相结合的双中台建设模式。后来又有人提出了各种各样的其他中台，比如技术中台、AI 中台等，不一而足。

其实不少企业在很多年前就已经有了建设大平台的实践经验。在中台被热议的当下，相信你一定听过很多对中台的质疑声。

比如，有人说："中台就是个怪名词，它不就是已经做了好多年的平台吗？"

确实！中台源于平台，但它的战略高度要高于平台。

本章将聚焦于业务中台和数据中台这两个最重要的中台，一起来探讨和认识中台。从企业数字化转型的整体考虑，也会顺带聊一聊前台和后台的一些设计方法与思路。

学完本章，希望你能清楚平台与中台的主要差异是什么，中台到底是什么，传统企业的中台建设策略是否应该和阿里一样等内容。

1.1 平台是中台吗

在阿里巴巴完美落地中台战略后，很多企业开始与阿里的中台对标。其中有不少企业在十多年前就完成了大一统的集中式系统拆分，实现了从传统大单体应用向大平台的演进，他们也按照业务领域将公共能力和核心能力分开建设，解决了公共功能模块重复投入和重复建设的问题。

那这是不是阿里所说的中台呢？在回答这个问题之前，我们不妨先了解一下阿里的中台到底是什么样的。

阿里业务中台的前身是共享平台,而原来的共享平台更多是被当作资源团队,承接各业务方的需求,并为业务方在基础服务上做定制开发。阿里业务中台的目标是把核心服务链路(会员、商品、交易、营销、店铺、资金结算等)整体当作一个平台产品来做,为前端业务提供的是业务解决方案,而不是彼此独立的系统。这种能力有别于传统的烟囱式的系统建设方式。

有些企业的 IT 人员说:"我们系统很多,功能很强大,所有业务点都有系统支持,但为什么业务人员总抱怨系统做得不够好,业务响应不够快呢?"

其实这是一个很多企业都在讨论的、应用"可用"与"好用"的话题。抛开商业模式的原因,问题根源很有可能出在系统的共享、联通和融合能力上。在进行应用建设时,有些人可能会站在部门或个人利益的角度,特别强调和关注应用的局部"可用",却忽略了企业级业务和流程的整体"好用"。

有的企业由于缺乏总体规划,应用建设目标不够明确,加上天然的组织架构、数据和业务边界,很自然地就出现了明显的系统边界和系统重复建设的问题,难以支持企业级业务能力的快速融合,不能快速响应企业级业务和商业模式创新,对前台一线业务支持和融合也不够好,难以在前台形成一致的用户体验,最终影响企业业务发展。这种问题在业务领域分布广泛的大型集团级企业可能会更加突出。而对于大型企业而言,要想解决从"可用"到"好用"的问题,其实还有很长的路要走。

下面我们来分析一下传统企业大平台战略和阿里中台战略的主要差异。

传统企业的很多平台只是将部分通用的公共能力独立为共享平台。这类平台虽然可以通过 API 或者以数据服务的形式对外提供共享服务,解决系统重复建设的问题,但它们并没有与企业内的其他平台或应用实现从前端到后端的页面、业务流程和数据的全面融合,没有将企业核心业务服务链路作为企业级解决方案来考虑。各平台仍然是分离且独立的,本质上仍然是烟囱式建设模式。

可见,项目级的平台虽然解决了公共能力复用的问题,但与企业级中台的建设目标显然还有一定差距!

1.2 中台到底是什么

"一千个读者就有一千个哈姆雷特",用这句话形容技术圈对中台的理解再合适不过了。这也说明了大家对中台的定位和理解还存在很大的争议。

我们先看一下阿里对中台的定义:"中台是一个基础的理念和架构,我们要用中台的思想建设、联通所有基础服务,共同支持上端的业务。业务中台更多的是支持在线业务,数据中台则提供基础数据处理能力和很多的数据产品供所有业务方使用。即由业务中台、数据中台、算法中台等一起提供对上层业务的支撑。"

再看一下 ThoughtWorks 对中台的定义:"中台是企业级能力复用平台。"

综上，我们可以提炼出几个关于中台的关键词：共享、联通、融合和创新。联通是前台以及中台之间各业务板块的联通，融合是前台企业级业务流程和数据的融合，并以共享的方式支持前台一线业务的发展和创新。

我认为，中台首先体现的是一种企业级的能力，它提供的是一套企业级的整体解决方案，解决小到企业、集团，大到生态圈的能力共享、业务联通和融合的问题，支持业务和商业模式创新。通过平台联通、业务和数据融合，为前台用户提供一致体验，更敏捷地支撑前台一线业务。

中台来源于平台，但与平台相比，中台更多是一种理念的转变，它主要体现在这三个关键能力上。

1）对前台业务的快速响应能力。

2）企业级的复用能力。

3）从前台、中台到后台的设计、研发、页面操作、流程、服务和数据的无缝联通、融合能力。

其中最关键的是业务快速响应能力和企业级无缝联通及融合能力，尤其是对于跨业经营的超大型企业来说，这种能力至关重要。

1.3 传统企业中台的建设策略

与传统企业不同，拥有流量入口的超大型互联企业是互联网生态圈的创造者，而传统企业只是生态圈种群中的个体，除了需要做好原有的传统渠道业务外，还需要融入互联网生态圈，其商业模式、个体能力，以及与其他个体共生的能力决定了它的发展潜力。

相对互联网企业而言，传统企业的渠道应用更加多样化，有面向内部人员的门店类应用、面向外部用户的互联网电商以及移动 App 类应用。这些应用面向的用户和场景可能不同，但其功能与产品同质化严重，基本涵盖了企业的核心业务能力。此外，传统企业也会将部分核心应用的页面或 API 服务能力开放给生态圈第三方，实现业务的优势互补，相互借力发展。

为了适应不同业务和渠道的发展，过去很多企业的做法是开发很多相互独立的应用或 App。但由于 IT 系统建设初期并没有企业级的整体规划，平台之间融合不好，直接影响了用户体验，归根结底是用户并不想安装那么多 App。

为了提升用户体验，实现统一运营，很多企业开始缩减 App 的数量，在一个 App 中集成企业内的所有能力，联通前台所有的核心业务链路。

由于传统企业的商业模式和 IT 系统建设发展的历程与互联网企业不是完全一样的，因此传统企业的中台建设策略与阿里中台战略也会有所差异，中台需要共享的内容也不太一样。但是传统企业的中台建设策略与阿里的中台建设策略基本相同，都需要从业务中台和数据中台这种双中台的模式开始建设，如图 1-1 所示。

我们来分析一下企业中台的能力建设过程。企业中台业务能力建设一般会经历"分"

和"合"两个过程。通过将企业可复用的能力沉淀，形成多个不同业务领域职责单一的中台领域模型，然后对这些不同类型的中台业务能力进行组合和编排，形成企业级业务能力，从而在企业领域模型的"稳"和商业模式与业务流程的"变"中找到最佳平衡。

"分"的主要目标是通过业务领域边界划分和微服务拆分，建立稳定的、单一职能的领域模型，让业务和应用具有更强的扩展和复用能力。但分不是目的，而是手段，是根据单一职责原则实现业务能力的复用和高内聚。分的过程主要发生在业务中台，在完成业务领域和微服务拆分后，降低了应用建设的复杂度，使业务和应用具有更强的扩展能力和稳定性。

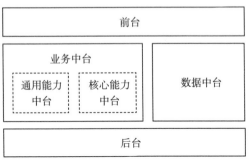

图 1-1 "业务 + 数据"双中台建设模式

在完成业务能力拆分后，我们还需要对这些拆分后的、稳定的、可复用的核心领域能力进行组合、编排和融合，形成企业级能力，从而灵活快速地适配外部业务和流程以及商业模式的变化，这是"合"的过程。

"合"包括业务融合和数据融合。业务融合主要作用在前台，实现企业不同业务板块能力的联通、组装和整合，实现企业级业务流程的融合，提供一致的前台用户体验。而数据融合则主要作用在数据中台，实现企业不同业务板块数据的汇集、集成、智能分析和商业模式创新等，为企业前台业务提供统一的智能化数据服务。

在进行业务领域划分和中台设计时，由于渠道多样化，传统企业不仅要将通用能力中台化，以实现通用能力的沉淀、共享和复用（这里的通用能力对应 DDD 的通用子域或支撑子域），还需要将核心能力中台化，以满足不同渠道的核心业务能力共享和复用的需求，避免传统核心和移动互联等不同渠道应用之间出现"后端双核心、前端两张皮"的问题（这里的核心能力对应 DDD 的核心子域）。

上述这些都属于业务中台的范畴，需要我们解决核心业务链路的联通和不同渠道服务复用的问题。

🔍 注意　"后端双核心、前端两张皮"主要是指 IT 重复建设的问题。
　　　对于相同的核心业务领域，传统核心应用和移动互联应用分别采用不同的技术栈重复建设，出现传统应用和移动互联应用两个核心。而两者在前端技术栈和展现方式又完全不同，无法复用。

除此之外，我们还需要解决微服务拆分后的数据孤岛、数据融合和业务创新等问题，这就属于数据中台的范畴了，尤其是当我们采用分布式微服务架构以后，就更应该关注微服务拆分后的数据融合和共享问题了。

综上，在中台设计和规划时，我们需要整体考虑企业内前台、中台以及后台应用的协同，实现不同渠道应用的前端页面、流程和服务的共享，还有核心业务链路的联通以及前台流程和数据的融合、共享，以支持前台一线业务和商业模式创新。

1.4 如何实现前中后台的协同

很多人提到中台时自然会问："既然有中台，那是否有前台和后台？它们各自的职责又是什么呢？"

我们来看一下阿里巴巴对前台、中台和后台职责的定位。前台主要面向客户以及终端销售者，实现营销推广以及交易转换。中台主要面向运营人员，完成运营支撑。后台主要面向后台管理人员，实现流程审核、内部管理以及后勤支撑，比如采购、人力、财务和OA等系统。

企业级能力往往是前台、中台、后台协同作战能力的体现。如果把业务中台比作陆军、火箭军和空军等专业军种，主要发挥单一军种的战术专业能力，那么前台就是作战部队，它会根据前线战场的实时作战需求，快速完成不同职能业务中台能力的组合和调度，实现不同业务板块能力的融合，形成强大的组合打击能力完成精准打击，获得最大企业效能。而数据中台就是信息情报中心和联合作战总指挥部，是企业智能化的大脑，它能够汇集各类一线作战板块的数据和信息完成数据分析，制定战略和战术计划，完成不同业务中台能力的智能调度和组合，为前台作战部队提供快速数据和情报服务。后台就是后勤部队，它们不直接面向前台业务，主要提供企业后端支撑和管理能力。

下面分别展开详细介绍。

1.4.1 前台

传统企业的早期系统有不少是基于业务领域或企业组织架构来建设的，每个系统都有自己的前端界面和后端业务逻辑，不同系统之间相互独立。用户操作是竖井式，有时一笔业务需要登录多个系统才能完成完整的业务流程，如图1-2所示。

图1-2 烟囱式的系统建设模式

完成中台建设后，进行前台建设时，需要一套企业级整体解决方案，以实现各种不同中台的前端操作、流程和界面的组合、联通和融合。不管后端有多少个中台，前端用户感受到的始终只有一个前台，如图 1-3 所示。

图 1-3　前台业务的融合

在前台设计时，我们可以借鉴微前端的设计思想（这部分内容会在第 20 章和第 21 章详细讲解），通过企业级主应用与微前端应用集成，不仅可以实现前端页面逻辑的解耦和页面级服务的复用，还可以根据企业核心业务链路和业务流程，通过对不同业务板块微前端页面的动态组合和编排，实现企业级前台业务的融合。

微前端页面还可以融合到不同终端和渠道应用的核心业务链路中，实现前端页面、流程和功能的组合和复用，也可以满足场景化的销售要求，实现微前端应用的灵活快速发布。

1.4.2　中台

传统企业的核心业务大多是基于集中式架构开发的。这种集中式单体系统，一般都存在扩展能力弱、弹性伸缩能力差的问题，无法适应突发高频访问的互联网业务场景。同时，传统企业数据类应用大多通过 ETL 工具抽取数据以实现数据建模、统计和报表分析功能。这种传统的数据仓库处理模式往往会存在数据时效性问题，再加上传统数据类应用主要面向企业管理和决策分析，并不是为前台而生的，因此难以快速响应前台一线业务的数据服务要求。

所以，在企业数字化转型时，需要同时解决传统的业务和数据应用建设的问题，采用双中台模式同步建设业务中台和数据中台。

1. 业务中台

业务中台的建设可采用 DDD 方法，通过领域建模，将可复用的公共能力从各个单体中剥离、沉淀并组合。采用微服务架构，建设成为可共享的通用能力中台。通用能力中台更强调标准化和抽象能力，面向企业所有业务领域实现能力复用。同样地，我们也可以通过微服务架构将核心能力建设成可以面向不同渠道和场景的可复用的核心能力中台。

核心能力中台设计时，需充分释放出极强的快速适应不同业务场景和渠道的企业核心能力，从而在面向不同渠道和客户时，能够快速灵活地持续发挥出企业的核心竞争力优势。而通用能力则可通过抽象和标准化设计，让其具有更强的业务融合和企业级组合与支撑能力，通过企业主应用联通各个不同业务板块，发挥企业业务、数据和流程的黏合剂作用。

业务中台落地后的微服务可以向前端、第三方和其他中台提供 API 服务，实现通用能力和核心能力复用，如图 1-4 所示。

有一点需要注意：在将传统集中式单体应用按业务职责和能力细分为微服务，以及建设中台的过程中，会产生越来越多的独立部署的微服务。这样做虽然提升了应用弹性伸缩和高可用能力,但由于微服务之间运行的物理隔离,微服务拆分会导致数据的进一步分离。原来单体系统的一些内部调用也会变成跨微服务调用,再加上前后端分离设计后,还要完成前后端应用集成,这样会增加企业级应用集成的难度。

如果没有合适的设计方法和指导思想,处理不好前台、中台和后台的关系,将会进一步加剧前台业务和数据的孤岛化、碎片化。

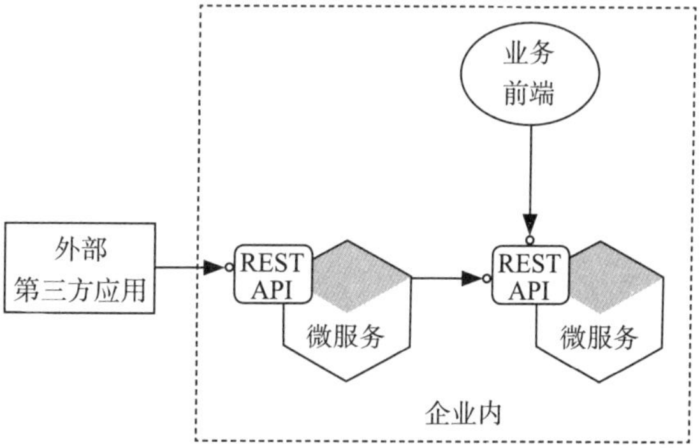

2. 数据中台

为了打通数据孤岛,通过数据智能化

图1-4 微服务对外的服务方式

实现业务和数据融合以及商业模式创新,支持在线数据服务,支持业务中台和前台的精细化数字化运营,企业需要同步建设数据中台。数据中台的主要目标如下。

一是完成企业全域数据的采集与存储,实现不同业务类别中台数据的集中管理。

二是按照标准的数据规范或数据模型,基于不同主题域或场景对数据进行加工和处理,形成面向不同主题和场景的数据应用,比如客户视图、代理人视图、渠道视图、机构视图等不同的数据服务体系。

三是建立数据驱动的运营体系,基于各个维度的数据,萃取数据价值,组合企业各种能力,支持业务智能化和商业模式的创新,实现精细的数字化运营。

相应地,数据中台的建设就可分为三步。

第一步,实现各中台业务数据的汇集,解决数据孤岛和初级数据共享问题。

第二步,实现企业级实时或非实时全维度数据的深度融合、加工和共享。

第三步,萃取数据价值,支持业务创新,加速从数据转换为业务价值的过程。

数据中台可以建立在数据仓库或数据平台之上,将数据服务化之后提供给中台或者前台应用。与数据平台相比,数据中台不仅服务于分析型场景,还更多服务于交易型业务场景,为前台业务提供数据智能服务。基于数据库日志捕获的技术,使得数据获取的时效性大大提升,这样就可以为数据中台的交易型场景提供很好的支撑。

综上,数据中台主要完成数据的融合和加工,通过数据智能化,实现智能化的业务和流程创新;通过萃取数据业务价值,提供数据服务,最终实现数字化运营。

1.4.3 后台

后台主要面向企业内部运营和后台管理人员。对于后台,为了实现内部的管理要求,很多人总会习惯将一些管理流程嵌入核心业务链路中。而这类内控管理类的需求对权限、管控规则和流程等要求一般都比较严格,但是大部分管理人员只是参与了某个局部业务环节的审核。这些复杂的管理需求，会凭空增加不同渠道应用的前台界面与核心流程的融合难度以及软件开发的复杂度。

在设计流程审核和管理类功能的时候，其实我们可以考虑按角色或岗位进行功能聚合，将一些复杂的管理需求从通用的核心业务链路中剥离，通过特定程序入口嵌入前台 App 或应用中，专门供后台管理人员使用。而对于中台与后台的数据交互则可以采用事件驱动的异步化的数据最终一致性模式实现数据复制，减轻中台业务压力。

当管理需求从前台核心业务链路剥离后，前台应用将会具有更好的通用性，可以更容易地实现各渠道前台界面和流程的融合。前台应用或 App 就可以无差别地同时面向外部客户和内部销售以及其他业务人员，从而促进传统渠道与互联网渠道业务模型的统一和前台应用的融合。

1.5 本章小结

阿里的中台战略起源于平台，所以中台和平台两者本质上有很多共通的地方，目前其实也没有量化的区分指标。如果要说它们之间的主要区别的话，中台设计时会站在企业高度，更多从业务领域出发进行抽象和标准化设计，形成企业级的整体解决方案，实现企业级业务能力的复用。所以，其实我们不必纠结它到底是中台还是平台，而是要看它是否是站在了企业级高度，抽象成了企业级解决方案，真正实现了企业级能力复用。

传统企业在商业模式、发展历程以及企业文化等方面，与互联网企业相比存在很大的差异。在实施中台战略转型时，需要根据自身业务现状和企业具体情况深思熟虑，找到自身的根本诉求和首要重点解决的问题，制定战略目标，分步骤、有计划地推进。

企业的数字化中台战略转型不只是中台的工作，需要我们整体考虑前台、中台和后台的协同、共享、联通与融合。前台通过页面和流程共享，可以实现不同渠道应用之间的业务融合。中台通过 API 实现业务能力服务复用。而前台、业务中台和数据中台的融合，可以实现传统应用与移动互联应用和业务模型的融合，解决"后端双核心、前端两张皮"的问题。

只有实现了业务、流程和数据的融合，以及业务能力的复用，才能更好地支持业务和商业模式的创新。

本书第 22 章中会对本章提到的设计思想和落地进行详细介绍，读者可以将两章内容结合起来阅读。

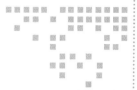

第 2 章 *Chapter 2*

企业中台能力框架

2015 年阿里巴巴提出"大中台，小前台"的中台战略，通过实施中台战略找到能够快速应对外界变化，整合阿里各种基础能力，高效支撑业务创新的机制。

阿里巴巴中台战略最早从业务中台和数据中台建设开始，采用了双中台的建设模式，到后来发展出了移动中台、技术中台和研发中台等，这些中台的能力综合在一起就构成了阿里巴巴企业级数字化能力。

传统企业在技术能力、组织架构和商业模式等方面与阿里巴巴存在非常大的差异，在实施中台战略时是否可以照搬阿里巴巴中台建设模式？传统企业中台数字化转型需要提升哪些方面的基本能力呢？

下面我们一起来分析分析。

2.1 中台能力总体框架

中台建设过程从根本上讲是企业自身综合能力持续优化和提升的过程，最终目标是实现企业级业务能力复用和不同业务板块能力的联通和融合。

企业级的综合能力，一般包含以下四种：业务能力、数据能力、技术能力和组织能力，如图 2-1 所示。

- ❑ 业务能力主要体现为对中台领域模型的构建能力，对领域模型的持续演进能力，企业级业务能力的复用、融合和产品化运营能力，以及快速响应市场的商业模式创新能力。
- ❑ 数据能力主要体现为企业级的数据融合能力、数据服务能力以及对商业模式创新和企业数字化运营的支撑能力。

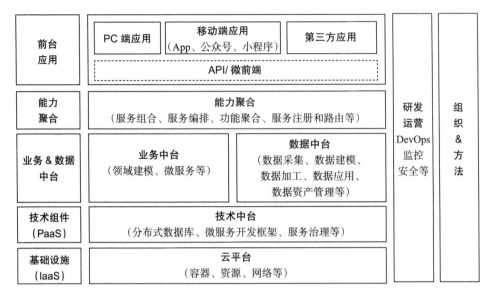

图 2-1 企业中台数字化转型基本能力框架

❏ 技术能力主要体现为对设备、网络等基础资源的自动化运维和管理能力，对微服务等分布式技术架构体系化的设计、开发和架构演进能力。

❏ 组织能力主要体现为一体化的研发运营能力和敏捷的中台产品化运营能力，还体现为快速建设自适应的组织架构和中台建设方法体系等方面的能力。

这些能力相辅相成，融合在一起为企业中台数字化转型发挥最大效能。接下来，我们一起来看看在不同的领域应该如何实现这些能力。

2.2 业务中台

企业所有能力建设都是服务于前台一线业务的。从这个角度来讲，所有中台应该都可以称为业务中台。但我们所说的业务中台一般是指支持企业线上核心业务的中台。

业务中台承载了企业核心关键业务，是企业的核心业务能力，也是企业数字化转型的重点。业务中台的建设目标是："将可复用的业务能力沉淀到业务中台，实现企业级业务能力复用和各业务板块之间的联通和协同，确保关键业务链路的稳定高效，提升业务创新效能。"

业务中台的主要目标是实现企业级业务能力的复用，所以业务中台建设需优先解决业务能力重复建设和复用的问题。通过重构业务模型，将分散在不同渠道和业务场景（例如：互联网应用和传统核心应用）重复建设的业务能力，沉淀到企业级中台业务模型，面向企业所有业务场景和领域，实现能力复用和流程融合。

图 2-2 是一个业务中台示例。在业务中台设计时，我们可以将用户管理、订单管理、商品管理和支付等这些通用的能力，通过业务领域边界划分和领域建模，沉淀到用户中心、

订单中心、商品中心和支付中心等业务中台，然后基于分布式微服务技术体系完成微服务建设，形成企业级解决方案，面向前台应用提供可复用的业务能力。

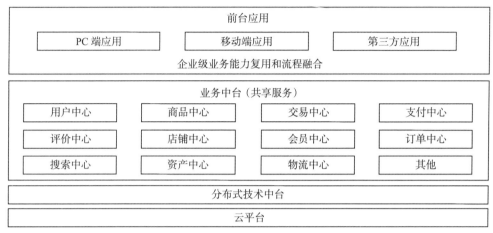

图 2-2 业务中台示例

在技术实现上，中台的系统落地可以采用微服务架构。微服务是目前公认的业务中台技术最佳实现，可以有效提升业务扩展能力，实现业务能力复用。

在业务建模上，中台领域建模可以采用领域驱动设计（DDD）方法，通过划分业务限界上下文边界，构建中台领域模型，根据领域模型完成微服务拆分和设计。

业务中台可以面向前台应用提供基于 API 接口级的业务服务能力，也可以将领域模型所在的微服务和微前端组合为业务单元，以组件的形式面向前台应用，提供基于微前端的页面级服务能力。

业务中台建设完成后，前台应用就可以联通和组装各个不同中台业务板块，既提供企业级一体化业务能力支撑，又可以提供灵活的场景化销售能力支撑。

2.3 数据中台

数据中台与业务中台相辅相成，共同支持前台一线业务。数据中台除了拥有传统数据平台的统计分析和决策支持功能外，会更多聚焦于为前台一线交易类业务提供智能化的数据服务，支持企业流程智能化、运营智能化和商业模式创新，实现"业务数据化和数据业务化"。

最近几年，数据应用领域出现了很多新的趋势。数据中台建设模式也随着这些趋势在发生变化，主要体现在以下几点。

第一，数据应用技术发展迅猛。近几年涌现出了大量新的数据应用技术，如 NoSQL、NewSQL 和分布式数据库等，以及与数据采集、数据存储、数据建模和数据挖掘等大数据相关的技术。这些技术解决业务问题的能力越来越强，但同时也增加了技术实现的复杂度。

第二，数据架构更加灵活。在从单体向微服务架构转型后，企业业务和数据形态也发生了很大的变化，数据架构已经从集中式架构向分布式架构转变。

第三，数据来源更加多元化，数据格式更加多样化。随着车联网、物联网、LBS和社交媒体等数据的引入，数据来源已从单一的业务数据向复杂的多源数据转变，数据格式也已经从以结构化为主向结构化与非结构化多种模式混合的方向转变。

第四，数据智能化应用将会越来越广泛。在数字新基建的大背景下，未来企业将汇集多种模式下的数据，借助深度学习和人工智能等智能技术，优化业务流程，实现业务流程的智能化；通过用户行为分析提升用户体验，实现精准营销、反欺诈和风险管控，实现数字化和智能化的产品运营以及AIOps等，提升企业数字智能化水平。

面对复杂的数据领域，如何建设数据中台管理并利用好这些数据？

这对企业来说是一个非常重要的课题。

数据中台的大部分数据来源于业务中台，经过数据建模和数据分析等操作后，将加工后的数据，返回业务中台为前台应用提供数据服务，或直接以数据类应用的方式面向前台应用提供API数据服务。

数据中台一般包括数据采集、数据集成、数据治理、数据应用和数据资产管理，另外还有诸如数据标准和指标建设，以及数据仓库或大数据等技术应用。图2-3是2017年阿里云栖大会上的一个数据中台示例。

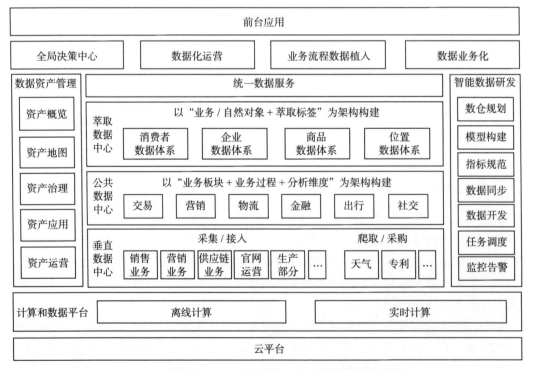

图2-3　数据中台示例（图参考：2017年阿里云栖大会）

综上所述，数据中台建设需要做好以下三方面的工作。

一是建立统一的企业级数据标准指标体系，解决数据来源多元化和标准不统一的问题。企业在统一的数据标准下，规范有序地完成数据采集、数据建模、数据分析、数据集成、数据应用和数据资产管理。

二是建立与企业能力相适应的数据研发、分析、应用和资产管理技术体系。结合企业自身技术能力和数据应用场景，选择合适的技术体系构建数据中台。

三是构建支持前台一线业务的数据中台。业务中台微服务化后，虽然提升了应用的高可用能力，但是随着数据和应用的拆分，会形成更多的数据孤岛，会增加应用和数据集成的难度。在业务中台建设的同时，需要同步启动数据中台建设，整合业务中台数据，消除不同业务板块核心业务链条之间的数据孤岛，对外提供统一的一致的数据服务。用"业务＋数据"双中台模式，支持业务、数据和流程的融合。

数据中台投入相对较大，收益周期较长，但会给企业带来巨大的潜在商业价值，也是企业未来数字化运营的重要基础。企业可以根据业务发展需求，制定好阶段性目标，分步骤、有计划地整合好现有数据平台，演进式推进数据中台建设。

2.4　技术中台

业务中台落地时需要有很多的技术组件支撑，这些不同技术领域的技术组件就组成了技术中台。业务中台大多采用微服务架构，以保障系统高可用性，有效应对高频海量业务访问场景，所以技术中台会有比较多的微服务相关的技术组件。

一般来说，技术中台会有以下几类关键技术领域的组件，如 API 网关、前端开发框架、微服务开发框架、微服务治理组件、分布式数据库以及分布式架构下诸如复制、同步等数据处理相关的关键技术组件，如图 2-4 所示。

1. API 网关

微服务架构一般采用前后端分离设计，前端页面逻辑和后端微服务业务逻辑独立开发、独立部署，通过网关实现前后端集成。

前台应用接入中台微服务的技术组件一般是 API 网关。

API 网关主要包括：鉴权、降级限流、流量分析、负载均衡、服务路由和访问日志等功能。API 网关可以帮助用户，方便地管理微服务 API 接口，实现安全的前后端分离，实现高效的系统集成和精细的服务监控。

2. 开发框架

开发框架主要包括前端开发框架和后端微服务开发框架。基于前、后端开发框架，分别完成前端页面逻辑和后端业务逻辑的开发。

前端开发框架主要是面向 PC 端或者移动端应用，用于构建系统表示层，规范前后端交互，降低前端开发成本。

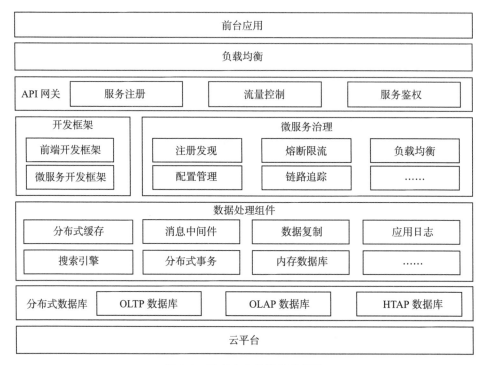

图 2-4 技术中台关键技术领域

微服务开发框架用于构建企业级微服务应用。一般具备自动化配置、快速开发、方便调试及部署等特性，提供微服务注册、发现、通信、容错和监控等服务治理基础类库，帮助开发人员快速构建产品级的微服务应用。

开发框架一般都支持代码自动生成、本地调试和依赖管理等功能。

3. 微服务治理

微服务治理是在微服务的运行过程中，针对微服务的运行状况采取的动态治理策略，如服务注册、发现、限流、熔断和降级等，以保障微服务能够持续稳定运行。

微服务治理主要应用于微服务运行中的状态监控、微服务运行异常时的治理策略配置等场景，保障微服务在常见异常场景下的自恢复能力。

微服务治理技术组件一般包括服务注册、服务发现、服务通信、配置中心、服务熔断、容错和微服务监控等组件。

常见的微服务治理有 Dubbo、Spring Cloud 和 Service Mesh 等技术体系。

4. 分布式数据库

分布式数据库一般都具有较强的数据线性扩展能力，它们大多采用数据多副本机制实现数据库高可用，具有可扩展和低成本等技术优势。

分布式数据库一般包括三类：交易型分布式数据库、分析型分布式数据库和交易分析混合型分布式数据库。

交易型分布式数据库用于解决交易型业务的数据库计算能力，它支持数据分库、分片、数据多副本，具有高可用的特性，提供统一的运维界面，具备高性能的交易型业务数据处理能力。主要应用于具有跨区域部署和高可用需求，需支持高并发和高频访问的核心交易类业务场景。

分析型分布式数据库通过横向扩展能力和并行计算能力，提升数据整体计算能力和吞吐量，支持海量数据的分析。主要应用于大规模结构化数据的统计分析、高性能交互式分析等场景，如数据仓库、数据集市等。

交易分析混合型分布式数据库通过资源隔离、分时和数据多副本等技术手段，基于不同的数据存储、访问性能和容量等需求，使用不同的存储介质和分布式计算引擎，同时满足业务交易和分析需求。主要应用于数据规模大和访问并发量大，需要解决交易型数据同步到分析型数据库时成本高的问题，需要解决数据库入口统一的问题，需要支持高可用和高扩展性等数据处理业务场景。

5. 数据处理组件

为了提高应用性能和业务承载能力，降低微服务的耦合度，实现分布式架构下的分布式事务等要求，技术中台还有很多数据处理相关的基础技术组件。如：分布式缓存、搜索引擎、数据复制、消息中间件和分布式事务等技术组件。

分布式缓存是将高频热点数据集分布于多个内存集群节点，以复制、分发、分区和失效相结合的方式进行维护，解决高并发热点数据访问性能问题，降低后台数据库访问压力，提升系统吞吐能力。典型的开源分布式缓存技术组件有 Redis。

搜索引擎主要解决大数据量的快速搜索和分析等需求。将业务、日志类等不同类型的数据，加载到搜索引擎，提供可扩展和近实时的搜索能力。

数据复制主要解决数据同步需求，实现同构、异构数据库间以及跨数据中心的数据复制，满足数据多级存储、交换和整合需求。主要应用于基于表或库的业务数据迁移、业务数据向数据仓库复制等数据迁移场景。数据复制技术组件大多采用数据库日志捕获和解析技术，在技术选型时需考虑数据复制技术组件与源端数据库的适配能力。

消息中间件主要适用于数据最终一致性的业务场景，它采用异步化的设计，实现数据同步转异步操作，支持海量异步数据调用，并通过削峰填谷设计提高业务吞吐量和承载能力。它被广泛用于微服务之间的数据异步传输、大数据日志采集和流计算等场景。另外，在领域驱动设计的领域事件驱动模型中，**消息中间件是实现领域事件数据最终一致性的非常关键的技术组件，可以实现微服务之间的解耦，满足"高内聚，松耦合"设计原则**。典型的开源消息中间件有 Kafka 等。

分布式事务主要是解决分布式架构下事务一致性的问题。单体应用被拆分成微服务后，原来单体应用大量的内部调用会变成跨微服务访问，业务调用链路中任意一个节点出现问题,都可能造成数据不一致。分布式事务是基于分布式事务模型,保证跨数据库或跨微服务调用场景下的数据一致性。分布式事务虽然可以实时保证数据的一致性,但过多的分布式事务设计会导致系统性能下降。因此微服务设计时应优先采用基于消息中间件的最终数据一致性机制,尽量避免使用分布式事务。

技术中台是业务中台建设的关键技术基础。在中台建设过程中,可以根据业务需要不断更新和吸纳新的技术组件,也可以考虑将一些不具有明显业务含义的通用组件(如认证等),通过抽象和标准化设计后纳入技术中台统一管理。为了保证业务中台的高性能和稳定性,在技术组件选型时一定要记住:尽可能选用成熟的技术组件。

2.5 研发运营

微服务是一种去中心化的架构,去中心化的代价就是运维团队需要有很强的监控和自动化运维能力,这会对企业提出更高的技术要求,也会提高运维和管理成本。

企业一方面应尽可能提高自动化研发和运营能力,即加快软件产品交付速度,提高系统稳定性和业务连续性,降低企业的运营成本;另一方面,也需要加强监控告警、限流降级、性能分析诊断等能力,建立精准定位问题、快速分析和解决问题的能力。

研发运营的能力主要体现为研发运营一体化(DevOps)的协作能力和全链路的监控管理能力。

1. 研发运营一体化

研发运营一体化是通过组织协同、流程优化和工具平台三者结合,基于整个研发运营团队进行组织协作优化,将软件需求、开发、测试、部署、运维和运营相关流程统一起来,实现项目管理、开发测试、持续交付和应用运营的无缝集成,快速交付高质量的软件和服务。

研发运营一体化是一个复杂的"两位一体"工程,既有组织优化,也有流程调整和研发运营团队的协同,同时还有研发运营工具平台的一体化融合。通过将传统的瀑布开发模式优化为敏捷开发模式,实现研发运营团队融合和更快速的产品迭代和软件交付。借助研发运营工具链平台,实现从项目管理、开发管理、测试管理、持续交付和运维管理等全流程自动化管理。

2. 全链路监控

单体拆分为微服务后,随着微服务之间调用关系的增多,会大大增加应用开发和运维的复杂度,增加应用监控和定位问题的难度。传统以基础设施监控为主的方式,需要转变为面向应用日志、服务链路调用和基础资源的多维度、全方位全链路监控,具体监控内容如下。

❑ 应用日志监控通过日志采集、集中存储、实时检索、统计分析等,利用计算引擎对日志数据做进一步处理，帮助快速定位问题。
- ❑ 服务链路调用监控用于跨服务之间的调用链路监控，通过捕获调用链路上每次服务调用的性能指标，分析应用的整体和局部性能，达到快速定位到性能瓶颈点，缩短问题排查时间的目的。
- ❑ 基础资源监控是以服务器、网络设备等基础层资源为中心的监控方式，可以建立基础层运维的专业技术体系，提高运维效率，保障设施的高可用，为系统扩容、规划等提供权威的数据支持。

基于应用日志、服务链路和基础资源等多维度监控数据的关联分析，可以精确定位和快速解决问题，也可以进行事前预测分析，辅助运维人员进行运维决策。

与传统架构相比，分布式微服务架构复杂的运行环境，会大大加剧定位和解决问题的难度，所以在生产运维时怎么强调监控都不为过。 微服务上线时就需要纳入统一的监控管理，避免在应用出现问题后陷入手足无措的窘境。

2.6 云平台

云平台是企业中台实施和落地的非常核心的基础平台，它提供企业业务中台运行的基础环境，是研发和运营的基础平台。

云平台具有自动化的运营能力、全方位的安全管理能力、智能化的全链路监控能力，可以满足基础资源和应用的弹性伸缩、软件的敏捷交付和自动化运维等要求。

云平台一般会有云服务、云运营和云运维三个基本管理能力。

云平台最关键的能力是云服务化能力，包括 IaaS 层基础资源和 PaaS 层技术组件两类资源的云服务化。

- ❑ IaaS 层基础资源云服务化是将计算、存储、网络等 IaaS 层基础资源完成云服务化，实现基础资源的统一管理、快速扩容、统一调度和自动分配。
- ❑ PaaS 层技术组件云服务化是基于 K8S、容器等云原生技术，将数据库、微服务等 PaaS 层技术组件完成云服务化。提供弹性伸缩、高可用的分布式业务处理与计算能力，支持应用和数据库的弹性扩展、快速部署和稳定运行。

云运营管理提供租户管理、服务目录管理、流程管理和计量计费等运营所需的云平台日常管理能力。

云运维管理提供云平台日常运维所需的各种能力，包括服务水平管理、容量管理、权限管理、日志管理、监控告警和报表分析等。

2.7 能力聚合

在完成中台领域建模和微服务建设后，可复用的业务能力就沉淀到了业务中台。

业务中台汇聚了企业大部分的核心业务能力，成为了企业的富能力层。基于业务职责单一原则，业务中台往往会更专注于本领域的业务能力，而不关心企业级前台应用到底如何进行企业级流程组合和编排。这种设计有利于保证业务中台领域模型和业务逻辑，不会因为前台业务需求的频繁变化而受到影响，从而保证中台领域模型的稳定。

但企业级的前台应用，往往需要联通多个中台业务板块的能力，按照企业级业务流程进行组合或编排，实现不同业务板块业务能力的联通和融合。

那么，如何解决中台的服务协同，实现不同职能业务中台能力的聚合呢？

我们在前台应用和业务中台之间增加一个能力聚合层，通过这一层实现跨业务中台的服务组合、编排、能力聚合、服务发布和路由等功能。这些聚合了不同业务中台能力的聚合层服务是一种粗粒度的服务，可以作为企业级的整体解决方案，根据不同前台应用的功能和流程要求对多个中台的能力进行灵活的组合和编排，为不同渠道前台应用提供可复用的能力服务。

能力聚合层的应用也是以微服务的形式落地，但它的主要职责是完成跨业务中台的服务组合和服务编排，一般不实现具体的业务逻辑。

2.8 组织架构及中台建设方法

完成中台建设后，如何才能维持中台能力的长期演进和优化呢？

不管什么样的企业，最终都需要将中台的能力落到组织级能力上。有了组织、团队和人，才能实现中台的能力落地、演进和持续优化。组织级能力本质上是企业内组织、人与中台能力的结合，是企业提升自我，修炼内功的过程，也是中台建设过程中企业最需要提升的关键能力。

什么样的组织才能让中台发挥最大的效能呢？

组织架构建设涉及企业内不同组织的协同和融合。按照中台产品化的建设思想，技术和业务需要深度融合，形成组织化的中台研发和运营团队。每个企业具体情况不同，在组织架构上肯定会存在差异，不能照搬照抄。企业首先要结合自身具体情况，因地制宜的优化组织架构，建立与中台架构能力相匹配的组织架构，提升企业整体效能，更好地支持业务发展和商业模式创新。

组织架构的优化，不仅仅是 IT 内部研发、测试和运维团队之间的协同，还是 IT 与业务部门、业务与业务部门之间的协同。

中台数字化转型的复杂度远远超出传统的 IT 数字化建设。除了优化组织架构，企业还需要一套好的中台建设方法论体系。用新的设计思想和方法解决中台建设过程中遇到的问题。不要身子已经进入新时代，而脑子里面却依然还是旧思维。这种新瓶装旧酒的思考问题的方式，对中台的建设是非常有害的。

有了统一的中台建设方法论体系，就可以在组织内建立统一的工作语言，在统一的方法指导下，协同有序地开展中台建设，让团队更高效地运转。先进的架构设计方法，还可以提升项目团队技能，建立"高内聚，低耦合"可复用的中台领域模型，轻松完成微服务拆分、设计和演进。

中台建设的方法已渗透到工作的方方面面，有 IT 建设方法，也有业务设计方法。

IT 建设方法主要有微服务设计、敏捷开发、DevOps 等方法体系以及相应的技术标准和技术规范等。业务设计方法主要有领域驱动设计方法，可以指导完成中台领域建模，构建边界清晰的中台领域模型和微服务。

2.9　本章小结

所有中台都服务于前台一线业务，它们相互独立、相辅相成、互为支撑，构成企业数字化的基本能力。

云平台和技术中台是企业最核心的基础技术能力，是中台建设和业务运营的基础。

业务中台需要建立企业级的中台领域模型，建设可复用的业务能力。数据中台是商业模式创新的主要支撑，它融合了各个业务中台的数据，提供一体化的数据服务。数据中台与业务中台互为依存，数据中台的大部分数据来源于业务中台，数据中台完成数据加工后为业务中台提供数据服务，实现业务数据化和数据业务化的目标。**业务中台解决企业业务能力可用和复用的问题，而数据中台则通过数据智能化解决业务能力如何用好的问题。**

组织架构是企业中台能力能够持续运营和优化的载体，是实现中台产品化运营的关键力量。好的中台建设方法能够让组织能力如虎添翼。

这些能力组合在一起，可以为企业数字化发挥最大效能。

上述中台能力只是一个基本的框架，企业还有很多其他方面的能力也需要同步加强，如保障业务高可用的多中心多活能力、移动中台的能力、融入移动互联生态圈的能力、商业模式创新能力以及面向移动互联的网络安全能力等。

这些能力不是一朝一夕就能建成的，过程会比较复杂，也会比较漫长。企业可定下长远目标，分阶段、有步骤地迭代演进式稳步推进。

微服务设计为什么要选择 DDD

最近几年微服务架构非常火爆，很多企业也正在尝试从单体架构向微服务架构转型。微服务也已经成为很多企业实施中台战略的不二之选。技术人员之间不谈点微服务相关的技术，似乎就有点跟不上时代的感觉。

然而，从微服务提出到现在也已经过去好几年的时间了，很多企业在微服务实施过程中尝到了不少甜头，但是单体应用到底应该如何拆分微服务？微服务应该如何设计？这始终是项目团队面临的一个难题。

在微服务设计过程中，很多人都会纠结微服务边界的划定。我也经常看到项目团队在微服务拆分时，为微服务到底应该拆多小而争得面红耳赤。团队中不同的人会根据自己的经验和对微服务的理解，拆分出不同边界的微服务。大家各执一词，谁也说服不了谁。

那在实际落地过程中，我也确实见过不少项目在面临这种微服务拆分和设计的困惑时，是靠拍脑袋决定的。可想而知，后续微服务架构的演进和运维自然会面临很多压力。

那是否有合适的理论或设计方法来指导微服务设计呢？

当你看到这一章的题目时，我想你已经知道答案了。

没错，就是 DDD !

这一章我将详细讲解微服务设计为什么要选择 DDD ？

3.1 软件架构的演进史

在进入本章主题之前，我们先来了解一下软件架构的发展和演变史。

我们知道，软件架构的演变和发展往往跟设备和技术的发展是正相关的。这些年随着设备和新技术的发展，软件的架构模式发生了很大变化。

软件的架构模式大体来说经历了从单机、集中式到分布式微服务架构三个阶段的演进。而近几年，随着分布式技术的快速兴起，我们已经迈入了微服务架构时代。

下面我们先来分析一下软件架构模式演进的三个阶段，如图 3-1 所示。

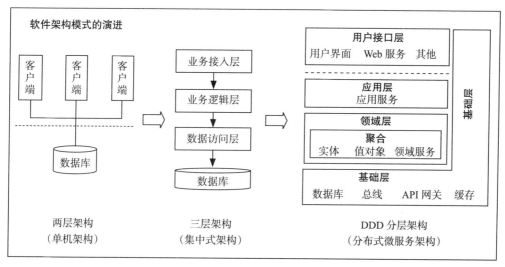

图 3-1　软件架构模式演进的三个阶段

第一阶段是单机架构，这个阶段通常采用面向过程的设计方法，系统包括客户端 UI 层和数据库两层。通常采用 C/S 架构，大多采用结构化编程方式，系统围绕数据库驱动设计和开发，总是从设计数据库和字段开始。

第二阶段是集中式架构，这个阶段通常采用面向对象的设计方法。一般采用经典的三层架构，系统包括业务接入层、业务逻辑层和数据库层。传统单体应用大多采用集中式架构，这种设计模式往往容易使系统变得臃肿，可扩展性和弹性伸缩能力差。

第三阶段是分布式微服务架构，随着微服务架构理念的提出，单体集中式架构正在向分布式微服务架构演进。微服务架构可以实现业务和应用之间的解耦，解决集中式单体应用扩展性和弹性伸缩能力不足的问题，更加适合云计算环境下的部署和运营。

我们知道，在单机和集中式架构时代，大多采用瀑布开发模式。系统分析、设计和开发往往是独立、分阶段割裂进行的。比如，在系统建设过程中，我们经常会看到这样的情形：A 负责提出需求，B 负责需求分析，C 负责系统设计，D 负责代码实现，这样的流程很长，经手的人也很多，很容易导致信息丢失。最后，就很容易导致需求、设计与代码实现的不一致，往往到了软件上线后我们才发现很多功能并不是自己想要的，或者做出来的功能跟自己提出的需求偏差太大。软件无法快速响应需求和业务的迅速变化，最终企业错失发展良机。

此时，分布式微服务架构的出现就有点恰逢其时了。

3.2 微服务拆分和设计的困境

进入微服务架构时代以后,微服务确实也解决了原来单体应用的很多问题,比如扩展性、弹性伸缩能力、小规模团队的敏捷开发等。但在看到这些好处的同时,在微服务实践过程中也产生了不少争论和疑惑。比如,微服务的粒度应该如何把握?微服务到底应该如何拆分和设计呢?微服务的边界到底应该在哪里?

可以说,很久以来都没有一套系统的理论和方法来指导微服务的拆分和设计。于是,在很长的一段时间内,有不少人对微服务的拆分和设计产生了一些曲解。有人认为:"微服务其实很简单,就是把原来一个单体应用包拆分为多个部署包,或者将原来的单体集中式架构,替换为一套支持微服务架构的分布式技术框架。"还有人说:"微服务嘛,就是要微、要小,拆得越小效果会越好。"另外还有"多个微服务是否可以共享一个数据库?"等诸如此类的问题。

我想,这两年,你在 IT 技术圈中也可能听说过某些项目因为微服务拆分过度,导致项目复杂度过高,无法上线和运维的事情。

综合来看,我认为微服务拆分困境产生的根本原因,就是不知道业务或者应用的边界到底在什么地方。换句话说,如果确定了业务边界和应用边界,这个困境也就迎刃而解了。

从很多微服务实践和企业最终目标来看,其实有时候微服务设计的重点不在于微服务的大小,也不在于拆分出多少个微服务,而是在于微服务内外部的边界是否清晰,这些边界是否进行了有效隔离,以及这些微服务上线后能否随着业务的发展轻松实现业务模型和微服务架构的演进。所以,在微服务设计时,我们要考虑微服务拆分的大小,也要关注微服务内部的逻辑边界。

微服务设计强调从业务领域出发,因此单体应用向微服务架构演进时,我们第一步要做的就是先划分业务的领域边界,然后在这个边界内构建业务的领域模型,根据领域模型完成从单体应用到微服务的建设。这样每个业务领域都符合"高内聚,低耦合"的设计原则,未来微服务的架构演进就会变得更容易了。

那如何确定业务和应用的边界?是否有理论或知识体系来指导呢?

在回答这些问题前,我们先来了解一下 DDD 与微服务的前世今生。

前言中提到,2003 年埃里克·埃文斯(Eric Evans)出版了《领域驱动设计》这本书后,DDD 诞生。DDD 的核心思想是从业务视角出发,根据限界上下文边界划分业务的领域边界,定义领域模型,确定业务边界。在微服务落地时,建立业务领域模型与微服务代码模型的映射关系,从而保证业务架构与微服务系统架构的一致性。但 DDD 提出后在软件开发领域一直都是"雷声大,雨点小"!直到 Martin Fowler 提出微服务架构后,DDD 才真正迎来了自己的时代。

微服务架构出现后,一些熟悉 DDD 设计方法的软件工程师在进行微服务设计时,发现可以利用 DDD 设计方法来建立领域模型,划分领域边界,再根据这些领域边界从业务视角来划分微服务边界。他们发现按照 DDD 方法设计出的微服务的业务和应用边界都非常合理，可以很好地满足微服务"高内聚，低耦合"的设计要求。于是越来越多的人开始将 DDD 作为领域建模和微服务设计的指导思想。

现在，越来越多的企业已经将 DDD 作为微服务设计的主流方法了。DDD 也从过去"雷声大，雨点小"，开始真正火爆起来了。

3.3　为什么 DDD 适合微服务

"众里寻他千百度。蓦然回首，那人却在，灯火阑珊处。"在经历了多年的迷茫和争论后，微服务终于寻到了它的心上人，终于可以帮它解开微服务拆分和设计的心结了。

DDD 是一种处理高度复杂领域的设计思想，它试图分离技术实现的复杂性，并围绕业务概念构建领域模型来控制业务的复杂性，以解决软件难以理解，难以演进的问题。

DDD 不是架构，它是一种架构设计方法论，它通过业务边界划分将复杂业务领域简单化，帮我们划分出清晰的业务领域和应用边界，从而可以很容易地实现微服务的架构演进。DDD 的出现使得原来微服务拆分和设计过程中的问题不再是难题。

DDD 包括战略设计和战术设计两部分，它们分别从不同的视角出发，完成领域建模和微服务的拆分和设计。

战略设计是从业务视角出发，划分业务的领域边界，建立基于通用语言和业务上下文语义边界的限界上下文，构建领域模型。而限界上下文就可以作为微服务拆分和设计的边界。

战术设计则是从技术视角出发，侧重于对领域模型的技术实现，按照领域模型完成微服务的开发和落地。在战术设计中会有聚合、聚合根、实体、值对象、领域服务、领域事件、应用服务和仓储等领域对象，这些领域对象会以代码的形式映射到微服务中，完成设计和系统落地。

下面我们不妨先来看看，DDD 是如何进行战略设计的？

在 DDD 战略设计过程中会对领域进行细分，划分出业务上下文边界，然后建立领域模型，上下文边界和领域模型可以作为微服务拆分和设计的输入，指导微服务落地时的拆分和设计。

DDD 战略设计中的领域建模是一个从发散到收敛的过程，通常采用事件风暴工作坊方法。

 注意 事件风暴工作坊是一项团队活动，领域专家与项目团队通过头脑风暴的形式，罗列出领域中所有的领域事件，整合之后形成最终的领域事件集合，然后对每一个事件标注出导致该事件的命令，再为每一个事件标注出命令发起方的角色。命令可以是用户发起，也可以是第三方系统调用或者定时器触发等，最后对事件进行分类，整理出实体、聚合、聚合根以及限界上下文。事件风暴分析过程会在第 12 章详细讲解。

　　首先，针对业务领域，通过用例分析、场景分析和用户旅程分析等方法，尽可能全面地、不遗漏地梳理业务领域，发现这些业务领域中的命令、领域事件、领域对象以及它们的业务行为，并梳理这些领域对象之间的关系，这是一个发散的过程。

　　然后，我们将事件风暴过程中提取的实体、值对象和聚合根等领域对象，从不同的维度进行聚类，形成如聚合和限界上下文等边界，并在限界上下文边界内建立领域模型，这是一个收敛的过程，收敛输出的结果就是领域模型，如图 3-2 所示。

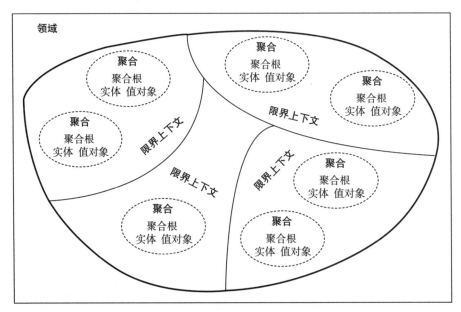

图 3-2　领域的限界上下文和聚合边界

　　我们可以分三步来构建领域模型和划分微服务的边界。

　　第一步，在事件风暴中根据场景分析，梳理业务过程中的用户操作、领域事件以及与外部的依赖关系等，找出哪些业务对象产生了这些业务操作或行为，并根据这些业务对象梳理出实体等领域对象。

　　第二步，根据领域实体之间的业务关联性，找出聚合根，将业务紧密相关的、相互依赖的实体组合形成聚合，确定聚合中的聚合根、值对象和实体。在图 3-2 中，同一个限界上下文内，聚合之间的边界是微服务内部的第一层边界，这些聚合在同一个微服务实例内运行。这个边界是一个逻辑边界，所以用虚线表示。

　　第三步，根据业务语义环境及上下文边界等因素，将一个或者多个聚合划定在一个限界上下文内，构建领域模型。在图 3-2 中，限界上下文之间的边界是第二层边界，这一层边界可能就是未来微服务的边界。不同限界上下文内的领域模型的业务逻辑，被隔离在不同的微服务实例中运行，它们在物理上是相互隔离的，所以这一层边界是物理边界，边界之间用实线来表示。

我们有了聚合和限界上下文这两层边界，就知道业务领域的边界到底在哪里了，进而微服务的拆分和设计也就不再是什么难事了。

在战略设计中我们建立了领域模型，划定了业务领域的边界，建立了通用语言和限界上下文，确定了领域模型中各个领域对象的依赖关系。到这儿，业务端领域模型的设计工作就基本完成了，这个过程同时也基本确定了应用端的微服务边界。

在从领域模型向微服务落地的过程，即 DDD 从战略设计向战术设计的过程中，我们会将领域模型中的领域对象与代码模型中的代码对象建立映射关系，将业务架构和系统架构进行映射和绑定。当业务发生变化，我们需要为了响应业务变化而调整业务架构和领域模型时，系统架构也会同时调整，并同步建立新的映射关系。

有了上面的讲解，现在我们不妨再次总结一下 DDD 与微服务的关系。

DDD 是一种架构设计方法，微服务是一种架构风格，两者从本质上都是为了追求软件的高响应力，而从业务视角去分离应用系统建设复杂度的手段。两者都强调从业务领域出发，根据业务的发展，合理划分业务领域边界，采用分治策略，降低业务和软件开发的复杂度，持续调整现有架构，优化现有代码，以保持架构和代码的生命力，也就是我们常说的演进式架构。

DDD 作为一种通用的设计方法，它主要关注从业务领域视角划分领域边界，构建通用语言进行高效沟通，通过业务抽象，建立领域模型，维持业务和代码的逻辑一致性。而微服务作为领域模型的系统落地，它主要关注从领域模型到微服务的代码映射和落地，运行时的进程间通信、容错和故障隔离，实现去中心化的数据管理和服务治理，关注微服务的独立开发、测试、构建和部署。

3.4 本章小结

我们可以通过 DDD 战略和战术设计方法，划定业务领域边界，构建领域模型，用领域模型指导微服务拆分和设计，解决微服务的业务和应用边界难以划定的难题，同时解决微服务落地时设计的难题。

如果你的业务焦点在领域，并且你的业务可以构建出富领域模型，那么你就可以毫不犹豫地选择 DDD 作为微服务的设计方法！

其实，更为关键的一点是，DDD 不仅可以指导微服务的边界划分和设计，也可以很好地应用于企业中台的领域建模设计，帮你建立一个边界清晰、可高度复用的企业级中台业务模型，完成微服务的落地。

DDD 对设计和开发人员的要求相对较高，实现起来可能会有一定的复杂度。不同企业的研发管理能力和个人开发水平也会存在差异。尤其对于传统企业而言，在用 DDD 落地的过程中，可能会存在一些挑战和困难。不过总体来说，采用 DDD 设计方法，可以给你带来很大收益。

1）DDD 是一套完整而系统的设计方法，它可以帮你建立一套从战略设计到战术设计的标准设计过程，让你的中台和微服务设计思路更加清晰，设计过程更加规范。

2）DDD 可以处理高复杂度业务领域的软件开发，通过分治策略降低业务和系统建设的复杂度，建立稳定的领域模型。

3）DDD 在领域建模的过程中，强调项目团队与领域专家的合作，在团队内部可以建立良好的沟通氛围，建立团队通用语言。

4）DDD 方法体系中有很多设计思想、原则与模式，深刻理解后可以帮你提高微服务架构的设计能力。

5）DDD 不仅适用于微服务拆分和设计，同样也适用于单体应用。如果单体应用采用了 DDD 方法设计，当某一天你想将单体应用拆分为多个微服务时，你会发现采用 DDD 方法设计出来的单体应用，拆分起来比采用传统三层架构设计出来的单体应用容易很多。这是因为用 DDD 方法设计的单体应用，在应用内部会有很多聚合，聚合之间是松耦合的，但聚合内部的功能具有高内聚的特点。有了这一层清晰的聚合边界，我们就可以很容易完成从单体应用向微服务的拆分了。这个过程非常容易，不会花费太多时间。这种设计方式特别适合当前不具备微服务运行支撑能力，但又必须完成系统重构，待具备能力后再进行微服务拆分的项目。

第 4 章 *Chapter 4*

DDD、中台和微服务的关系

DDD 和微服务来源于西方，而中台诞生在中国的阿里巴巴。DDD 在十多年前提出后一直默默前行，中台和微服务是近几年才出现的设计理念，提出后就非常火爆。

这三者看似风马牛不相及，实则缘分匪浅。中台是抽象出来的业务模型，微服务是业务模型的系统实现，DDD 作为方法论可以同时指导中台业务建模和微服务建设，三者相辅相成，完美结合。

你可能会问，DDD 为什么可以同时指导中台和微服务建设呢？

这是因为 DDD 有两把利器，那就是它的战略设计和战术设计方法。DDD、中台和微服务的关系如图 4-1 所示。

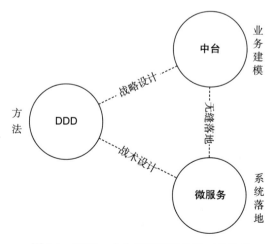

图 4-1　DDD、中台和微服务的铁三角关系

中台在企业架构上更多是偏向业务架构，形成中台的过程实际上也是业务领域不断细分和能力沉淀的过程。在这个过程中我们会对同类通用的业务能力进行聚合和重构，再根据限界上下文和业务内聚的原则建立领域模型。DDD 战略设计最擅长的就是领域建模。

在中台完成领域建模后，DDD 战略设计构建的领域模型就可以作为微服务设计的输入。此时，限界上下文和领域模型可以作为微服务拆分和设计的边界和依据，所以，DDD 的战术设计又恰好可以与微服务设计完美无缝结合。

可以说，业务中台和微服务正是 DDD 实战的最佳场景。

4.1 DDD 和中台的本质

DDD 和中台都强调从业务领域出发，我们先来看看 DDD 和中台的本质，分析它们的共性，进而找出它们之间的关系。

1. DDD 的本质

在研究和解决业务问题时，DDD 会按照一定的规则将业务领域进行细分，当领域被细分到一定程度后，DDD 会将要解决的问题范围限定在特定的边界内，并在这个边界内构建领域模型，进而用代码实现该领域模型，解决相应业务领域的应用建设问题。

在领域细分过程中，你可以将领域分解为子域，子域还可以继续分为子子域，一直到你认为这个子域的大小，正好适合你的团队开展领域建模工作为止。当子域划分完成后，你还可以根据子域自身的重要性和功能属性，将它们划分为三类不同的子域，它们分别是：核心子域、支撑子域和通用子域，这部分内容我会在第 5 章详细讲解。

我们一起来看图 4-2，我选择了保险的几个重要领域，进行了高阶的领域划分。

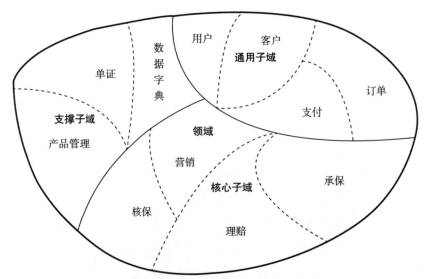

图 4-2 保险领域的核心子域、支撑子域和通用子域

当然，每个企业的业务模式、战略目标和商业模式可能会不同，因此它们的领域定位和职责就会有些不一样，在核心子域的划分上肯定也会有一定差异。因此，当你去做领域划分的时候，请务必结合企业核心战略和企业具体情况。

通过领域划分和进一步的子域划分，我们就可以区分不同子域在企业内的功能属性和重要性，进而采取不同的资源投入和建设策略。这种子域的分类方法，在企业 IT 系统建设过程中对于确定资源的投入策略十分重要，还可以帮助企业确定中台的领域边界和属性。

2. 中台的本质

中台来源于阿里的中台战略（详见《企业 IT 架构转型之道：阿里巴巴中台战略思想与架构实战》○）。2015 年年底，阿里巴巴集团对外宣布全面启动中台战略，构建符合数字时代的更具创新性、灵活性的"大中台、小前台"组织机制和业务机制，即作为前台的一线业务会更敏捷、更快速地适应瞬息万变的市场，而中台将集合整个集团的运营数据能力、产品技术能力，对各前台业务形成强力支撑。

综上，中台的本质其实就是提炼各个业务板块的共同需求，进行业务和系统抽象，形成通用的、可复用的业务模型，打造成组件化产品，供前台部门使用。前台要做什么业务，需要什么资源，就可以直接找中台，而不需要每次都去改动自己的底层。

4.2 DDD、中台和微服务的协作

在第 1 章中，我们已经了解了传统企业和阿里中台战略建设策略上的差异。实际上更多的企业可能会聚焦在传统企业这类中台建设模式上，也就是将通用能力与核心能力全部中台化，以满足不同渠道核心业务能力的复用。接下来我们还是把重点放在这类传统企业的中台建设模式上进行分析。

传统企业可以将需要共享的公共能力进行领域建模，建设面向公共能力复用的通用能力中台。除此之外，传统企业还会将核心能力进行领域建模，建设面向不同渠道的核心能力复用的核心能力中台。这里的通用能力中台和核心能力中台都属于业务中台的范畴。

DDD 将子域分为核心子域、通用子域和支撑子域，其主要目的是通过识别企业重点领域，有区别地确定战略资源的投入。一般来说，企业战略投入的重点是核心子域，而通用子域和支撑子域之间在战略资源投入上区分度并不高，因此在后面的设计中，暂时不严格区分通用子域和支撑子域。

DDD、阿里中台战略和微服务架构这三者出现的时代和背景不同。同样的内容，在它们各自的理论体系中名词术语和表达方式也存在很大的差异，各自论述的内容在企业内也分别属于不同维度。

那它们之间到底有着何种神秘的关系？我们应该如何建立这几个理论体系的通用语言，

○ 钟华. 企业 IT 架构转型之道：阿里巴巴中台战略思想与架构实战 [M]. 北京：机械工业出版社，2017.

组织它们协同工作呢?

下面,我们就一起来从不同维度和层面对它们进行分析和分解对照,理清它们的映射关系。一起来看一下图4-3,我们分别从DDD领域建模和中台建设这两个不同的视角,对企业同一个领域业务架构的分解过程进行分析和对照,看看它们到底存在何种关联关系。

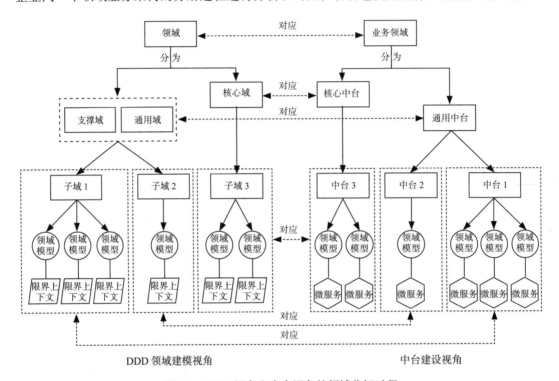

图 4-3 DDD 视角和中台视角的领域分解过程

如果将企业内整个业务领域看作一个问题域的话,企业内的所有业务就是一个领域。在进行领域细分时,从 DDD 视角来看,子域可分为核心子域、通用子域和支撑子域。从中台建设的视角来看,业务领域细分后的业务中台,可分为核心中台和通用中台。

从领域功能属性和重要性对照来看:通用中台对应 DDD 的通用子域和支撑子域,实现企业可复用的通用业务能力;核心中台对应 DDD 的核心子域,实现企业的核心业务能力。

从领域的功能范围来看,子域与中台同属于业务子域,它们的功能边界是一致的。领域模型所在的限界上下文对应微服务,限界上下文可以作为微服务拆分的依据。

建立了这个映射关系后,我们就可以用 DDD 来为中台构建领域模型了。

这里还是以上面的保险领域为例。按照上面的映射关系,保险域的业务中台可以分为两类:第一类是提供保险核心业务能力的核心中台(比如营销、承保和理赔等核心子域);第二类是支撑核心业务流程完成保险全流程的通用中台(比如订单、支付、客户和用户等通用子域)。

DDD 有一个重要的原则,就是首先要建立通用语言的原则。在将 DDD 的方法引入中台设计时，我们首先需要建立中台和 DDD 的通用语言。DDD 的核心子域、通用子域和支撑子域等子域与中台是一个层级的概念，那我们不妨先将子域和中台这两个不同的概念统称为中台。

在将业务领域划分为不同的中台后，在中台这个子域内，你可以通过事件风暴，找出限界上下文，对中台进行进一步设计和细分，然后根据限界上下文最终完成业务领域建模，构建出中台领域模型。由于不同中台业务领域的功能不同，限界上下文的数量和大小就会不一样，领域模型也会不一样。

当完成业务建模后，我们就可以将领域模型作为微服务设计的输入，采用 DDD 战术设计和 DDD 分层架构模型，设计聚合、实体、值对象、领域事件、领域服务以及应用服务等领域对象，完成微服务的设计和开发。

以上就是 DDD、中台和微服务在中台设计过程中的协作方式。

4.3　如何完成中台业务建模

中台业务抽象的过程实际上就是业务建模的过程，对应 DDD 的战略设计。中台系统抽象的过程就是微服务的设计过程，对应 DDD 的战术设计。

在了解了 DDD、中台和微服务三者的工作方式和关系后，沿着上面的话题，我们接下来结合 DDD 领域建模的方法，聊聊中台业务建模，初步了解 DDD 在中台领域建模的大致设计过程。第 12 章和第 13 章会详细介绍更多关于领域建模方法和过程的内容。

采用 DDD 方法的中台领域建模大致可以分为如下五个步骤。

第一步，按照核心业务流程节点（通常适用于核心子域）或者功能属性和集合（通常适用于通用子域或支撑子域），将业务领域细分为多个中台，再根据中台的功能属性或重要性归类到核心中台或通用中台。核心中台设计时要考虑企业战略发展和核心竞争力以及多渠道核心能力复用，通用中台要站在企业高度进行抽象和标准化设计，面向所有业务领域实现能力共享和复用。

为什么要将领域分解为中台后再构建领域模型，而不是直接在一个大的领域开展领域建模呢？

这是因为如果业务领域太大，不便于我们开展事件风暴。因此将这个大的领域按照业务职能和功能聚合边界，拆分为大小合适的子域，然后再分别构建领域模型。

第二步，选取中台所在的业务领域，运用事件风暴方法（参阅第 12 章），通过用例分析、业务场景分析或用户旅程分析等方法，找出业务领域的实体、聚合和限界上下文。依次完成各个中台的领域分解和领域建模。

在建模的过程中你可能会发现某些领域模型中的领域对象或业务功能，会同时出现在其他领域模型中。也有些本应该是同一个聚合的领域对象，却分散在其他中台的领域模型里。这样会导致领域模型不完整或者通用能力不够内聚。不过先不要着急，这些问题是我们中台业务建模过程中需要解决的，这一步我们只需要初步确定主领域模型就可以了。

为什么要确定主领域模型呢？

这是因为如果我们采用自底向上的方法（参阅第 13 章）来构建中台领域模型时，不同的业务领域由于重复建设，可能会出现一些局部功能重叠的情况。也就是说这些实体本应该在同一个限界上下文内，但由于它们分布在不同应用的业务领域中，在根据应用的业务领域进行领域建模时它们很自然地就被分散到了其他业务领域的领域模型中。

比如在移动互联业务领域和传统核心业务领域，往往同时会有用户这个领域对象，因此在领域建模时，用户就会被分散到不同的领域模型中。这样是不利于构建"高内聚，低耦合"的用户领域模型的。所以，我们在领域建模时，需要将这些分散的、不完整的领域模型，通过对领域对象和业务逻辑的组合和归并，提炼出标准的、可复用的用户领域模型。

首先我们需要从这些领域模型中，选取领域逻辑相对完整的领域模型作为主领域模型。依托这个主领域模型，充分吸收分散在其他领域模型的领域对象和领域逻辑。根据限界上下文语义和单一职责原则，基于主领域模型，提炼出"高内聚，低耦合"的领域模型。这就是第三步要完成的主要工作。

第三步，在确定主领域模型后，以主领域模型为基准，逐一扫描其他中台领域模型，根据名称或业务动作的相似性等条件，检查是否存在重复的领域模型或领域对象，或者游离于主领域模型之外，但与主领域模型同属于一个限界上下文的领域对象。将这些重复或游离的领域对象，合并到主领域模型，提炼并重构主领域模型，完成领域模型设计。

第四步，选择其他领域模型重复第三步，直到所有领域模型完成领域对象比对和领域逻辑重构。

第五步，将领域模型作为微服务设计的输入，完成微服务的拆分和设计，完成微服务落地。

综上所述，你可以了解到采用 DDD 方法在中台领域建模中的大致过程，如图 4-4 所示。

DDD 战略设计涵盖了第一步到第四步，主要包括：将业务领域分解为不同属性的中台，将中台区分为核心中台和通用中台，在中台这个业务边界内完成领域建模，构建中台业务模型。

DDD 战术设计主要在第五步，将领域模型作为微服务设计的输入，映射为微服务就完成中台的系统落地了。

还是以保险领域为例，这里我选取了通用中台的用户、客户和订单三个中台来做示例。客户中台提炼出了两个领域模型：客户信息和客户视图模型。用户中台提炼出了三个领域模型：用户管理、登录认证和权限模型。订单中台提炼出了订单模型。

按照 DDD 业务建模方法，完成保险各个中台的领域建模后，图 4-4 就可以用我们分析后的中台和领域模型的数据填充上了，如图 4-5 所示。

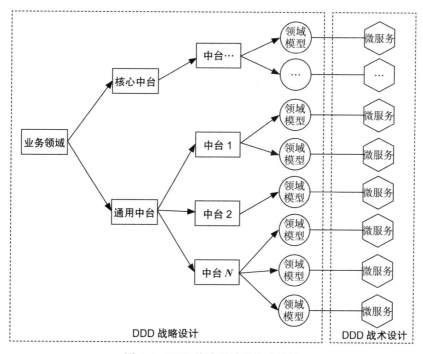

图 4-4 DDD 战略设计和战术设计

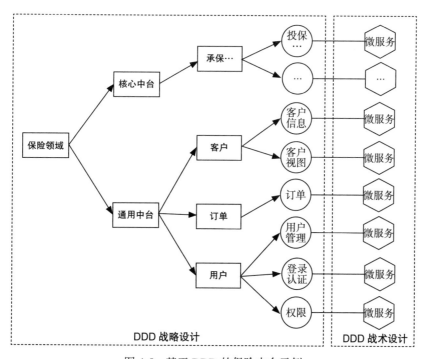

图 4-5 基于 DDD 的保险中台示例

这就是用 DDD 方法完成中台领域建模的大致流程，看似简单的背后，其实每个领域模型的构建过程都是需要比较大的投入的。当然，如果看到这些"高内聚，低耦合"的中台领域模型的价值，这些付出都是值得的。

毕竟，要将最重要的事情放到最前面！

4.4 本章小结

这一章我们主要梳理了 DDD、中台和微服务的关系，讨论了企业中台设计的一些基本思路。

中台本质是业务模型，微服务是中台业务模型的系统落地，DDD 是一种设计思想，它可以同时指导中台业务建模和微服务设计，它们之间就是这样的一个铁三角关系。

相信 DDD 与中台的完美结合，可以让你的中台建设如虎添翼！

本章旨在让你初步了解 DDD、中台和微服务的关系，领域建模的详细过程还会在后面的章节详细讲解。在描述 DDD、中台和微服务关系，讲解领域建模设计过程时，用到了后面章节的名词和术语，你可能会产生一些困惑，建议你在了解 DDD 的基础知识后，再来回顾这些知识，理解可能会更深刻一些。

DDD 基本原理

为了更好地进行中台和微服务实践，我们首先需要了解 DDD 的基本原理和核心设计理念。DDD 设计方法涵盖了业务和技术两个方面，从划分业务领域边界、构建领域模型开始，到微服务拆分、设计和完成落地，这个过程贯穿了软件全生命周期。

在不同的设计阶段，DDD 都有相应的概念和方法，因此在 DDD 里会有非常多的名词、术语和概念以及设计思想、设计方法、设计原则和设计模式等，这些内容构成了 DDD 的基本理论和知识体系。

DDD 核心知识体系有：领域、子域、核心子域、通用子域、支撑子域、限界上下文、实体、值对象、聚合和聚合根、领域事件、领域服务、应用服务和分层架构等。DDD 的概念确实非常多，以至于有些人初次接触这些概念，还没开始 DDD 实践就打起了退堂鼓。于是就有人发出了"DDD 虽然看着很美好，实际却很难落地"的感叹。

为了能够让你更加深刻地理解 DDD，在这一部分，我会用一些浅显易懂的案例，带你一起学习并深刻理解这些基础理论知识，了解它们之间的协作和依赖关系，一起解决 DDD 概念理解困难的问题，做好中台实践前的准备工作。

我们先从下图开始，一起来了解 DDD 知识体系的基本构成。

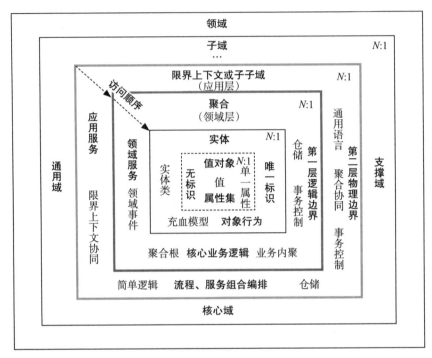

DDD 知识体系图

由于 DDD 概念之间的依存度非常高，在讲解一个知识点的时候，往往很容易带入其他章节的知识和概念，因此建议你在阅读本部分内容时，尽量将它们作为一个整体来阅读，效果可能会更好。

本部包括第 5 ～ 11 章，具体内容如下。

❏ 第 5 章 领域和子域：有效分解问题域。

❏ 第 6 章 限界上下文：定义领域边界的利器。

❏ 第 7 章 实体和值对象：领域模型的基础单元。

❏ 第 8 章 聚合和聚合根：怎样设计聚合。

❏ 第 9 章 领域事件：解耦微服务的关键。

❏ 第 10 章 DDD 分层架构。

❏ 第 11 章 几种微服务架构模型对比分析。

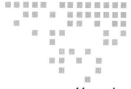

领域和子域：有效分解问题域

前面提过，在 DDD 知识体系里有很多概念，比如领域、子域、核心子域、通用子域、支撑子域、限界上下文、聚合、聚合根、实体、值对象、领域服务和应用服务等，它们在 DDD 理论和知识体系里都是非常重要的概念。

从这一章开始，我会围绕上面这些关键概念进行讲解，帮助你彻底理解它们，并理清它们之间的关系，了解它们在微服务设计中的作用。虽然有些名词和概念可能在微服务设计和开发过程中并不一定都用得上，但它可以帮你理解 DDD 的核心设计思想和理念。而这些设计思想和理念，在 IT 战略设计、中台领域建模和微服务设计中都是很有价值的。

本章我们将重点了解领域、子域、核心子域、通用子域和支撑子域等重要概念。

5.1　领域的基本概念

我们先看一下汉语词典中对领域（Domain）的解释："领域是从事一种专门活动或事业的范围、部类或部门。"

我们再来看一下百度百科对领域的解释："领域具体指一种特定的范围或区域。"

这两个解释都有一个共同的词："范围"。

对了！领域就是用来确定范围的，范围即边界。这也是为什么 DDD 在设计过程中不断强调边界的原因。

在研究和解决业务问题时，DDD 会按照一定的规则对业务领域进行细分，当领域细分到一定的程度后，DDD 会将问题范围限定在特定的边界内，在这个边界内建立领域模型，进而用代码实现该领域模型，解决相应的业务问题。

简言之，DDD 的领域就是这个边界内要解决的业务问题域。

既然领域是用来限定业务边界和范围的，那么就会有大小之分，领域越大，业务边界的范围就越大，反之则相反。领域可以进一步划分为子领域。我们把划分出来的多个子领域称为子域，每个子域对应一个更小的问题域或更小的业务范围。

5.2　领域的分解过程

我们知道，DDD 是一种处理高度复杂领域的设计思想，它采用分而治之的策略，从而降低业务领域和技术实现的复杂度。那么面对错综复杂的业务领域，DDD 是如何使业务领域从复杂变得更简单，更容易让人理解，技术更容易实现呢？

其实很好理解，DDD 的研究方法与自然科学的研究方法类似，那就是分治策略。当人们在自然科学研究中遇到复杂问题时，通常的做法就是将问题一步一步细分，再针对细分出来的问题域，逐个深入研究，探索和建立所有子域的知识体系。当所有问题子域完成研究时，我们就建立了全部领域的完整知识体系了，如图 5-1 所示。

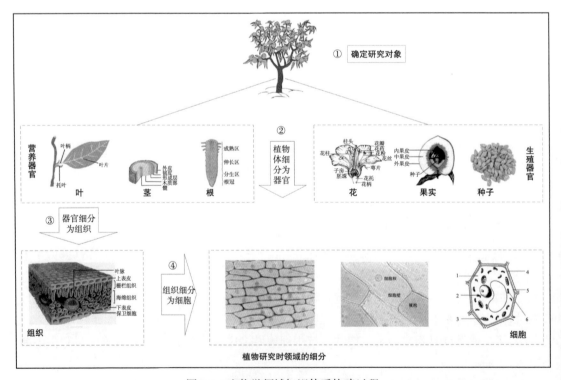

图 5-1　生物学领域知识体系构建过程

下面我用图 5-1 所示的这个例子来讲解如何给桃树建立一个完整的生物学知识体系。其实初中的生物课早就已经告诉我们研究方法了，它的研究过程是这样的。

第一步，确定研究对象，即研究领域，在这里我们的研究领域是一棵桃树。

第二步，对研究对象进行细分，将桃树细分为器官，器官又细分为营养器官和生殖器官两种。其中营养器官包括根、茎和叶，生殖器官包括花、果实和种子。桃树的知识体系就是我们已经确定要研究的问题域，对应 DDD 的领域。根、茎、叶、花、果实和种子等器官则是细分后的问题子域。从桃树到器官的划分过程就是 DDD 将领域细分为多个子域的过程。

第三步，对器官进行细分，将器官细分为组织。比如，叶子这个器官可细分为保护组织、营养组织和输导组织等。从器官到组织的划分过程就是 DDD 再次将子域进一步细分为多个子域的过程。

第四步，对组织进行细分，将组织细分为细胞。细分到这一级，细胞就成为我们研究的最小单元。细胞之间的细胞壁确定了最小单元的边界，也就确定了研究的最小边界。

在这里先剧透一点聚合、聚合根、实体以及值对象的相关知识，这些知识点我还会在第 7 章和第 8 章中详细讲解。

我们知道细胞核、线粒体、细胞膜等物质共同构成细胞，这些物质共同协作让细胞具有这类细胞特定的生物功能。在这里你可以把细胞理解为 DDD 领域模型中的聚合，细胞内的这些物质就可以理解为聚合里面的聚合根、实体和值对象等领域对象。在聚合内这些领域对象共同协作，完成这个特定边界内的生物功能。这个过程类似 DDD 战术设计时确定微服务内聚合边界和功能要素的过程。

在这里总结一下，每一个细分的领域都会有一个知识体系，也就是 DDD 的领域模型。当所有子域研究完成，并分别建立了子域的知识体系后，我们就建立了整个领域的知识体系，也就完成了整个业务领域的领域模型的建设。

上面我们用自然科学研究的方法，说明了领域可以通过细分为子域的方法来降低领域研究的复杂度。现在我们把这个话题再切回到业务领域，对比验证下二者的细分过程是否是一致的。这里以保险行业为例。

保险是个比较大的领域，很早以前的保险核心系统将所有功能都放在一个系统里来实现，这个系统就是我们常说的单体系统。后来单体系统开始无法适应保险业务增长的发展要求，因此很多大型保险企业开始尝试中台数字化转型，通过引入分布式微服务架构来替换原来的集中式单体系统。

既然采用分布式微服务架构，那首先要做的就是划分业务领域边界，建立领域模型，然后实现微服务落地。为完成保险领域建模和微服务建设，我们可以根据业务内聚和关联度以及流程边界将保险领域细分为：承保、收付、再保以及理赔等子域，而承保子域还可以继续细分为投保、保全（寿险）、批改（财险）等子子域。

在投保限界上下文边界内你可以建立投保领域模型，投保领域模型最后映射到系统就是投保微服务。这就是一个保险领域边界的大致细分和微服务的设计过程。

当然你可能会说，我不是保险行业的人，要怎么理解这个过程呢？

我认为，不同行业的业务模型可能会不一样，但领域建模和微服务设计的过程和方法是基本类似的，其核心思想就是将复杂的业务问题域逐级分解，大事化小，将复杂问题简单化，从而降低业务理解和系统实现的复杂度。

5.3 子域的分类和属性

在领域不断划分的过程中，领域会被细分为不同的子域，你可以根据子域自身的重要性和功能属性将它们划分为三类子域，分别是：核心子域、通用子域和支撑子域。当然，这些子域的重要性是放在整个企业内来衡量的。

在企业内决定产品或企业核心竞争力的功能子域是核心子域，它是让企业业务和商业模式成功的关键核心能力，是企业在面对竞争对手时所拥有的核心竞争力。那些没有太多个性化的诉求，同时又会被多个子域重复使用的通用功能子域是通用子域。另外，还有一种功能子域是企业必需的，但它既不是决定产品或企业核心竞争力的功能，也不是被其他子域复用的通用功能，这类子域是支撑子域。

那为什么要划分核心子域、通用子域和支撑子域？其主要目的是什么呢？

我们还是拿上面桃树的例子来说吧。在建立桃树知识体系的过程中，我们将桃树细分为根、茎、叶、花、果实和种子等六个子域。

那桃树的这些子域里是否有核心子域？如果有的话，到底哪个是核心子域呢？

不同的人由于立场和出发点不一样，对桃树子域的理解和重视程度也会不同。如果这棵桃树生长在公园里，那么在园丁的眼里，他喜欢的是"人面桃花相映红"的阳春三月，这时桃花就是桃树的核心子域。但如果这棵桃树是生长在果园里，那么对果农来说，他则是希望在丰收的季节收获硕果累累的桃子，这时果实就会变成桃树的核心子域。

不同诉求的人在不同场景下，对桃树核心子域的定义是截然不同的，因此对桃树的处理方式也会大不一样。园丁会关注桃树花期的营养，而果农则更关注桃树落果期的营养，有时为了保证果实（可以理解为核心子域）的营养供给，甚至还会裁剪掉疯长的茎和叶（可以理解为通用子域或支撑子域）。

同样的道理，企业在IT系统建设过程中，由于企业资金预算和各种资源的限制，对不同类型的子域应该有不同的关注度，制定不同的资源投入策略，让"好钢"用在"刀刃"上。

从表面上看，很多同行业的企业在业务模式上似乎差异不大。但细细对比和分析，你就会发现它们的战略方向和商业模式还是存在很大差异的。战略方向不一样，企业的关注点就会不一样，因此在划分核心子域、通用子域和支撑子域时，其结果也会出现非常大的差异。

同样都是电商平台的淘宝、天猫、京东和苏宁易购，虽然它们都在做电商业务，但它们的商业模式和战略重点却存在很大差异。淘宝是C2C业务，个人卖家对个人买家，而天猫、京东和苏宁易购则主要是B2C业务，企业卖家对个人买家。即便是苏宁易购和京东都是 B2C 商业模式，但它们之间也是存在差异的，苏宁易购是典型的传统线下卖场转型成为电商，而京东则是直营加部分开放合作平台的商业模式。

战略方向和商业模式的不同最终会导致核心子域划分结果的不同。有的企业核心子域可能是在客户服务领域，有的可能在产品质量保证领域，有的则在物流领域。有的主要服务于企业，有的则主要服务于客户。所以虽然行业相同，但企业战略目标和定位不一样，核心子域也就会不一样。

在企业业务领域不断细分、构建领域模型和完成微服务建设时，我们需要结合企业战略方向和商业模式来确定建设重点。首先找到核心子域，并将重点资源和资金投入核心子域建设上。

如果你的企业刚好有意向转型微服务架构的话，建议你和你的技术团队将核心子域的建设排在首位，对核心子域的建设，最好要有绝对的掌控能力和自主研发能力。如果资源实在有限的话，在支撑子域或者通用子域建设时，暂时采用外购方式也未尝不可。

5.4　本章小结

DDD 领域划分的核心思想就是将问题域逐级细分，采用分而治之的策略，将复杂问题简单化，从而降低业务理解和系统实现的复杂度。

业务领域的子域划分其实是一种比较粗的领域边界的划分阶段，它不考虑子域内的领域对象以及对象之间的关系和层次结构。子域的划分往往可以按照业务流程或者功能模块的边界进行粗分，其目的就是为了逐步缩小业务边界，让你能够在一个相对较小的空间内，比较舒适地用事件风暴来梳理业务场景，构建领域模型。

在很多业务场景中，很多子域的边界天然就是流程节点的边界，比如商品、订单、货物，它们分别属于不同的流程环节，基于这些流程环节很自然地就形成了不同子域的边界。

划分核心子域、支撑子域和通用子域的主要目的是：通过领域划分，区分不同子域在企业内的不同功能属性和重要性，使企业可对不同子域采取不同的资源投入和建设策略。

在子域的划分过程中，有些人可能会对于如何区分核心子域、支撑子域和通用子域有一些疑惑，其实你大可不必那么纠结。

我们主要基于企业关注点的不同来划分这三个子域，以便将企业核心资源投入关键的核心子域。有些子域既属于通用子域，也属于核心子域，将它放在通用子域主要是考虑了它的可复用能力，但是它在企业内却是非常核心的通用功能，在业务环节中处于核心位置。因此这类通用子域在应用建设过程中，也需要按照核心子域的标准投入关键资源。

而从关注度和资源投入来看，支撑子域和通用子域基本上是同一个层级的，区分度并不大。我们其实也没必要纠结它到底属于通用子域还是支撑子域。而且，有些子域随着时间的变化，在这三个域之间出现转换也是有可能的。所以，我们在子域分类时，重点关注核心子域就可以了。

限界上下文：定义领域边界的利器

在 DDD 领域建模和微服务建设过程中，会有很多项目参与者，包括领域专家、产品经理、项目经理、架构师、开发经理和测试经理等。对于同样的领域知识，不同的参与者可能会有不同的理解。而且有的时候同一个领域内的名词和术语也可能不统一，团队成员交流起来就会出现障碍，严重时甚至会传达出错误的信息。

如果出现这种情况应该怎么办呢？

在 DDD 中有"通用语言（Ubiquitous Language）"和"限界上下文（Bounded Context）"这两个重要概念。两者相辅相成，通用语言用于定义上下文对象的含义，而限界上下文则用于定义领域边界，以确保每个上下文对象在它特定的边界内具有唯一的含义，在这个边界内，组合这些对象构建领域模型。

这段描述可能有点抽象，接下来我会——详细讲解。不过，在这之前，我想先请你看一下这几个问题，这也是本章要讲解的核心内容。

DDD 为什么要有限界上下文的概念？除了解决交流障碍，还有其他原因吗？限界上下文在微服务拆分和设计时的作用和意义是什么呢？希望你能带着这几个问题一起进入下面的学习。

6.1 什么是通用语言

为了更好地理解限界上下文，回答上面的问题，我们先从通用语言讲起。

在事件风暴过程中，通过团队交流达成共识的，能够简单、清晰、准确地描述业务含义和规则的语言就是通用语言。也就是说，通用语言是团队的统一语言，不管你在团队中担任什么样的角色，在同一个领域的软件生命周期里都使用统一的语言进行交流。

那么，通用语言的价值也就很明了了，它可以解决交流障碍的问题，使得领域专家与项目团队以及项目团队内部成员之间，能够用共同的语言进行交流和协同合作，从而确保业务需求的正确表达和系统的正确实现。

但是，对通用语言的理解到这里还不够。通用语言往往跟领域中的名词术语和用例场景相关。通用语言中的名词一般可以给领域对象命名，如商品、订单等，它们对应领域模型中的实体对象。而动词则表示一个动作或领域事件，如商品已下单、订单支付等，它们对应领域模型中的领域事件或者命令。

通用语言贯穿 DDD 的整个设计过程。作为项目团队沟通和协商过程中形成的统一语言，它通过将领域模型映射到代码模型，可以将这些名词术语直接反映到代码中。基于它，你就能够开发出可读性更好的代码，将业务需求准确转化为代码落地。

我们一起来看一下图 6-1，这张图描述了从事件风暴开始，提取领域对象到建立领域模型以及微服务代码落地的完整过程。

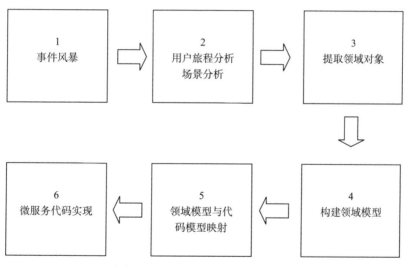

图 6-1　DDD 领域分析和设计过程

在事件风暴过程中，领域专家会和团队设计、开发人员一起通过用户旅程分析或者场景分析，提取出业务领域中的所有领域对象，将这些对象进行聚合，并划定业务边界，然后建立领域模型。

在领域建模的过程中，我们会给这些领域对象统一命名，这个过程就会形成项目团队统一的通用业务术语。所以说事件风暴，是项目团队统一语言和思想的关键过程。

建立了通用语言的领域模型会作为微服务设计的输入，而微服务的代码模型来源于领域模型，代码模型的代码对象会跟领域模型中的领域对象一一映射。这个过程也是通用语言从业务领域传递到系统领域的过程，只有在整个应用建设过程统一了通用语言，并进行了正确的传递和映射，才能确保业务需求与系统落地的一致性。

这里我再分享一条经验，设计过程中我们可以用一些表格来记录事件风暴和微服务设计过程中产生的领域对象及其属性，比如：领域对象在 DDD 分层架构中的位置、实体的属性、领域对象之间的依赖关系以及代码对象与领域对象的映射关系等。在表 6-1 中就记录了一个领域模型和微服务设计实例的部分数据。

表 6-1　领域模型与微服务的对象映射

层	聚合	领域对象	类型	包名	类名	方法名
应用层	—	请假应用服务	应用服务	*.leave.application.service	LeaveApplication Service	若干
	—	人员应用服务	应用服务	*.leave.application.service	PersonApplication Service	若干
领域层	请假	请假单	聚合根	*.leave.domain.leave.entity	Leave	
		创建请假信息	方法	*.leave.domain.leave.entity	Leave	createLeave
		审批轨迹	实体	*.leave.domain.leave.entity	ApprovalTrace	
		创建审批轨迹信息	方法	*.leave.domain.leave.entity	ApprovalTrace	createApprovalTrace
		请假领域服务	领域服务	*.leave.domain.leave.service	LeaveDomain Service	若干
	人员	人员	聚合根	*.leave.domain.person.entity	Person	
		创建人员信息	方法	*.leave.domain.person.entity	Person	createPerson
		组织关系	值对象	*.leave.domain.person.entity	PersonRelationship	
		创建组织关系	方法	*.leave.domain.person.entity	PersonRelationship	createPersonRelationship
		人员领域服务	领域服务	*.leave.domain.person.service	PersonDomainService	若干
基础层	请假	请假仓储接口	仓储接口	*.domain.leave.repository.facade	LeaveRepository Interface	若干
		请假仓储实现	仓储实现	*.domain.leave.repository.persistence	LeaveRepositoryImpl	若干
	人员	人员仓储接口	仓储接口	*.domain.person.repository.facade	PersonRepository Interface	若干
		人员仓储实现	仓储实现	*.domain.person.repository.persistence	PersonRepositoryImpl	若干

表 6-1 中的这些名词术语就是项目团队在事件风暴过程中达成一致，可以用于团队内部交流的通用语言。从这个表格我们可以看到，在 DDD 分析过程中，领域模型的领域对象以及它们在领域模型中的属性和特征都被记录了下来。除了记录领域模型中的领域对象，我们还记录了在微服务设计过程中，这些领域对象所映射的代码对象。

到这里，我想再强调一次：DDD 分析和设计过程中的每一个环节，都需要保证限界上下文内通用语言的统一和正确传递。在代码模型设计的时候要建立领域对象和代码对象的

——映射，从而保证业务模型和系统模型一致，实现业务语言与代码语言的统一。

如果你做到了这一点，也就是建立了领域对象和代码对象的映射关系，就可以指导软件开发人员准确无误地按照领域模型和设计文档完成微服务开发了。而且，有了这种映射关系，即使是不熟悉代码的业务人员，也可以根据这种映射关系很快找到业务逻辑所在的代码位置。

6.2 什么是限界上下文

那刚刚上面提到的限界上下文又是用来做什么的呢？

我们知道语言都有它的语义环境，同样，通用语言也有它的上下文环境。为了避免同样的概念或语义在不同的上下文环境中产生歧义，DDD在战略设计上提出了"限界上下文"这个概念，用来确定语义所在的领域边界。

因为"限界"这个词很少见，而在汉语里"限界"一般是指"铁路建筑物及设备不得超过的轮廓尺寸线"，所以很多人初次接触限界上下文时，就有点犯迷糊，理解成本似乎有点高。

我们不妨先来看一下限界上下文的英文原文："Bounded Context"，翻译成中文，其实可以理解为"限定了边界的上下文环境"。

为了更好地理解限界上下文的含义，我们可以将它拆解为两个词来理解："限界"和"上下文"。"限界"是指具体的领域边界，而"上下文"则是业务语义所在的上下文环境。通过限定领域的上下文边界，项目团队就可以在这个特定的业务边界内用无歧义的通用语言进行交流了。

综上，限界上下文就是在限定的上下文环境内，用来封装通用语言和领域对象，保证领域内的一些术语、领域对象等有一个确切的含义，没有语义二义性的一个业务边界。相信你在深入研究DDD后，就能更好地理解它的含义和价值了。它定义了领域模型的边界和业务适用范围，使得团队所有成员能够明确地知道，什么内容应该在领域模型中实现，什么不应该在模型中实现。

如果这个边界限定的是业务领域的边界，那你可以理解为业务上下文边界。

定义限界上下文时通常会考虑领域业务职责单一这个因素。在确定了领域的职责边界后，会将所有与实现该领域职能相关的对象都放在同一个限界上下文边界内，而将所有与该领域职能无关的对象都排除在上下文边界之外。限界上下文就是这样一个强制边界，它可以保证领域职责的单一性和领域模型的纯洁性。

举个例子，其实企业在设置组织架构（如部门、处室等）时，就是在定义企业的限界上下文边界。企业设置组织架构时，往往会从企业的职能边界出发，根据这些职能边界来设置部门，划定部门的边界，比如：可以为人力资源管理相关的职能设置人力资源部，为财务核算管理相关的职能设置财务会计部，还有产品线相关的业务部门以及后勤部门等。

部门的职能边界就是企业组织架构的限界上下文边界。在部门内会聚集与部门职能相关的所有角色，他们在部门内各司其职，共同完成部门所承担的职责。这些角色就类似领域模型中的领域对象。

在确定了部门的职责边界后，不同部门之间的职能就不应该出现重叠和混淆，也不应该将与部门职能不相干的角色放在部门内了，因为这样会破坏组织架构的限界上下文边界。有的企业为了缩减部门编制，会将一些彼此不相干的职能放在一个部门，但是这样在对外提供服务时，就很容易让人产生误解或者困惑，甚至闹出笑话，这就不是一个好的企业限界上下文边界了。

6.3　进一步理解限界上下文

我们可以通过一些例子进一步理解限界上下文这个概念。不要小看它，彻底弄懂它会给你后面实践 DDD 和微服务设计打下一个坚实的基础。

都说中文这门语言非常丰富，在不同的时空和背景下，同样的一句话会有不同的含义。

有一个例子你应该听说过。在一个明媚的早晨，孩子起床问妈妈："今天应该穿几件衣服呀？"妈妈回答："能穿多少就穿多少！"那到底是穿多还是穿少呢？

简短的几句对话，如果没有具体的上下文语义环境，还真不太好理解。但是，如果你已经知道了这句话所在的语义环境，比如是寒冬腊月或者是炎炎夏日，那么理解这句话的含义就会容易得多了。

所以，语言离不开它的语义环境。同样的，DDD 的通用语言也离不开它的语义环境，这个语义环境就是它的业务上下文边界。

在中台领域建模的过程中，我们不大可能用一个简单的名词术语没有歧义地描述一个复杂的业务领域，因此我们就用子域或限界上下文来细分领域，通过缩小术语的业务语义范围，从而限定通用语言所在的上下文边界。

现在我们用一个保险领域的例子来讲解通用语言的限界上下文边界。保险业务领域有投保单、保单、批单和赔案等保险术语，它们分别作用于保险的不同业务流程边界内。

客户投保时，业务人员会记录投保信息，在这个领域内会有投保单实体对象。

缴费完成后，业务人员将投保单转为保单，在这个领域内会有保单实体对象，保单实体与投保单会关联。

如果客户需要修改保单信息，保单会变为批单，在这个领域内会有批单实体对象，批单实体会与保单关联。

如果客户发生理赔，生成了赔案，在这个领域内会有报案实体对象，报案实体对象与保单或者批单关联。

投保单、保单和批单等这些保险术语虽然都跟保单有关，但由于它们在不同的业务阶段，表现形式不一样，也被赋予了特殊的业务含义，我们需要针对不同的业务阶段加以区分，避免出现歧义。因此我们不能简单地用"保单"这个术语作用在保险的全业务领域。通用术语有它的作用边界，超出这个边界就容易出现理解上的问题。

如果你对保险领域不大了解也没关系，电商领域肯定再熟悉不过了吧？正如电商领域的商品一样，商品在不同的阶段也有不同的表达形式。商品在销售阶段是商品，这是它的原始含义。在销售阶段结束后，商品就进入了运输阶段，这时商品就变成了货物。可见，同样的一件商品，由于业务领域边界的不同，这些通用语言的术语就有了不同的含义。

限界上下文就是用来定义这些通用语言的上下文边界的。这个边界既是业务领域的边界，也是微服务拆分的边界。

看到这，我想你应该非常清楚了，业务领域的边界就是通过限界上下文来定义的。

6.4 限界上下文和微服务的关系

接下来，我们来对限界上下文概念做进一步的延伸理解，看一看限界上下文和微服务到底存在怎样的关系？

我们以购买车险为例进行说明。车险承保的流程包含投保、缴费、出单等几个主要流程。如果出险了还会有报案、查勘、定损、理算等理赔流程。

保险领域很复杂，在这里我用一个简化的保险模型来说明限界上下文和微服务的关系，如图 6-2 所示，还会用到我们在 5.1 节学到的一些基础知识，比如领域和子域。

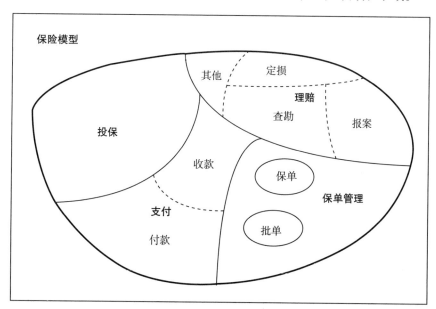

图 6-2 保险模型的限界上下文

首先，领域可以拆分为多个子领域。一个领域相当于一个问题域，领域拆分为子域的过程就是大问题拆分为小问题的过程。在图 6-2 里，保险领域被拆分为：投保、支付、保单管理和理赔四个基本的子域。

子域还可根据需要进一步拆分为子子域，比如，支付子域可继续拆分为收款和付款子子域。拆分到一定程度后，有些子子域的领域边界就可能变成限界上下文边界了。

子域可能会包含多个限界上下文，如理赔子域就包括报案、查勘和定损等多个限界上下文，这里限界上下文与理赔的子子域领域边界正好重合。也有可能子域的边界正好就是限界上下文边界，如投保子域。

每个领域模型都有它对应的限界上下文，团队在限界上下文内用通用语言交流。领域内所有限界上下文的领域模型构成了整个业务领域的领域模型。

限界上下文是微服务拆分过程中可以参考的业务领域边界。不过，这里还是要提示一下，虽然限界上下文理论上可以作为微服务的拆分边界，但实际落地时，微服务的拆分还是需要结合企业的实际情况，考虑其他非业务因素的限制条件。比如，如果不考虑技术异构、团队沟通等其他外部因素，一个领域模型是可以被设计为一个微服务的。

但需要记住一点："不宜过度拆分微服务"，这样会增加你的集成和运维成本。

那这个度要如何把握呢？有关微服务拆分和设计的原则，我会在第 23 章详细讲解。

6.5　限界上下文与子域的关系

学完第 5 章和本章后，有人可能会对子域与限界上下文的关系有些困惑。子域和限界上下文的映射关系到底是什么样的？一对多？或者多对一？还是一对一？

其实，在 DDD 中包括问题域和解决方案域两个不同的维度。问题域主要从业务视角来考虑，完成从领域到子域的分解，而解决方案域则主要从技术实现的角度，通过划分限界上下文和采用 DDD 战术设计完成微服务的拆分和落地。"子域"和"限界上下文"这两个概念分别从不同的视角，构建起了 DDD 处理业务复杂度的根基。

个人认为"子域"和"限界上下文"在大多数情况下是一对一或者一对多的映射关系。从实践角度可以这样理解，我们不妨将业务领域的分解拆分为两个阶段：从领域到子域的粗粒度的分解和从子域到限界上下文的技术实现级的分解。有时候企业的业务领域非常庞大，不太方便用事件风暴对整个领域构建领域模型。所以在领域建模之前，我们先根据业务流程边界或者功能集合等要素，将庞大的领域分解成若干个大小合适的子域，然后根据子域属性划分为核心子域、通用子域和支撑子域。当领域分解到足够小后，我们就可以在这些子域内开展事件风暴，划分限界上下文完成领域建模了。

在对不同属性子域构建领域模型时，我们可能会有不同的关注点，比如在通用子域构建领域模型时，我们会更多关注领域模型的抽象和标准化，以便实现企业级复用，这种设计方法与中台的业务建模思想是一致的。当然，如果你的领域足够小的话，我们就没必要进行从领域到子域的分解和属性归类了，你可以直接开展事件风暴，直接划分限界上下文，完成领域建模。按照这种分解方式，如果子域和限界上下文边界刚好一致，那它们就是一对一的关系，而如果在一个子域内还可以划分为多个限界上下文，那我们最终得到的就是一对多的映射关系。需要注意的是，有些通用子域构建出来的领域模型往往会因为需要复用，可能会跨多个不同的业务子域，组合以后形成企业级能力。

限界上下文本质上就是子域，只不过它会更多地考虑领域对象的语义边界和技术实现细节。限界上下文的划分体现的是一种更为详细的设计过程，这个过程划分了业务的上下文语义边界，完成了领域模型，明确了领域对象以及领域对象之间的依赖关系等。至此，我们依据限界上下文和领域模型就可以完成微服务设计和落地了。

6.6 本章小结

通用语言是项目团队内部交流的统一语言，而通用语言的语义上下文环境则是由限界上下文来限定的，这个边界可以确保通用语言无二义性。在确定限界上下文边界时，会用到领域专家的经验。

领域专家和项目团队的主要工作，就是在业务领域内采用事件风暴，来划分限界上下文，建立领域模型。将领域模型映射到微服务，就完成了从业务领域到系统域的映射和系统落地。

限界上下文确定了微服务拆分和设计边界，是微服务拆分和设计的主要依据。如果不考虑技术异构、团队沟通等其他外部因素，一个限界上下文理论上就可以拆分为一个微服务。

可以说，限界上下文在微服务设计中具有很重要的意义，如果划分限界上下文的方向出现了偏离，那微服务设计的结果也就可想而知了。我们只有理解了限界上下文的真正含义和它在微服务设计中的作用，才能真正发挥 DDD 在微服务拆分和设计中的价值，这是基础也是前提。

实体和值对象：领域模型的基础单元

DDD 战术设计中有两个重要的概念：实体（Entity）和值对象（Value Object）。二者是领域模型中非常重要的基础领域对象（Domain Object，DO）。

从 DDD 战略设计到战术设计会经历从业务建模到技术落地的多个不同阶段，阶段不同，这些领域对象的形态表现也会不同。在用户旅程分析或场景分析构建领域模型时，实体和值对象是偏业务领域的，主要体现为业务属性和业务行为。而当它们从领域模型映射到代码模型时，这些领域对象会变成代码对象，这时候的我们会更关注这些领域对象的依赖关系，关注如何一起按照聚合的业务规则实现业务逻辑。当这些领域对象持久化存储到数据库时，它们的名称和状态可能又会发生变化，此时我们需要将这些领域对象转换为持久化对象（Persistent Object，PO），完成数据的持久化。

所以，理解和区分实体和值对象在不同阶段的形态很重要，形态发生了变化，我们就需要对它进行转换。这些内容与微服务设计和代码实现有着非常密切的关系。

那么，实体和值对象在领域模型中起到什么样的作用？在战术设计时又该如何将它们映射到代码模型和数据模型中去呢？这是我们这一章要重点讲解的内容。带着这些问题，我们看看能不能从文章中找到答案。

7.1 实体

我们先来看看实体是什么？

在 DDD 的领域模型中有这样一类对象，它们拥有唯一标识符，并且它们的标识符在历经各种状态变更后仍能保持一致。对这些对象而言，重要的不是属性，而是其延续性和标识，这种对象的延续性和标识会跨越甚至超出软件的生命周期。我们把领域模型中这样的领域对象称为实体。

没理解？没关系！请继续阅读。

1. 实体的业务形态

在 DDD 不同的设计阶段中，实体的形态是不同的。

在战略设计时，实体是领域模型的一个重要对象，它是业务形态的业务对象，集多个业务属性、业务操作或行为于一体。在进行用户旅程或业务场景分析时，我们可以根据命令、业务操作或者领域事件，找出产生这些业务行为的实体对象，进而按照一定的业务规则将依存度高和业务关联紧密的多个实体对象和值对象进行聚类，形成聚合。

你可以这么理解，实体和值对象是组成领域模型的基础单元。

2. 实体的代码形态

在代码模型中，实体的表现形式是实体类，这个类包含了实体的属性和方法，通过这些方法实现实体自身的业务行为和业务逻辑。

DDD 更强调面向对象的设计方法。这些实体类通常采用充血模型，与实体相关的所有业务逻辑都在实体类方法中实现，跨多个实体的领域逻辑则在领域服务中实现。

注意 充血模型与贫血模型的关键差异：

在充血模型中，业务逻辑都在领域实体对象中实现，实体本身不仅包含了属性，还包含了它的业务行为。DDD 领域模型中实体是一个具有业务行为和逻辑的对象。

而在贫血模型中领域对象大多只有 setter 和 getter 方法，业务逻辑统一放在业务逻辑层实现，而不是在领域对象中实现。

---

3. 实体的运行形态

实体以领域对象（DO）的形式存在，每个实体对象都有唯一的 ID。

我们可以对一个实体对象进行多次修改，修改后的实体数据和原来的数据可能会大不相同。但是，由于拥有相同的 ID，它们依然是同一个实体。

比如商品是商品限界上下文的一个实体，通过唯一的商品 ID 来标识。不管这个商品的数据如何变化，商品的 ID 一直保持不变，所以它始终是同一个商品。

4. 实体的数据库形态

与传统数据模型设计优先不同，DDD 是先构建领域模型，通过场景分析找出实体对象和行为，再将实体对象映射到数据持久化对象。

在领域模型映射到数据模型时，一个实体可能对应 0 个、1 个或者多个数据库持久化对象。大多数情况下实体与持久化对象是一对一。在某些场景中，有些实体只是暂驻内存的一个运行态实体，它不需要持久化。比如，基于多个价格配置数据计算后生成的折扣实体。

而在有些复杂场景下，实体与持久化对象则可能是一对多或者多对一的关系。比如，用户 user 与角色 role 两个持久化对象可生成权限实体，一个 DO 实体会对应两个持久化对象，这是一对多的场景。

再比如，有些场景为了避免数据库的联表查询，提升系统性能，会将客户信息 customer 和账户信息 account 两类数据保存到同一张数据库表中。客户和账户两个实体可根据需要从一个持久化对象中生成，这就是多对一的场景。

7.2 值对象

相对实体而言，值对象会更加抽象一些，在讲解概念时，我们会结合例子来讲。

我们先看一下《实现领域驱动设计》⊖书中对值对象的定义。

值对象是通过对象属性值来识别的对象，它将多个相关属性组合为一个概念整体，用于描述领域的某个特定方面，并且是一个没有标识符的对象。

也就是说，值对象描述了领域中的某一个东西，这个东西是不可变的，它将不同的关联属性组合成了一个概念整体。当度量和描述改变时，我们可以用另外一个值对象予以替换。它可以和其他值对象进行相等性比较，不过不是基于 ID，而是基于值对象的属性。因为不可修改的特性，它不会对协作对象带来副作用。

上面这两段对于值对象定义的阐述，可能还会有些晦涩，下面用更通俗的语言把定义讲清楚。

简单来说，值对象本质是一个属性集合，那这个集合里面有什么呢？它们是若干个基于描述目的、具有整体概念和不可修改的属性，在应用运行时，我们主要关注这些属性集的"值"。这个集合存在的意义又是什么？在领域建模的过程中，值对象可以保证属性归类的清晰和概念的完整性，避免出现零碎的属性。值对象通过抽象或标准化设计，可以采用数据冗余的方式在不同的业务领域实现数据流转。

这里举个简单的例子，如图 7-1 所示。

人员实体原本包括：姓名、年龄、性别以及人员所在的省、市、县和街道等属性。这样在人员实体中，显示地址的多个属性就会显得很零碎了，对不对？

现在，我们可以将"省、市、县和街道"等属性拿出来，构成一个地址的属性集合，这个属性集合的名称就是地址值对象。

1. 值对象的业务形态

值对象是领域模型中的一个基础对象，它跟实体一样都来源于事件风暴所构建的领域模型，都包含若干个属性，并与实体一起构成聚合。

下面我们不妨对照实体来看值对象的业务形态，这样就更好理解了。

⊖ Vaughn Vemon. 实现领域驱动设计 [M]. 电子工业出版社，2014.

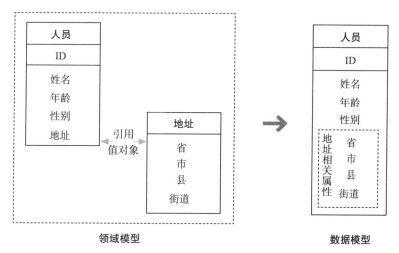

图 7-1　地址值对象的领域模型和数据模型形态

实体和值对象都是若干属性的集合。实体一般是看得到、摸得着的实实在在的业务对象，具有业务属性、业务行为和业务逻辑。而值对象虽然也是若干个属性的集合，但它只有数据初始化操作和有限的不涉及修改数据的行为，基本不包含业务逻辑。值对象的属性集虽然在物理上独立出来了，但在逻辑上你仍然可以认为它是实体属性的一部分，用于描述实体的特征。

在值对象中也有部分共享的标准类型的值对象，它们有自己的限界上下文，有自己的持久化对象，可以建立共享的、提供查询服务的数据类微服务，比如数据字典。

2. 值对象的代码形态

值对象在代码中有这样两种形态。如果值对象是单一属性，则直接定义为实体类的属性。如果值对象是属性集合，则将它设计为值对象类，这个类将具有整体概念的多个属性归集到属性集合，这样的值对象没有 ID，会被实体整体引用。

我们看一下代码清单 7-1，Person 这个实体有若干个单一属性的值对象，比如 Id、gender 等属性，同时它也包含多个属性的值对象，比如地址 Address。

代码清单 7-1　Person 实体和 Address 值对象类

```
public class Person {
    public String Id;          // 单一属性值对象，人员唯一主键
    public String name;
    public int age;
    public boolean gender;     // 单一属性值对象
    public Address address;    // 属性集值对象，被 Person 实体引用
    //
}
public class Address{
    // 地址值对象，无主键 ID
    public String province;
```

```
    public String city;
    public String county;
    public String street;
//
}
```

3. 值对象的数据库形态

DDD 引入值对象是希望实现从"数据建模为中心"向"领域建模为中心"的转变，减少数据库表的数量和表与表之间复杂的依赖关系，尽可能简化数据库设计，提升数据库性能。

如何理解用值对象来简化数据库设计呢？

传统的数据建模大多是根据数据库范式设计的，每一个数据库表对应一个实体，每一个实体的属性值用单独的一列来存储，一个实体主表会对应 N 个从表。而值对象简化了数据库持久化方面的设计，它的数据库设计大多采用了非数据库范式，值对象的属性值和引用它的实体对象的属性值一般保存在同一个数据库实体表中。

举个例子，还是基于人员和地址那个场景，实体和数据模型设计通常有两种解决方案：第一是把地址值对象的所有属性都嵌入人员实体表中，创建人员实体，创建人员数据库表；第二是创建人员和地址两个实体，同时创建人员和地址两张表。

第一种方案会破坏地址的业务含义和属性完整性。第二种方案增加了不必要的实体和数据库表，需要处理多个实体和表的关系，进而增加了数据库设计的复杂性。

那到底应该怎样设计，才能让业务含义清楚，同时又不让数据库变得复杂呢？

我们可以吸取这两个方案的优势，扬长避短。

在领域建模时，我们可以把地址作为值对象，把人员作为实体，这样就可以保留地址的业务含义和概念完整性。而在数据建模时，我们可以只创建人员持久化对象和人员数据库表，将地址的属性值嵌入人员实体数据库表中。这样既可以兼顾业务含义和表达，又不增加数据库的复杂度。但是这样设计，在值对象持久化时，会有一个从 DO 到 PO 转换的过程。

值对象数据嵌入实体表时，可以有两种不同的数据格式，也可以说是两种方式，分别是属性嵌入方式和序列化大对象方式。当实体引用单一属性值对象或单条记录多属性值对象时，可以采用属性嵌入方式嵌入实体表。当实体引用单条或多条记录的多属性值对象时，可以采用序列化大对象方式嵌入实体表。

如果你对这两种方式不够了解，可以看看下面两个案例。

案例 1：地址值对象直接以属性值嵌入人员持久化对象中，如图 7-2 所示。

案例 2：地址值对象被序列化成大对象 JSON 串后，嵌入人员持久化对象的 Address 属性中，如图 7-3 所示。

值对象就是通过第二种方式，简化了数据库设计。

Id	name	age	gender	通信地址			
				province	city	county	street
1	张三	30	男	河北省	沧州市	吴桥县	黄河路 2 号院

图 7-2 属性嵌入方式的值对象

Id	name	age	gender	Address

1	张三	30	男	`{`
				   `"address":{`
				      `"province":"` 河北省 `",`
				      `"city":"` 沧州市 `",`
				      `"county":"` 吴桥县 `",`
				      `"street":"` 黄河路 2 号院 `"`
				   `}`
				`}`

图 7-3 序列化大对象嵌入方式的值对象

在领域建模时，可以将部分领域对象设计为值对象。这样既保留了对象的业务含义，又减少了实体的数量。在数据建模时，可以将值对象嵌入实体表，减少实体表的数量，简化数据库设计。

另外，也有 DDD 专家认为，要想发挥领域对象的威力，就需要优先领域建模，弱化数据库的作用，只把数据库作为一个保存数据的仓库即可。即使违反数据库设计范式，也不用大惊小怪，只要业务能够顺利运行，就没什么关系。

4. 值对象的优势和局限

值对象是一把双刃剑，它的优势是可以简化数据库设计，提升性能。但如果值对象使用不当，它的优势就会很快变成劣势。所谓"知彼知己，百战不殆"，你需要理解值对象真正适合的场景。

值对象采用序列化大对象的方法简化了数据库设计，减少了实体表的数量，可以简单、清晰地表达业务概念。这种设计方式虽然降低了数据库设计的复杂度，却无法满足基于值对象的快速查询和统计分析，会导致搜索值对象属性值时变得异常困难。不过随着越来越多的数据库的新版本推出，不少数据库已经开始支持基于 JSON 串的查询方式了。

值对象采用属性嵌入的方法虽然提升了数据库的性能，但如果实体引用的值对象过多，则会在实体堆积一堆缺乏概念完整性的属性，这样值对象就会失去业务含义，操作起来也不方便。

值对象的不可变性，确保了值对象永远都是正确的，在并发环境下不会被意外修改。所以在它同时被多个实体引用时，可以实现重用和共享，从而提高系统性能。

鉴于值对象比实体更轻量级、高性能且线程安全，所以一般建议将领域对象优先设计为值对象，而非实体。你可以对照着以上这些优劣势，结合你的业务场景，好好想一想。如果在你的业务场景中，值对象的这些劣势都可以避免掉，那就请放心大胆地使用值对象吧。

7.3　实体和值对象的关系

实体和值对象都是微服务底层的最基础的领域对象，一起实现领域模型最基本的核心领域逻辑。值对象和实体在某些场景下可以互换。

其实，很多DDD专家在某些场景下，也很难判断到底应该将领域对象设计成实体还是值对象。可以说，值对象在某些场景下可以带来很好的价值，但并不是所有场景都适合值对象。你需要根据团队的设计和开发习惯，以及上面的优势和局限分析，选择最适合的实现方式。

另外，很多值对象的数据可能来源于其他聚合，它们以数据冗余的方式完成不同领域中数据的流转和共享。在值对象的数据源头聚合，以实体或聚合根的形式存在，完成实体和数据的集中维护和生命周期管理。而在自己的聚合中它则以值对象的形式存在，被聚合内的某一个实体引用。例如：在订单聚合中，订单实体有收货地址这个值对象。在生成订单实体时，会从个人中心的客户聚合中，获取地址实体数据组合成订单聚合的地址值对象。订单实体可以整体引用和修改地址值对象的数据，但不允许单独修改地址值对象的某一个属性数据，如street。所有地址数据的新增和修改等维护操作，都只能在客户聚合中完成，这样就可以实现业务职责的高内聚，也就是说，如果你要修改某个业务行为或数据，只需要修改一处就可以了。客户聚合中地址实体的数据是其他聚合地址值对象的数据源头，如图7-4所示。

由于不同聚合中实体和值对象的这种关系，值对象还有一个重要的使用场景，那就是记录和生成业务的数据快照。值对象以数据冗余的方式记录业务发生那一刻前后序聚合之间的业务数据，还原业务发生那一时刻的数据场景。比如订单聚合在下单时会记录订单生成那一刻的商品和收货地址等概要基础数据信息，我们称之为跟单数据。这时订单聚合的商品和收货地址是以包含多个属性的属性集值对象的形式存在的，它们被订单聚合根引用。属性集值对象的设计方式与通过商品ID或地址ID单一属性值对象关联的方式不同，当商品或地址的源端聚合的商品实体或地址实体数据变更后，不会影响订单聚合中商品和收货地址值对象的快照数据，这样就可以记录业务发生那一刻的业务快照数据了。即使源端商品或地址所在聚合出现服务不可用的情况，也不会影响订单聚合中商品或地址相关的业务逻辑，很好地实现了应用的解耦和故障隔离。

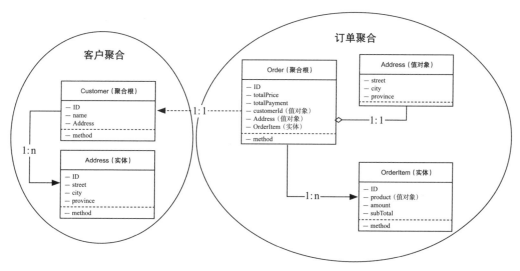

图 7-4 客户聚合地址实体与订单聚合地址值对象

如果你不关心业务发生时刻的数据，每次都实时获取最新的商品或地址数据，那么采用关联 ID 这种单一属性值对象的方式就可以了。不过这种实现方式会导致频繁的跨聚合查询，有时可能会因为聚合分散在不同的微服务中，而出现频繁地跨微服务的数据查询调用操作，增加微服务之间的耦合度。

7.4　本章小结

实体和值对象的目的都是抽象聚合若干属性以简化设计和沟通，两者都是经过属性聚类形成。实体着重唯一性和延续性，不在意属性的变化，即使属性全变了，它还是原来的那个它。值对象着重描述性，对属性的变化很敏感，属性变了，它就不是原来那个它了。

实体和值对象在 DDD 从战略设计向战术设计的推进过程中，在不同的阶段有不同形态。这个过程是从领域模型向系统模型落地的过程，比较复杂，也比较考验你的设计能力，很多时候我们都要结合自己的业务场景，选择最合适的方法来进行微服务设计。

希望你能充分理解实体和值对象的概念和应用场景，将学到的知识复用，最终将适合自己业务和技术的 DDD 设计方法纳入你的架构体系，实现微服务落地。

第 8 章

聚合和聚合根：怎样设计聚合

在构建领域模型时，我们会根据用户旅程或场景分析中的一些业务操作和行为找出产生这些行为的实体或值对象，从这些实体对象中找出聚合根，进而将这些业务关联紧密的聚合根、实体和值对象组合在一起，构成聚合，再根据业务语义边界将多个聚合划定到同一个限界上下文中，在限界上下文内构建领域模型。

那你知道为什么要在限界上下文和实体之间增加聚合（Aggregate）和聚合根（Aggregate Root）吗？它们的作用是什么？怎样设计聚合？这就是我们这一章重点要学习的内容。

8.1 聚合

在 DDD 中，实体和值对象是很基础的领域对象。实体一般对应业务对象，它具有相对丰富的业务属性和业务行为。而值对象主要是属性集合，主要完成对实体的状态和特征描述。

但实体和值对象都只是个体化的业务对象，它们所表现出来的是个体的行为和能力。在领域模型中我们需要一个这样的组织，将这些紧密关联的个体对象聚集在一起，按照组织内统一的业务规则共同完成特定的业务功能，因此就有了聚合的概念。

那聚合在这个组织中到底起到什么样的作用呢？

举个例子。社会是由一个个的个体组成的，象征着我们每一个人。随着社会的发展，慢慢就出现了社团、机构、部门等组织，个人可以加入这些组织，于是我们就从个人变成了组织的一员，大家在组织内按照组织的章程和目标，协同一致地工作，进而发挥出更大的价值和力量。

领域模型内的实体和值对象就类似这些组织中的个体，而能让实体和值对象协同工作的组织就是聚合。聚合内部有自己的业务规则，类似社团组织中的章程，所有成员必须遵守。有了这些业务规则就可以确保聚合内的这些领域对象，在实现聚合内的业务逻辑时，可以保证数据的一致性。比如，订单聚合就有自己内部的业务规则，在订单聚合内每次修改商品数据时，它们都必须符合订单聚合的业务规则："订单总金额等于所有商品明细金额之和。"违反了这个业务规则，就会出现聚合数据不一致等诸多问题。

从技术的角度，你可以这么理解，聚合是由业务和逻辑紧密关联的实体和值对象组合而成的。聚合内数据的修改必须由聚合根统一组织，以确保每次数据修改都是按照聚合内统一的业务规则来完成，聚合是数据修改和持久化的基本单元。过去，在传统数据模型中每一个实体都是对等的，在业务逻辑实现时，可以随意找到实体或数据库表完成数据修改，但这类操作在 DDD 的聚合内是不被允许的！

在聚合中有一个聚合根和上下文边界，但这个边界比限界上下文的边界小，它主要是根据业务的单一职责和高内聚设计原则，定义了聚合内部应该包含哪些实体和值对象。聚合之间的边界是松耦合的，多个聚合在同一个限界上下文和微服务内。按照这种方式设计出来的微服务，很自然就符合"高内聚，低耦合"的设计要求了。

聚合在 DDD 分层架构里属于领域层，同一个微服务的领域层可以有多个聚合，每个聚合内有一个聚合根，多个实体、值对象和领域服务等领域对象。同一个限界上下文内的多个聚合，通过应用层组合在一起共同实现了领域模型的核心领域逻辑。

我们为每一个聚合设计一个仓储完成聚合数据的持久化操作。为了避免聚合数据频繁地提交，建议你尽可能将聚合内变更的数据，封装在一次交易中提交仓储完成持久化。

聚合在领域模型里是一个逻辑边界，它本身没有业务逻辑实现相关的代码。聚合的业务逻辑是由聚合内的聚合根、实体、值对象和领域服务等来实现的。聚合内的实体以充血模型实现自身的业务逻辑。跨多个实体的领域逻辑通过领域服务来实现。比如，有的业务场景需要同一个聚合的 A 和 B 两个实体来共同完成，我们就可以将这段业务逻辑用领域服务组合 A 和 B 两个实体来完成。

跨多个聚合的业务逻辑的组合和编排，是通过应用服务来实现的。比如，有的业务逻辑需要聚合 C 和聚合 D 中的两个领域服务来共同完成，为了避免聚合之间的领域服务直接调用，实现微服务内聚合解耦，此时你可以将这段业务逻辑上升到应用层，通过应用服务组合两个聚合的领域服务来实现。

8.2 聚合根

聚合内有一定的业务规则以确保聚合内数据的一致性，如果在实现业务逻辑时，任由服务对聚合内实体数据进行修改，那么很可能会因为在数据变更过程中失去统一的业务规则控制，而导致聚合内实体之间数据逻辑的不一致。而如果采用锁的方式则会增加软件的复杂度，也会降低系统的性能。

聚合根的主要目的是避免聚合内由于复杂数据模型缺少统一的业务规则控制，而导致聚合内实体和值对象等领域对象之间数据不一致性的问题。也就是说，在聚合根的方法或领域服务中可以用上这些业务规则，来确保聚合内数据变更时可以保持数据逻辑的一致性。

如果把聚合比作组织，那聚合根就是这个组织的负责人。聚合根也称为根实体，但它不仅是实体，还是聚合的管理者。

❑ 首先，聚合根是实体，作为实体，它拥有实体的业务属性和业务行为，可以在聚合根实现自身的业务逻辑。

❑ 其次，它作为聚合的管理者，在聚合内负责协调实体和值对象，按照固定的业务规则，协同完成聚合共同的业务逻辑。

❑ 最后，它还是聚合对外的联络人和接口人，聚合之间以聚合根ID关联的方式接受聚合的外部任务和请求，在限界上下文内实现聚合之间的业务协同，聚合外部对象不能直接通过对象引用的方式访问聚合内的对象。比如，当你需要访问其他聚合的实体时，你可以在应用服务中调用其他聚合的领域服务，将关联的聚合根ID作为服务参数，先访问聚合根，再通过聚合根导航到聚合内部实体。

聚合根管理了聚合内所有实体和值对象的生命周期，我们通过聚合根就可以获取到聚合内所有实体和值对象等领域对象。一般来说，如果聚合根被删除了，那么被它引用的实体和值对象也就不会存在了。

在聚合根类的方法中，可以组织聚合内部的领域对象，完成跨多个实体的复杂业务逻辑。但是，在聚合的领域服务中，也可以完成跨多个实体的复杂领域逻辑。

你可能会问，那跨多个实体的业务逻辑到底应该在聚合根方法还是在领域服务中实现呢？

理论上，聚合根方法和领域服务都可以组合多个实体对象完成复杂的领域逻辑。但为了避免聚合根的业务逻辑过于复杂，避免聚合根类代码量过于庞大，我个人建议聚合根除了承担它的聚合管理职能外，只作为实体实现与聚合根自身行为相关的业务逻辑，而将跨多个实体的复杂领域逻辑统一放在领域服务中实现。当然，简单聚合的跨多个实体的领域逻辑，可以考虑在聚合根的方法中实现。

大部分富领域模型的业务领域，在领域建模的过程中，都可以找到聚合根，建立聚合，划分限界上下文，建立领域模型。但也有部分贫领域模型的场景，比如数据计算、统计以及批处理等业务场景，这些实体都是平等、独立且无依赖的，在领域建模时你找不到聚合根。但这些实体对象的业务依赖却非常紧密，在业务上是高内聚的。我们不妨也将这些业务关联紧密的实体集合作为一个聚合处理，除了不考虑聚合根外，其他诸如DDD分层架构等设计方法都是可以借鉴的。

8.3 聚合的设计步骤

聚合作为领域模型中重要的业务功能单元，它的设计是领域建模过程中非常重要的工作。DDD 领域建模时通常采用事件风暴方法，采用用户旅程分析和场景分析等需求分析方法，针对特定的业务场景梳理出所有业务行为和领域事件，然后找出所有产生这些业务行为的实体和值对象等领域对象，梳理这些领域对象之间的关系，找出聚合根，找出与聚合根业务紧密关联的实体和值对象，组合并构建聚合。

下面我们以保险的投保业务场景为例，看一看在聚合构建过程中有哪些关键步骤，如图 8-1 所示。

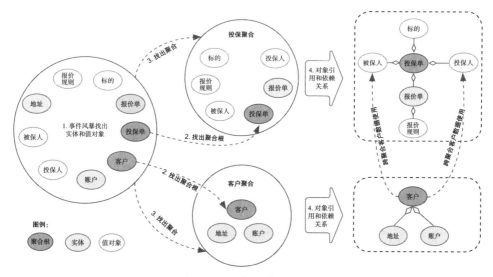

图 8-1 聚合的设计过程

第 1 步，采用事件风暴，梳理投保业务场景中发生的所有业务行为，找出产生这些行为的所有实体和值对象，比如投保单、标的、客户、被保人等。

第 2 步，从众多实体中找出适合作为聚合对象管理者的根实体，也就是聚合根。判断一个实体是否是聚合根，你可以结合以下内容进行分析。是否有独立的生命周期？是否有全局唯一 ID？是否可以创建或修改其他对象？是否有专门的模块来管理这个实体？在图 8-1 中，我们找出的聚合根分别是投保单和客户实体。

第 3 步，根据业务单一职责和高内聚原则，找出与聚合根关联的所有紧密依赖的实体和值对象，构建出一个包含聚合根（唯一）、多个实体和值对象的领域对象的集合，这个集合就是聚合。在图 8-1 中，我们构建了客户和投保这两个聚合。

第 4 步，在聚合内根据聚合根、实体和值对象的依赖关系，找出它们的引用和依赖关系。

这里需要说明一下：投保聚合有投保人和被保人两个值对象，它们的数据来源于客户聚合。客户聚合有客户聚合根，在这里对客户信息进行管理，完成客户数据的增、删、改、查等操作。投保人和被保人两个值对象数据是客户数据的冗余数据，记录投保那一刻投保人和被保人的客户快照数据。即使未来某一天客户聚合的数据发生了变更，也不会影响投保单中投保人和被保人值对象的快照数据。如果希望得到它们的最新数据，你也可以通过关联客户 ID 从客户聚合中查询后获取。

在图 8-1 中，我们还可以看出实体之间的引用和依赖关系，比如在投保聚合里投保单聚合根引用了报价单实体，报价单实体则引用了报价规则值对象。

第 5 步，多个聚合根据业务语义和上下文边界，划分到同一个限界上下文内，就完成了领域建模，这时聚合的构建过程也结束了。

这就是一个聚合诞生的完整过程。

8.4　聚合的设计原则

DDD 中有很多设计原则，聚合作为领域模型的核心业务逻辑单元，"高内聚，松耦合"的执行者和业务规则的遵循者，当然少不了设计原则。

我们不妨先看一下《实现领域驱动设计》一书中对聚合设计原则的描述，原文理解起来可能有点困难，这里逐一解释一下。

第一条，在一致性边界内建模真正的不变条件。聚合是用来封装真正的业务不变性，而不是简单地将对象组合在一起。聚合内有一套不变的业务规则，各实体和值对象按照统一的业务规则运行，保证聚合内对象数据的一致性。比如，订单聚合的核心业务规则就是：订单总金额等于所有商品明细金额之和。

聚合边界之外的任何东西都与该聚合无关，这就是聚合能实现业务高内聚的原因，所以除了限界上下文，聚合是可以拆分为微服务的最小业务单元。

但需要记住：除非非常必要，不建议按照聚合对微服务过度拆分。

第二条，设计小聚合。如果聚合设计得过大，聚合会因为包含过多的实体和值对象，导致实体之间的管理过于复杂，以及领域逻辑实现复杂，在高频操作时就可能会出现并发冲突或者数据库锁，最终导致系统可用性变差。小聚合设计可以降低由于业务过大，在业务变化时导致聚合重构的可能性。这样领域模型就更能适应业务的变化。

第三条，通过唯一标识引用其他聚合。聚合之间是通过引用聚合根 ID 的方式，而不是通过直接对象引用的方式。外部聚合的对象放在聚合边界内管理，容易导致聚合的边界不清晰，也会增加聚合之间的耦合度。

为什么聚合根之间不采用对象引用的方式呢？

其实这样设计也是为了聚合的解耦。当领域模型随着业务需求发生变化，微服务内需要进行聚合拆分时，原来领域模型和微服务内聚合根之间对象引用的方式，就会变成跨微服务的调用，跨微服务后这种对象引用就会失效，在微服务架构演进时就需要比较大的代码调整。

采用聚合根 ID 引用的方式，则可以将聚合根 ID 作为服务参数，进行跨聚合的领域服务调用。在微服务拆分时，如果聚合被分别拆分到两个不同的微服务中，这种代码的改动量就会小很多，聚合的边界也会清晰很多。

第四条，在边界之外使用最终一致性。在聚合内采用数据强一致性，在聚合之间采用数据最终一致性。这是因为 DDD 强调在一次事务中，最多只能修改一个聚合的数据。如果一次业务交易操作涉及了多个聚合数据的修改，那么应采用领域事件驱动机制，通过数据最终一致性异步更新所有聚合的数据，从而实现聚合解耦。我会在第 9 章详细讲解领域事件驱动实现机制。

第五条，通过应用层实现跨聚合的服务调用。聚合是领域层的业务逻辑单元，当聚合之间需要交互时，为了避免在领域层聚合之间发生耦合，我们将聚合之间的服务调用上升到应用层，通过应用层的应用服务来组织和协调各个聚合的领域服务，解耦聚合并实现跨聚合的服务调用。

上面是 DDD 聚合设计时的一些通用原则，还是那句话："适合自己的才是最好的。"在微服务设计时，需要根据项目和团队的具体情况来考虑是否遵循这些原则，一切以优先解决实际问题为出发点。

8.5 聚合的设计模式

在聚合设计时，如果聚合内领域对象比较多，领域对象的初始化和持久化就会变得比较复杂。那么你就可以用到这两种非常重要的设计模式：仓储模式（Repository Mode）和工厂模式（Factory Mode）。仓储模式主要完成领域对象持久化，工厂模式则主要用于聚合领域对象的创建和数据初始化。两者有区别，但是联系紧密。

下面我用一个简单的案例来分别说明仓储模式和工厂模式。

【**案例背景**】维护企业人员信息，管理人员之间的上下级组织关系。

这里先省略领域建模（方法详见第 12 章）的过程。我们构建了人员聚合，聚合内有人员聚合根（Person），记录人员基本信息，另外还有人员组织关系实体（Relationship），记录人员的上下级关系。人员组织关系实体 Relationship 类被聚合根 Person 类引用。一般一人只有一个上级领导，所以人员聚合根和人员组织关系实体是一对一的关系。另外，人员聚合还有人员类型等若干值对象。

代码清单 8-1 是 Person 聚合根类的代码。

代码清单 8-1　聚合根 Person 类

```
/**
 * Person 聚合根
 */
```

```
@Data
public class Person {
    String personId;
    String personName;
    PersonType personType;
    Relationship relationship;
    int roleLevel;
    Date createTime;
    Date lastModifyTime;
    PersonStatus status;
    public Person create(){
        this.createTime = new Date();
        this.status = PersonStatus.ENABLE;
        return this;
    }
    public Person enable(){
        this.lastModifyTime = new Date();
        this.status = PersonStatus.ENABLE;
        return this;
    }
    public Person disable(){
        this.lastModifyTime = new Date();
        this.status = PersonStatus.DISABLE;
        return this;
    }
}
```

代码清单8-2是人员组织关系实体类的代码。

代码清单8-2　人员组织关系实体类

```
/**
 * 人员组织关系实体Relationship
 */
@Data
public class Relationship {
    String id;
    String leaderId;
    String leaderName;
    int leaderLevel;
}
```

下面分别以Person聚合领域对象数据持久化和创建为例,来分别说明仓储模式和工厂模式。

8.5.1　仓储模式

首先来简单了解仓储模式的基本内容。

1. 产生背景

我们在做代码检查时，经常会发现有些人在业务逻辑代码中，写入了很多基础层数据处理逻辑相关的代码，或者在业务逻辑代码中直接修改某些数据实体的情况。这样，基础层的数据处理逻辑就会渗透到领域层的业务逻辑代码中，导致领域层与基础层形成紧耦合关系，领域逻辑难以聚焦于领域模型，领域模型中最核心的领域层会依赖外围的基础层资源，违反了"外层依赖内层"的依赖原则。同时，脱离聚合业务规则控制的数据修改，也容易导致聚合内数据不一致的问题。

随着业务发展，当我们需要技术升级或者更换数据库时，这种业务逻辑和数据逻辑紧耦合的关系将会对上层业务逻辑产生致命影响。

为什么在传统架构下，很多人一听到更换数据库时就会特别紧张？

这是因为一旦更换数据库，就意味着需要将业务逻辑和数据处理逻辑进行重新适配，将两者紧耦合的代码进行剥离或调整。而完成这项工作的成本会非常高，严重的时候可能需要重写核心业务逻辑代码，因此技术升级会变得异常困难，对业务运行会产生非常大的不确定性影响。所以很多企业一直艰难地维持着老的技术体系，不愿主动完成技术升级换代。但在新技术不断涌现和技术升级频率如此之高的当下，这样企业很容易背上沉重的技术债。

仓储模式就是用来隔离业务实现逻辑与基础层资源实现逻辑，降低它们之间的耦合和相互影响而产生的。

2. 仓储概念

DDD 非常重视领域模型，领域层应该更多关注领域逻辑实现。为了解耦领域逻辑和数据处理逻辑，我们在领域层和基础层之间增加了薄薄的一层，这一层就是仓储。

仓储模式包含仓储接口和仓储实现，仓储接口面向领域层提供基础层数据处理相关的访问接口，仓储实现完成仓储接口对应的数据持久化相关的逻辑处理。一个聚合会有一个仓储，统一由仓储来完成聚合数据的持久化。

领域层业务逻辑面向仓储接口编程，当聚合内的实体数据需要持久化时，只需将领域对象 DO 对象转换成 PO 持久化对象，然后传递给仓储接口，通过仓储实现完成 DO 数据的持久化工作。这样领域层就可以更好地聚焦于聚合的领域逻辑，而不必关心实体数据在基础层到底是如何实现持久化的了。

当需要更换数据库等基础资源时，我们只需要调整仓储实现代码，做好仓储实现的数据持久化处理逻辑与新数据库的适配就可以了。由于领域逻辑只通过仓储接口访问基础层实现逻辑，所以在更换基础资源时，只要仓储接口不变就不会影响到领域层的任何领域逻辑。

所以，仓储模式既实现了领域逻辑和数据处理逻辑的解耦，也解决了领域层对基础层的依赖，实现了依赖倒置，因此就可以相对轻松地应对基础资源的技术升级和变更了。

> 📷 **注意** 依赖倒置（Dependence Inversion Principle，DIP）设计是指面向接口编程，而不是面向实现编程。这样可以避免业务逻辑与实现逻辑的耦合，在实现逻辑出现变化时，降低对业务逻辑的影响。

3. 实现方式

仓储模式包含仓储接口和仓储实现。

仓储接口的实现逻辑非常简单，只需要在仓储接口类中，定义仓储实现的基本接口和参数就可以了。下面我们一起来看看 Person 仓储接口代码，如代码清单 8-3 所示。

代码清单 8-3　仓储接口

```
import ddd.leave.domain.person.repository.po.PersonPO;
/**
 * Person 仓储接口
 */
public interface PersonRepository {
    void insert(PersonPO personPO);
    void update(PersonPO personPO);
    PersonPO findById(String personId);
    PersonPO findLeaderByPersonId(String personId);
}
```

仓储实现会根据仓储接口的数据处理逻辑要求，调用 DAO 完成数据查询或数据持久化，如基于聚合根 ID 的查询，聚合中新增或修改等领域对象数据的持久化操作。如果数据库需要技术升级，我们只需要调整仓储实现的数据处理逻辑，适配新的数据库就可以了，这种调整不会影响领域逻辑。

Person 聚合的仓储实现代码，如代码清单 8-4 所示。

代码清单 8-4　仓储实现类

```
/**
 *Person 仓储实现
 */
@Repository
public class PersonRepositoryImpl implements PersonRepository {
    @Autowired
    PersonDao personDao;
    @Override
    public void insert(PersonPO personPO) {
        personDao.save(personPO);
    }
    @Override
    public void update(PersonPO personPO) {
        personDao.save(personPO);
    }
    @Override
```

```
public PersonPO findById(String personId) {
    return personDao.findById(personId).orElseThrow(() -> new
        RuntimeException("未找到用户"));
}
@Override
public PersonPO findLeaderByPersonId(String personId) {
    return personDao.findLeaderByPersonId(personId);
}
}
```

目前适合 Java 语言的 ORM 持久化组件比较丰富，如 JPA、Mybatis 等。但在实现 DDD 聚合持久化逻辑时，这些组件总是有点美中不足。

相比较而言，JPA 更接近 DDD 的设计思想。比如，它采用充血模型，有聚合根的设计思想，但美中不足是性能不可控。而 Mybatis 虽然性能可控，但它却采用了贫血模型。

本案例数据库持久化逻辑技术组件采用了 JPA，如代码清单 8-5 所示。

代码清单 8-5　DAO 数据库持久化

```
/**
*Person 数据库持久化
*/
@Repository
public interface PersonDao extends JpaRepository<PersonPO, String> {
    @Query(value = "select p from PersonPO  p where p.relationshipPO.
        personId=?1")
    PersonPO findLeaderByPersonId(String personId);
}
```

在完成仓储接口和实现逻辑，完成 DO 到 PO 对象的转换后，在领域层聚合中的领域服务 update(Person person)（如代码清单 8-6 所示）中，就可以调用仓储接口完成数据持久化操作了。由于领域服务只与仓储接口发生调用关系，数据的持久化逻辑在仓储实现中完成，因此在更换数据库时，只要仓储接口不变，领域服务的逻辑就可以一直保持不变。

代码清单 8-6　领域服务

```
/**
*Person 聚合的领域服务类
*/
@Service
@Slf4j
public class PersonDomainService {
    @Autowired
    PersonRepository personRepository;
    public void update(Person person) {
        personRepository.update(personFactory.createPersonPO(person));
    }
}
```

这样就保持了领域层领域逻辑的稳定，实现了领域层与基础层的解耦和依赖倒置。

8.5.2　工厂模式

聚合中实体和值对象等 DO 对象的创建和持久化是聚合必不可少的操作，对于实体和值对象比较多和依赖关系复杂的聚合，在 DO 对象创建时，需要确保聚合根和它依赖的对象实例同时被创建。如果将这项工作全部交由聚合根来实现，聚合根构造函数的逻辑将会非常复杂，聚合根也无法聚焦于自身的领域逻辑。

为了让聚合根专注于领域模型，我们尽量将这些比较通用的，与领域模型业务逻辑无关的工作，从聚合根中剥离，将它们放到工厂中实现，通过工厂封装聚合内复杂对象的创建过程，完成聚合根、实体和值对象等 DO 对象的创建。这样也可以隐藏聚合内 DO 对象的创建过程，避免暴露聚合的内部结构。

工厂在进行 DO 对象初始化和持久化操作时，通常会与仓储一起配合来完成，这是因为 DO 对象的数据初始化和持久化与 PO 对象是密不可分的。对于复杂聚合，一般在以下两类场景下，DO 和 PO 对象之间数据转换都可以采用工厂模式完成。

❏ DO 对象构建和数据初始化时，通过仓储先从数据库中获取 PO 对象，通过工厂完成 DO 对象的构建和数据初始化；

❏ DO 对象持久化时，先通过工厂完成从 DO 到 PO 对象数据转换，然后通过仓储完成数据持久化。

当然，并不是所有聚合的对象构造都需要用工厂模式来实现。对于领域对象关系简单的聚合，如果构造过程并不复杂，你仍然可以用聚合根构造函数，完成聚合所有依赖对象的构建和数据初始化。

代码清单 8-7 是 Person 的工厂类，代码 createPerson(PersonPO po) 中完成了 Person 聚合 DO 对象的构建和初始化，代码 createPersonPO(Person person) 完成从 DO 对象向 PO 持久化对象的转换。

代码清单 8-7　聚合 Person 工厂类

```
/**
 * Person 聚合的工厂
 */
@Service
public class PersonFactory {
    @Autowired
    PersonRepository personRepository;
    public PersonPO createPersonPO(Person person) {
        PersonPO personPO = new PersonPO();
        personPO.setPersonId(person.getPersonId());
        personPO.setPersonName(person.getPersonName());
        personPO.setRoleLevel(person.getRoleLevel());
        personPO.setPersonType(person.getPersonType());
        personPO.setCreateTime(person.getCreateTime());
```

```
        personPO.setLastModifyTime(person.getLastModifyTime());
        // 完成 Person 关联实体 relationship 从 DO 到 PO 的转换
        RelationshipPO relationshipPO = relationshipPOFromDO(person);
        personPO.setRelationshipPO(relationshipPO);
        return personPO;
    }
    public Person createPerson(PersonPO po) {
        Person person = new Person();
        person.setPersonId(po.getPersonId());
        person.setPersonType(po.getPersonType());
        person.setRoleLevel(po.getRoleLevel());
        person.setPersonName(po.getPersonName());
        person.setStatus(po.getStatus());
        person.setCreateTime(po.getCreateTime());
        person.setLastModifyTime(po.getLastModifyTime());
        // 完成 Person 关联实体 relationship 从 PO 到 DO 的转换
        person.setRelationship(relationshipFromPO(po.getRelationshipPO()));
        return person;
    }
    private RelationshipPO relationshipPOFromDO(Person person) {
        RelationshipPO relationshipPO = new RelationshipPO();
        relationshipPO.setPersonId(person.getPersonId());
        relationshipPO.setLeaderId(person.getRelationship().getLeaderId());
        return relationshipPO;
    }
    private Relationship relationshipFromPO(RelationshipPO relationshipPO) {
        Relationship relationship = new Relationship();
        relationship.setLeaderId(relationshipPO.getLeaderId());
        relationship.setLeaderName(relationshipPO.getLeaderName());
        return relationship;
    }
}
```

8.6 本章小结

聚合、聚合根、实体和值对象是领域层聚合内非常重要的领域对象，它们之间具有很强的关联性。聚合里包含聚合根、实体、值对象和领域服务等，它们共同按照聚合的业务规则完成聚合的核心领域逻辑。

我们一起来总结一下聚合、聚合根、实体和值对象，看看它们的联系和区别。

聚合的特点：聚合内部业务逻辑高内聚，聚合之间满足低耦合的特点。聚合是领域模型中最小的业务逻辑边界。

在对于有性能扩展或者版本发布频率有极致要求的业务场景中，你也可以将聚合独立拆分为一个微服务，以满足软件版本高频发布和极致弹性伸缩能力的要求。但要记住：聚合虽然可以作为领域模型中拆分为微服务的最小单位，但不要对微服务过度拆分，这样会增加运维和集成成本。虽然在当前微服务架构下，不建议你对微服务过度拆分，但在未来的 Serverless 架构下，业务功能单元将会变得越来越小，这时聚合这个最小的业务单元可能会演变为最小的部署单元，这时高内聚低耦合的聚合边界将会发挥出巨大的价值。

一个微服务可以有多个聚合，聚合之间的边界是微服务内天然的逻辑边界，它是可拆分的最小积木块。有了这个逻辑边界，在微服务架构演进时，我们就可以以聚合为单位进行拆分和组合了，因此微服务的架构演进也就不再是一件难事了。

聚合根的特点：聚合根是实体，有实体的特点，拥有全局唯一标识，有独立的生命周期。一个聚合只有一个聚合根，聚合根在聚合内对实体和值对象通过对象引用的方式进行组织和协调，聚合与聚合之间只能通过聚合根 ID 引用的方式，实现聚合之间的访问和协同。

实体的特点：实体有 ID 标识，通过 ID 判断相等性，ID 在聚合内唯一即可。实体的状态可变，它依附于聚合根，其生命周期由聚合根管理。实体一般会持久化，但与持久化对象不一定是一对一的关系。实体可以引用聚合内的聚合根、实体和值对象。

值对象的特点：值对象无 ID，且数据不可变，它没有生命周期，用完即扔。值对象通过属性值判断相等性。它是一组概念完整的属性组成的集合，用于描述实体的状态和特征，其核心本质是"值"。

领域事件：解耦微服务的关键

在领域建模时，我们发现除了命令和操作等业务行为以外，还有一类非常重要的事件。这类事件发生后通常会触发进一步的业务操作，在 DDD 中这类事件被称为领域事件（Domain Event）。

那到底什么是领域事件？领域事件驱动设计的技术实现机制是怎样的？我们这一章将重点讲解这两个问题。

9.1 领域事件

领域事件是领域模型非常重要的一部分，用于表示领域中发生的事件。一个领域事件往往会导致进一步的业务操作，它在实现领域模型解耦的同时，还有助于形成完整的业务操作闭环。

举例来说，领域事件可以是业务流程的一个步骤，比如投保业务缴费完成后，触发投保单转保单的动作；也可以是定时批处理过程中发生的事件，比如批处理生成季缴保费通知单，触发缴费邮件通知操作；还可以是一个事件发生后触发的后续动作，比如密码连续输错三次，触发锁定账户的动作。

那在领域建模时，如何识别和捕捉这些领域事件呢？

在用户旅程或者场景分析时，我们需要捕捉业务人员、需求分析人员以及领域专家口中的这些具有前后动作关系的关键词，比如："如果发生……，则……""当做完……时，请通知……""发生……时，则……"等。在这些业务场景中，如果发生某种事件后，会触发进一步的业务操作，那么这个事件很可能就是领域事件。

领域事件采用事件驱动架构（Event-Driven Architecture，EDA）设计，可以切断领域模型之间的强依赖关系，在领域事件发布后，事件发布方不必关心订阅方的事件处理是否成功。这样就可以实现领域模型的解耦，维护领域模型的独立性。当领域模型映射到微服务时，领域事件就可以解耦微服务，这时微服务之间的数据就可以不再要求强一致性，而是基于最终一致性。

再回到具体的业务场景，我们发现有的领域事件发生在微服务内的聚合之间，有的发生在微服务之间，还有两者皆有的场景。一般来说，跨微服务的领域事件会相对较多。在微服务设计时，不同场景下的领域事件的处理方式会不同。

与采用同步服务调用实现数据强一致性的机制不同，领域事件一般都会结合消息中间件和事件发布订阅的异步处理方式，实现数据最终一致性。

那么，领域事件处理为什么要采用最终一致性，而不是强一致性呢？

我们先一起回顾一下第 8 章的内容，聚合有一个重要设计原则："在边界之外使用最终一致性。"如果在一次事务提交中，修改的数据超出了一个聚合的边界，简单点说就是一笔交易，如果同时涉及多个聚合的数据更新，那么就可以采用数据最终一致性。

9.1.1 微服务内的领域事件

在微服务内发生领域事件，如果同时更新多个聚合数据时，你需要确保多个聚合数据的一致性。按照 DDD "一次事务只更新一个聚合"的原则，你可以引入事件总线（Event Bus），通过事件总线来实现微服务内多聚合数据的最终一致性，或者采用事务机制保证数据强一致性。

在采用事件总线进行领域事件处理时，可以根据需要完成领域事件实体的构建和事件数据持久化，然后发布方聚合会将领域事件数据发布到事件总线，由订阅方聚合接收领域事件数据后完成后续业务处理。事件总线的设计方式，可能会增加微服务开发的复杂度，需要结合应用的复杂度和收益进行综合考虑。

你可能会问，在同一个微服务内，为什么一次事务更新多个聚合数据时，要用事件总线或事务机制呢？

这是因为聚合是微服务内最小的业务功能单元。为了保证聚合内数据更新时符合聚合内固定的业务规则，在一次事务提交时通常会将聚合内所有变更的对象数据作为整体，通过聚合领域服务或聚合根方法一次通过仓储完成数据持久化操作。如果在一次交易中需要同时更新多个聚合数据，那么每一个聚合就是一个独立的数据提交单元，我们需要确保多个聚合数据都能在这个交易中成功提交并更新，以保证不同聚合数据的一致性。而基于事件总线的异步化机制，就可以保证微服务内聚合之间数据提交时的最终一致性。

如果不采用事件总线的最终数据一致性机制，其实你也可以采用事务机制保证数据强一致性。比如在应用服务中增加事务控制，在对多个聚合的领域服务进行组合和编排时，通过事务机制来确保多个聚合在提交数据时实现数据强一致性。这种方式一般应用于实时性和数据一致性要求高的业务场景，但采用事务机制可能会出现系统性能损耗。

9.1.2 微服务之间的领域事件

跨微服务的领域事件可以在不同限界上下文，或领域模型之间实现业务协作，其主要目的是实现微服务解耦，推动业务流程或者数据在不同子域或微服务之间流转。同时也可以减轻微服务之间同步服务访问的压力，避免当某个关键微服务无法提供服务时，出现雪崩效应。

领域事件发生在微服务之间的场景比较多，事件处理的机制也更加复杂。微服务之间的领域事件可以采用异步化的最终一致性设计。设计时要总体考虑领域事件的构建、发布和订阅、领域事件数据的持久化、消息中间件，甚至在事件数据持久化时可能还需要引入分布式事务等机制。

微服务之间的领域事件，也可以采用同步服务调用的强一致性设计，实现实时的数据和服务访问。其弊端就是需要引入分布式事务机制，以确保微服务之间的数据强一致性。但分布式事务机制会影响系统性能，同时增加微服务之间的耦合。

所以，应尽量减少微服务之间的同步服务调用方式，优先采用基于消息中间件的最终一致性设计。

9.2 领域事件案例

下面介绍一个与保险承保业务有关的领域事件的案例，以加深对领域事件的理解。

一个保单的生成，通常会经历很多业务子域、业务状态变更和跨微服务业务数据的传递。这个过程会产生很多领域事件，这些领域事件促成了保险业务数据、对象在不同的微服务和子域之间的流转和角色转换，如不同微服务或聚合之间的实体与值对象之间的转换。在图 9-1 中，我列出了几个关键流程，用来说明如何用领域事件驱动设计来驱动保险业务流程。

事件起点：客户购买保险，业务人员完成投保单录入，生成投保单，启动缴费动作。

1）投保微服务生成缴费通知单，发布第一个事件：缴费通知单已生成。将缴费通知单事件数据发布到消息中间件。收款微服务订阅缴费通知单事件，完成缴费操作。缴费通知单已生成领域事件结束。

2）收款微服务缴费完成后，发布第二个领域事件：缴费已完成。将缴费事件数据发布到消息中间件。原来的事件订阅方收款微服务这时则变成了事件发布方。原来的发布方投保微服务这时转换为缴费已完成事件的订阅方。投保微服务在收到缴费信息并确认缴费完成后，完成投保单转成保单的操作。缴费已完成领域事件结束。

3）投保微服务在投保单转保单完成后，发布第三个领域事件：保单已生成。将保单事件数据发布到消息中间件。保单微服务接收到保单数据后，完成保单数据保存操作。保单已生成领域事件结束。

4）保单微服务完成保单数据保存后，后面还会发生一系列的领域事件，以并发的方式将保单事件数据通过消息中间件分别发送到佣金、收付和再保等微服务，一直到财务，完成保单后续所有业务流程。这里就不详细展开了。

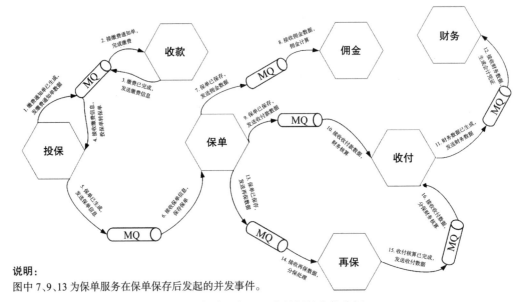

说明：
图中7、9、13为保单服务在保单保存后发起的并发事件。

图 9-1　保险承保过程中的领域事件分析

综上，通过领域事件驱动的异步化机制，可以推动业务流程和数据在各个不同业务领域和微服务之间的流转，实现领域模型和微服务的解耦，减轻微服务之间服务调用的压力，提升用户体验。

9.3　领域事件驱动实现机制

领域事件的执行需要一系列组件和技术来支撑。下面我们来看一下领域事件的总体技术架构，如图 9-2 所示。领域事件处理包括：领域事件构建和发布、领域事件数据持久化、事件总线、消息中间件、事件接收和处理等。

1.事件构建和发布

在领域事件发生后，我们需要记录领域事件的基本信息，用于管理领域事件数据、持久化和事件数据传输。

事件实体的基本属性至少应该包含事件唯一标识、发生时间、事件类型和事件源，其中，事件唯一标识应该是全局唯一的，以便事件通过 ID 能够无歧义地在多个限界上下文之间传递。事件 ID 的唯一性和时序性的特点，通过主键约束可以避免事件消息的重复消费。事件基本属性主要记录事件自身以及事件发生背景相关的数据，如事件发生时间、事件发生源等。

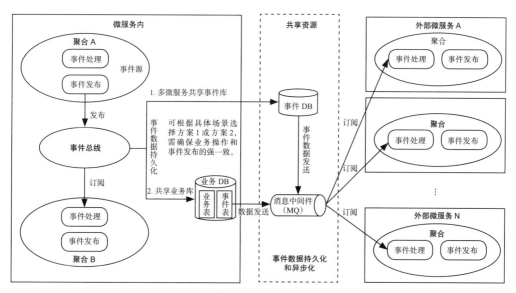

图 9-2　领域事件驱动总体框架和机制

另外，事件实体中还有一项最重要的属性，那就是业务属性，用于记录事件发生那一刻领域事件相关的业务数据。这些业务数据会随着事件数据的发布而传输到订阅方，以便订阅方在接收到事件数据后开展下一步业务操作。

领域事件的基本属性和业务属性一起构成事件实体。领域事件发生后，领域事件的业务数据经过加工后被写入事件实体中，写入后的业务数据就不可以更改了。如果业务数据在业务逻辑处理时发生了变更，就会产生新的领域事件，这时新的业务数据会被写入新的事件实体。

基于事件实体中业务数据不可更改的特点，可以将这些业务数据转换为 JSON 串或者 XML 格式，以序列化值对象的形式存储在事件表中，这种存储格式在消息中间件中也比较容易解析和获取。

为了统一领域事件类数据结构，我们创建了领域事件基类 DomainEvent，如图 9-3 所示。领域事件子类可以根据具体的业务场景来扩充属性和方法。由于事件实体没有太多的业务行为，所以其实现方法一般都比较简单。

领域事件发布之前先构建事件实体，对于关键的不允许丢失和需要对账的事件数据，在事件发布之前需先持久化到数据库事件表中。

事件发布可以在应用服务或领域服务中完成，将领域事件数据发布到事件总线（微服务内）或者

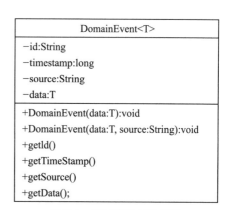

图 9-3　领域事件基类结构

消息中间件（微服务之间）；也可以采用定时程序或数据库日志捕获技术，从数据库事件表中获取增量事件数据，发布到消息中间件。具体选择什么样的实现方式，需要根据具体的业务场景来选择。

2. 事件数据持久化

对于关键业务的事件数据，在业务数据写入数据库后，需要同步完成事件数据的持久化操作。事件数据持久化主要用于系统之间的数据对账，或者发布方和订阅方事件数据的审计。通过事件数据持久化，当遇到消息中间件、订阅方系统宕机或者网络中断等问题时，在问题解决后仍可获取事件数据继续后续业务流转，保证数据传输的连续性和一致性。

事件数据持久化方案有两种，你可以权衡自己的技术需求和业务场景后做出选择。

1）持久化到本地业务数据库的事件表中，利用本地事务保证业务和事件数据的一致性。

2）持久化到共享的事件数据库中。这里需要注意的是：由于业务和事件数据不在同一个数据库中，因此持久化时会跨数据库，需要分布式事务机制来保证数据的强一致性，这可能会对系统性能造成一定影响。

3. 事件总线

事件总线是实现微服务内聚合之间领域事件传输的重要技术组件，提供事件分发和接收等服务。事件总线是进程内模式，它会在微服务内聚合之间遍历订阅者列表。你可以通过事件总线配置，选择同步或异步模式传递数据。

事件分发流程大致如下。

1）如果是微服务内的订阅者（其他聚合），则直接分发到指定订阅者。

2）如果是微服务外的订阅者，首先将事件数据保存到事件库（表），然后异步发送到消息中间件。

3）如果同时存在微服务内和微服务外订阅者，则先分发到内部订阅者，将事件数据保存到事件库（表），再异步发送到消息中间件。

4. 消息中间件

跨微服务的领域事件大多会用到消息中间件，完成跨微服务的事件发布和订阅，实现数据最终一致性。

消息中间件一般分为源端发布者和目的端订阅者。源端发布者微服务完成特定主题的消息发布，对于重要的业务数据还需要有持久化的事件表，记录事件基本数据以及事件推送和处理状态。另外，源端发布者微服务还需要有消息补偿机制，在目的端出现故障和消息不可达时，可以完成数据重传。目的端订阅者微服务订阅特定消息主题完成进一步业务处理。

消息中间件主要有两种消息发布机制：应用逻辑推送和数据库数据增量推送。

❏ 应用逻辑推送机制是在发布者微服务中产生领域事件时，通过应用实现逻辑完成业务数据和事件数据持久化，同时在应用逻辑中直接将源端事件数据推送至消息中间件，完成事件发布的过程。这个过程需要引入事务机制，确保业务逻辑和消息发布的数据强一致性。

❏ 数据库数据增量推送机制是在事件数据完成持久化后，通过数据库日志捕获技术（Change Data Capture，CDC）获取事件增量数据，并将事件增量数据推送到消息中间件，完成事件发布的过程。这样，应用处理逻辑与领域事件处理逻辑相互独立，有利于实现业务处理和事件发布处理两者的逻辑解耦。

CDC 和消息中间件的结合，也可以用于同构或异构数据库的数据复制和同步，通过削峰填谷策略平衡源端和目的端数据处理速度的差异。

目前，消息中间件的产品和技术解决方案非常成熟，市场上可选的技术组件也非常多，如 Kafka、RabbitMQ 等，你可以根据企业的具体情况选择合适的消息中间件。

5. 事件接收和处理

源端发布者微服务完成领域事件发布后，订阅者微服务在应用层采用监听机制，接收从消息中间件订阅的特定主题的事件数据。订阅者微服务在进行事件数据持久化时，可以以事件实体的 ID 为主键，通过主键约束规避对事件数据的重复消费。订阅者微服务完成事件数据持久化后，就可以开始进一步的业务处理了。订阅者微服务基于事件数据完成业务处理后，修改持久化事件表中的事件状态数据，同时，也可将事件处理结果推送至消息中间件反馈队列，将结果反馈给发布者微服务。

如果订阅者微服务在事件处理结束后，又产生了新的领域事件，这时还需要其他微服务完成下一步的业务处理。那么，这时订阅者微服务将转变为发布者微服务的角色，参考上文消息中间件的发布逻辑完成消息发布即可。

领域事件的订阅逻辑一般建议在应用层实现，领域事件的业务处理逻辑一般建议在领域层的领域服务中实现。

9.4 领域事件运行机制

下面以承保业务流程的缴费通知单事件为例解释跨微服务的领域事件的运行机制，如图 9-4 所示。这个领域事件发生在投保和收款微服务之间。发生的领域事件是：缴费通知单已生成。下一步的业务操作是：缴费。

事件起点：出单员生成投保单，核保通过后，发起缴费操作。

第一步，投保微服务应用服务，调用聚合中的领域服务 createPaymentNotice 和 createPaymentNoticeEvent，分别创建缴费通知单、缴费通知单事件。其中缴费通知单事件类 PaymentNoticeEvent 继承基类 DomainEvent。

第二步，利用仓储服务持久化缴费通知单相关的业务和事件数据。为了避免产生分布式事务，这些业务和事件数据都持久化到本地投保微服务数据库中。

第三步，通过数据库日志捕获技术或者定时程序，从数据库事件表中获取事件增量数据，发布到消息中间件。注意：事件发布也可以通过应用服务或者领域服务完成。

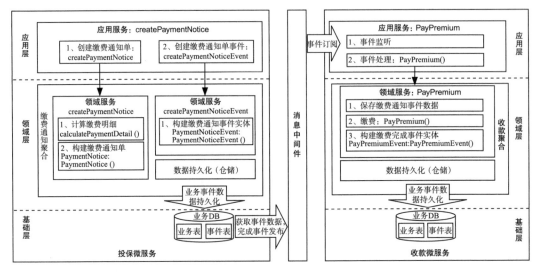

图9-4　领域事件的运行机制

第四步，收款微服务在应用层从消息中间件订阅缴费通知单事件消息主题，监听并获取事件数据后，应用服务调用领域层的领域服务将事件数据持久化到本地数据库中。

第五步，收款微服务调用领域层的领域服务 PayPremium，完成缴费。

第六步，事件结束。

提示：缴费完成后，后续流程的微服务还会产生很多新的领域事件，比如缴费已完成、保单已生成等。这些事件处理的基本流程与上述第一步到第六步的处理机制类似，这里不再赘述。

9.5　本章小结

本章我们主要讲解了领域事件以及领域事件驱动设计的处理机制。领域事件是 DDD 的一个重要概念，在设计时我们要重点关注领域事件，用领域事件来驱动业务的流转，尽量采用基于事件的最终一致性设计，降低微服务之间直接访问的压力，实现微服务的解耦，维护领域模型的独立性。

领域事件驱动中的消息中间件设计模式是很成熟的技术方案，在很多分布式架构中得到了大量的应用。除此之外，领域事件驱动机制还可以实现一个发布方 N 个订阅方的模式，这在传统的同步服务调用设计中基本是不可能做到的。

第 10 章 *Chapter 10*

DDD 分层架构

微服务架构模型有好多种，例如洋葱架构、CQRS 和六边形架构等。虽然这些架构模式提出的时代和背景不同，但其核心理念都是为了设计出"高内聚，低耦合"的微服务，轻松实现微服务的架构演进。DDD 分层架构的出现，使微服务的架构边界变得越来越清晰，在微服务架构模型中，占有非常重要的位置。

那 DDD 分层架构到底是什么样？DDD 分层架构如何推动架构演进？我们该怎么转向 DDD 分层架构？本章将重点解决这些问题。

10.1 什么是 DDD 分层架构

DDD 分层架构其实也在不断发展和演进。早期的 DDD 分层架构是一种各层都依赖于基础层的传统四层架构，后来这种四层架构进一步优化，实现了各层对基础层的解耦和依赖倒置。

我们看一下图 10-1a，在最早的传统四层架构中，基础层被其他层依赖，位于最核心的位置，是其他各层依赖的核心。但实际上领域层才是软件的核心，所以这种依赖关系是有问题的。

后来就采用了依赖倒置设计，各层服务通过仓储接口访问基础层，从而优化了传统的 DDD 四层架构，实现了 DDD 各层对基础层的解耦，如图 10-1b 所示。

我们本章要重点讲解的就是优化后的 DDD 分层架构。DDD 分层架构中包含四层，从上到下依次是：用户接口层、应用层、领域层和基础层，如图 10-2 所示。

那么，DDD 各层的主要职责是什么呢？它们之间的关系是什么呢？下面将逐一介绍。

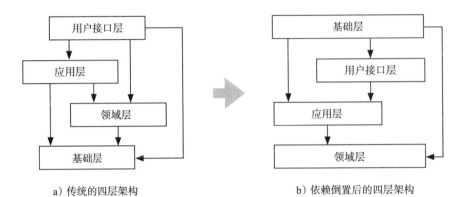

a）传统的四层架构　　　　　　　　　b）依赖倒置后的四层架构

图 10-1　DDD 分层架构的演变

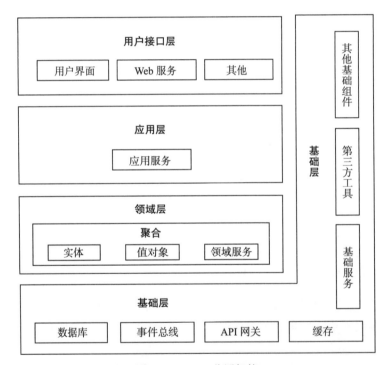

图 10-2　DDD 分层架构

10.1.1　用户接口层

在很多描述 DDD 用户接口层的文章中，对用户接口层的解释通常都是这样的："用户接口层负责向用户显示信息和解释用户指令，这里的用户可能是用户、程序、自动化测试和批处理脚本等。"

但随着微服务架构的盛行，大多数应用都采用了前后端分离的设计模式。为了连接前端应用和后端微服务，于是又出现了 API 网关。

结合洋葱模型和端口适配器架构模型，我在这里稍微拓展一下用户接口层的作用。

在微服务面向不同前端应用时，同样的一段业务逻辑，可能由于渠道不同，而在前端展示的页面要素不同，因此要求后端微服务返回的数据结果会不同。比如在面向内部员工的 PC 端应用时，可能要求返回某些对象的全部属性的数据，而在面向外部客户的移动端应用时，可能只需要返回几个关键属性的数据就可以了。

为了避免暴露微服务的核心业务逻辑，防止数据外泄，不能将后端对象的所有属性数据，不加区分地暴露给所有前端应用；更不能仅仅因为前端应用不同的数据展示需求，而在后端定制开发出多个不同的应用服务或领域服务，面向前端应用提供不同的服务适配。这样容易产生大量重复代码，也容易导致业务逻辑混乱，代码可维护性变差。

这时用户接口层的 facade 服务和数据组装器 Assembler 就可以发挥作用了。facade 服务可以封装应用服务，适配不同前端应用的集成技术体系，提供不同类型的服务接口适配，而数据组装器 Assembler 可以根据不同前端应用的数据需求，完成前端 DTO 和后端 DO 对象的组装和转换等操作，按需提供数据适配。我们基本不再需要调整领域模型的核心领域逻辑，就可以面向不同前端应用提供灵活的接口定制和数据适配。

因此，用户接口层面向前端应用的灵活的适配能力，可以保证应用层和领域层核心领域逻辑的稳定。

用户接口层在前后端分离设计时，主要完成后端微服务与前端不同用户的接口和数据适配。这里的用户仍然可以是用户、程序、自动化测试和批处理脚本等。而作为需要复用的中台微服务的用户接口层，它还可以面向不同的商业生态，适配不同业务接入方的集成技术体系和要求，提供灵活的服务接入和适配能力。

用户接口层主要有 facade 接口、DTO 以及 DO 数据的组装和转换等代码逻辑。相关代码示例可参见 19.8 节。

10.1.2　应用层

应用层连接用户接口层和领域层，它是很薄的一层，主要职能是协调领域层多个聚合完成服务的组合和编排。

应用层之下是领域层，领域层是由多个业务职责单一的聚合构成，实现核心的领域逻辑。应用层负责协调领域层多个聚合的领域服务，面向用例和业务流程完成服务的组合和编排。所以理论上应用层不应该实现领域模型的核心领域逻辑。这也是应用层为什么会很薄的原因。

应用层之上是用户接口层，在应用层完成领域层服务组合和编排后，应用服务被用户接口层 Facade 服务封装，完成接口和数据适配后，以粗粒度的服务通过 API 网关面向前端应用发布。

此外，应用层也是微服务之间服务调用的通道，微服务在应用层可以调用其他微服务的应用服务，完成微服务之间的服务组合和编排。

在应用层主要有应用服务、事件订阅和发布等相关代码逻辑。其中，应用服务主要负责服务的组合、编排和转发，处理业务用例的执行顺序以及结果的拼装。在应用服务中还可以进行安全认证、权限校验、事务控制、领域事件发布或订阅等。

> **注意** 在微服务设计和开发时，应用层的主要职能是服务的组合和编排。切记不要将本该在领域层的核心领域逻辑在应用层实现，这会使得领域模型失焦，时间一长应用层和领域层的边界就会变得混乱，边界清晰的四层架构慢慢就可能演变成业务逻辑混杂的三层架构了。

10.1.3　领域层

领域层位于应用层之下，是领域模型的核心，主要实现领域模型的核心业务逻辑，体现领域模型的业务能力。领域层用于表达业务概念、业务状态和业务规则，可以通过各种业务规则校验手段保证业务的正确性。

在设计时，领域层主要关注实现领域对象或者聚合自身的原子业务逻辑，不太关注外部用户操作或者流程等方面的业务逻辑。所以在领域层主要体现的是领域模型的能力。外部易变的如流程、业务组合和编排的需求由应用层完成。这样设计可以保证领域模型不易受外部需求变化的影响，从而保证领域模型的稳定。

领域建模时提取的大部分领域对象都放在领域层。微服务的领域层可能会有多个聚合，聚合内部一般都有聚合根、实体、值对象和领域服务等领域对象。它们组合在一起协同实现领域模型的核心业务能力。

这里我要特别解释一下聚合中几个领域对象的关系，以便你在设计领域层的时候能更加清楚。领域模型的业务逻辑主要是由实体和领域服务来实现的。其中实体会采用充血模型来实现所有与之相关的业务功能。但实体对象和领域服务在实现业务逻辑上不是同一层级的。当领域中的某些功能，如单一实体（或者值对象）不能实现时，这时领域服务就会出马，组合和协调聚合内的多个实体（或者值对象），实现复杂的业务逻辑。

> **注意** 在选择用实体方法或者领域服务实现业务逻辑时，请记住不要滥用领域服务。如果单一实体自身的业务行为也用领域服务来实现，这样就很容易变成贫血模型。

10.1.4　基础层

基础层贯穿了DDD所有层，它的主要职能就是为其他各层提供通用的技术和基础服务，包括第三方工具、驱动、消息中间件、网关、文件、缓存以及数据库等。常见的功能是完成实体的数据库持久化。

基础层主要有仓储服务代码逻辑。仓储采用依赖倒置设计，封装基础资源逻辑的服务实现，实现应用层、领域层与基础层的解耦，降低外部资源变化对领域逻辑的影响。

10.1.5　DDD 分层架构的重要原则

在《实现领域驱动设计》书中提到，DDD 分层架构有一个重要的依赖原则："每层只能与位于其下方的层发生耦合。"

根据耦合的紧密程度可以分为两种架构模式：严格分层架构和松散分层架构。

严格分层架构是指任何层只能对位于其直接下方的层产生依赖，而松散分层架构则允许某层与其任意下方的层发生依赖。从图 10-1 我们可以看出，优化后的 DDD 分层架构模型就属于严格分层架构，而传统的 DDD 分层架构则属于松散分层架构。

那在设计时，我们应该选择什么样的架构模式呢？

综合我的经验，为了服务调用的可管理，我建议你采用严格分层架构，具体原因会在17.1 节详细介绍。

10.2　DDD 分层架构如何推动架构演进

业务和技术都不是一成不变的，领域模型也会随着业务发展不断变化和演进，而领域模型的演进又会直接影响微服务的功能和边界。那如何实现领域模型和微服务的同步演进呢？下面我们将从两方面展开详细分析。

10.2.1　微服务架构的演进

在 DDD 的领域层主要有：领域服务、值对象、实体、聚合根和聚合等。一般来说实体或值对象的简单变更，不会让领域模型和微服务发生太大变化，但聚合的重组或拆分却可以。这是因为聚合业务功能内聚，能独立完成特定业务领域的业务逻辑。所以聚合重组或拆分，势必会引起领域模型和微服务的系统功能变化。

这里我们可以以聚合作为组合和拆分的基本单元，完成领域模型和微服务架构的演进。我们可以将聚合作为一个完整单元，在不同的领域模型之间完成重组或者拆分，甚至可以直接将一个聚合独立拆分为微服务。

下面结合图 10-3，以微服务 1 为例，讲解微服务架构的演进过程。

当你发现微服务 1 中聚合 a 的业务功能经常被高频访问，以致拖累整个微服务 1 的性能时，可以将聚合 a 的代码整体从微服务 1 中剥离出来，独立为微服务 2。这样微服务 2 就可轻松应对高性能需求的业务场景了。

在业务发展到一定阶段以后，你发现微服务 3 的领域模型有了变化，聚合 d 更适合放到微服务 1 的领域模型中。这时你就可以将聚合 d 的代码整体搬迁到微服务 1 中。如果你在微服务设计时，已经提前定义好了聚合之间的代码边界，那这个代码搬迁的过程就不会太复杂，也不会花太多时间。

最后我们发现，在经历领域模型和微服务架构演进后，微服务 1 已经从最初包含聚合

a、b、c，演进为包含聚合 b、c、d 的新微服务了，而微服务 1 中的聚合 a 也已经独立成微服务 2 了。

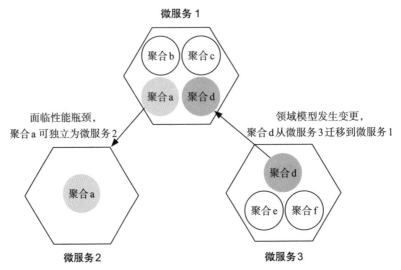

图 10-3　基于聚合的领域模型和微服务演进

好的聚合和代码模型的边界设计，可以让你快速应对外部业务的频繁变化，轻松实现领域模型和微服务架构的演进。

你可能还在想，怎样实现聚合代码的快速重组呢？别急，我会在第 14 章详细讲解。

10.2.2　微服务内服务的演进

在采用严格分层架构时，微服务内实体的方法会被领域服务组合和封装，领域服务又会被应用服务组合和封装。在服务逐层组合和封装的过程中，你会发现这样一个有趣的现象。

我们看一下图 10-4。领域层通常只提供一些原子服务，比如领域服务 a、b、c。在服务设计时，你并不一定能预测到这些服务会被多少个上层服务组装。但随着系统功能增强和外部接入越来越多，应用服务会不断丰富。有一天你发现领域服务 b 和 c 同时多次被应用层的应用服务 A 和 B 组装和调用了，在 A 和 B 内它们的业务执行逻辑也基本一致。这时你就可以考虑将领域服务 b 和 c 的功能合并，并将合并后的功能下沉到领域层，演进为新的领域服务（b+c）。这样既减少了领域服务的数量，又降低了上层应用服务组合和编排的复杂度。

这就是服务演进的过程。它们会随着业务和应用的发展而不断演进和沉淀。最后你会发现你的领域模型变得越来越精炼，微服务也越来越能够适应需求的快速变化了。

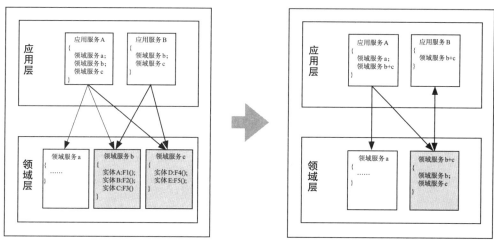

图 10-4 微服务内服务的演进

10.3 三层架构如何演进到 DDD 分层架构

综合上面的讲解，相信你对 DDD 分层架构的优势有了一定了解。这里我们不妨总结一下 DDD 分层架构最重要的两点优势。

❏ 首先，由于层间松耦合，我们可以专注本层的设计和开发，而不必关心其他层，也不必担心本层设计时会影响其他层。DDD 分层架构成功地降低了层与层之间的依赖。

❏ 其次，DDD 分层架构使得程序的结构变得更加清晰，升级和维护变得更加容易。我们在修改某层代码时，只要本层服务的接口参数不变，其他层可以不必修改。即使本层的接口发生变化，也只影响相邻的上层，修改工作量小且范围可以控制，不会带来意外的风险。

那么，传统企业架构应该如何转向 DDD 分层架构呢？我们不妨来看看下面的内容。

传统企业应用大多是单体架构，而单体架构大多采用三层架构。三层架构可以部分解决程序内代码间调用复杂、代码职责不清的问题，但这种分层是逻辑概念，在物理上它仍然是中心化的集中式架构，所以并不适合分布式微服务架构。

其实，DDD 分层架构内的基本要素和三层架构类似，只不过在 DDD 分层架构中，这些要素被重新归类，划分到了不同的层，确定了层与层之间的交互规则和职责边界。

我们看一下图 10-5，分析一下从三层架构向 DDD 分层架构演进的主要变化。

由图 10-5 可知，在三层架构向 DDD 分层架构演进时，主要变化发生在业务逻辑层和数据访问层。

我们先来看一下业务逻辑层的变化。DDD 分层架构对三层架构的业务逻辑层进行了更清晰的划分，改善了三层架构核心业务逻辑混乱、代码改动相互影响大的问题。DDD 分层架构将三层架构业务逻辑层的业务逻辑拆分到了应用层和领域层，分别以应用服务和领域服务等形式存在。应用服务实现服务的组合和编排，领域服务完成核心领域逻辑，应用服务可以快速响应前端业务和流程的变化，而领域层则更加专注领域模型和实现领域逻辑。

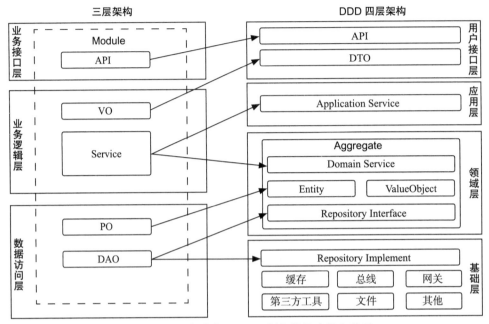

图 10-5　三层架构与 DDD 四层架构的比较和关系

我们再来看一下数据访问层的变化。这个变化主要发生在数据访问层和基础层之间。三层架构数据访问采用 DAO 方式，而 DDD 分层架构对数据库等基础资源访问时采用了仓储设计模式，领域层可以通过仓储接口访问基础资源的实现逻辑。这样，通过依赖倒置实现了各层对基础资源的解耦。原来三层架构的第三方工具包、驱动、Common、Utility、Config 等通用的、公共的基础资源统一放到了基础层。

另外，DDD 分层架构在用户接口层引入了 DTO 和 facade 接口，可以给前端应用提供更灵活的数据和接口适配能力。

10.4　本章小结

DDD 分层架构是微服务设计和开发的核心框架。通过用户接口层、应用层、领域层和基础层这些层次划分，可以明确微服务内各层的职能，划定各领域对象的边界，确定各领域对象的依赖和协作方式。

DDD 分层架构也是微服务代码模型设计的主要参考依据。这种架构的分层，既体现了微服务设计和架构演进的需求，又很好地融入了领域模型的概念，二者无缝结合，相信能够给你的微服务设计带来不一样的体验。

几种微服务架构模型对比分析

上一章重点介绍了 DDD 分层架构，同时也提到了微服务架构模型有很多种，这些架构模型在微服务架构设计中具有很高的借鉴价值。

本章我们首先介绍两种常用的微服务架构模型：洋葱架构模型和六边形架构模型。然后，对比分析 DDD 分层架构、洋葱架构和六边形架构这三种架构模型，了解不同架构模型的优缺点，以便更好地利用好它们，设计出"高内聚，低耦合"的中台领域模型和微服务。

11.1 洋葱架构

2008 年 Jeffrey Palermo 提出了洋葱架构（Onion Architecture）。为什么叫它洋葱架构？看到下面这张图（如图 11-1 所示）相信你很快就能明白。洋葱架构的层就像洋葱片一样，它体现了分层的设计思想。

在洋葱架构中，同心圆代表应用软件的不同部分，从里向外依次是领域模型、领域服务、应用服务和最外层容易变化的内容，比如用户界面和基础资源。

洋葱架构最主要的原则就是依赖原则，它定义了各层的依赖关系，越往里依赖程度越低，代码级别越高，越是核心能力。外圆代码依赖只能指向内圆，内圆不需要知道外圆的任何情况。

在洋葱架构中，各层的职能是这样划分的。

1）领域模型实现领域内核心业务逻辑，它封装了企业级的业务规则。领域模型的主体是实体，一个实体可以是一个带方法的对象，也可以是一个数据结构和方法集合。

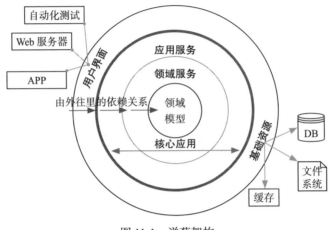

图 11-1 洋葱架构

2）领域服务实现涉及多个实体的复杂业务逻辑。

3）应用服务实现与用户操作相关的服务组合与编排，它包含了应用特有的业务流程规则，封装和实现了系统所有用例。

4）洋葱架构最外层主要提供适配能力，适配能力分为主动适配和被动适配。主动适配主要实现外部用户、网页、批处理和自动化测试等对内层业务逻辑访问的适配。被动适配主要是实现核心业务逻辑对基础资源访问的适配，比如数据库、缓存、文件系统和消息中间件等。

其中，加粗线框内的领域模型、领域服务和应用服务一起组成应用的核心业务能力。

11.2 六边形架构

2005 年 Alistair Cockburn 提出了六边形架构（Hexagonal Architecture），六边形架构又名"端口适配器架构"。追溯微服务架构的渊源，一般都会涉及六边形架构。

六边形架构的核心理念是：应用是通过端口与外部进行交互的。我想这也是微服务架构下为什么 API 网关盛行的主要原因吧。也就是说，在六边形架构中（如图 11-2 所示），加粗线框内的核心业务逻辑（应用程序和领域模型）与外部资源（包括 App、Web 应用以及数据库资源等）完全隔离，仅通过适配器进行交互。它解决了业务逻辑与用户界面的代码交错问题，很好地实现了前后端分离；也解决了业务逻辑与基础资源逻辑耦合的问题，实现了依赖倒置。六边形架构各层的依赖关系与洋葱架构一样，都是由外向内依赖。

六边形架构将应用分为内六边形和外六边形两层，这两层的职能划分如下。

❑ 加粗线框内的六边形实现应用的核心业务逻辑。

❑ 外六边形完成外部应用、驱动和基础资源等的交互和访问，对前端应用以 API 主动适配的方式提供服务，对基础资源以依赖倒置被动适配的方式实现资源访问。

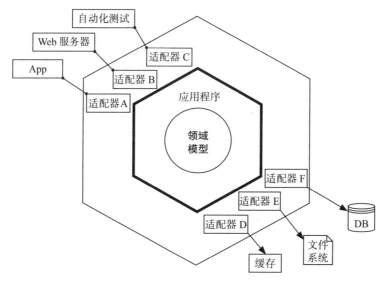

图 11-2 六边形架构

六边形架构的一个端口可能对应多个外部系统，不同的外部系统也可能会使用不同的适配器，由适配器负责协议转换。这就使得应用程序能够以一致的方式被用户、程序、自动化测试和批处理脚本使用。

11.3 三种微服务架构模型的对比和分析

我们先来看一下这三种架构模型的发展和演变关系。虽然这三种架构模型在对外的表现形式上存在很大的差异，实际上它们包含了一种演化的关系，其核心设计思想是一致的。

DDD 在 2003 年诞生，在 DDD 分层架构中体现的是上下层的依赖关系。六边形架构在 2005 年提出，它将这种上下层关系演化为内外六边形的关系，内六边形代表应用业务逻辑，外六边形代表外部应用、适配驱动以及基础资源逻辑。但这时内六边形的业务逻辑中还没有特别明显的领域模型概念。

2008 年洋葱架构出现，六边形架构实际上是洋葱架构的一个超集。洋葱架构与六边形架构设计思路基本相同，都是通过适配器实现业务逻辑与基础设施解耦，避免基础逻辑代码渗透到业务逻辑中。洋葱架构在业务逻辑中引入了 DDD 分层概念和要素，如应用服务、领域服务和领域模型等。另外，它还定义了外层依赖内层，内层对外层无感知的依赖原则。

虽然 DDD 分层架构、洋葱架构、六边形架构的架构模型表现形式不一样，但不要被它们的表象所迷惑。它们的核心设计思想，都是要做到核心业务逻辑和技术实现细节的分离和解耦。这三种架构模型的设计思想，正是微服务架构"高内聚，低耦合"设计原则的完美体现，而它们身上闪耀的正是以领域模型为中心的核心设计思想。

下面我们看图 11-3，结合图示对这三种架构模型做一个分析。

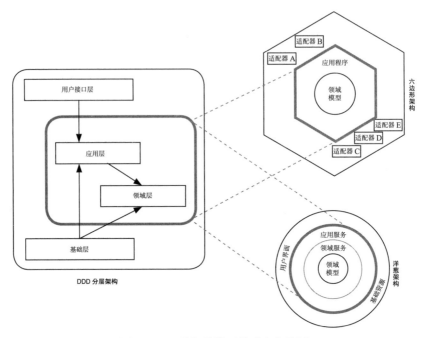

图 11-3　三种架构模型的对比和分析

　　请重点关注图中的加粗线框，它们是非常重要的分界线（三种架构里面都有），它的作用就是将核心业务逻辑与外部应用、基础资源隔离。

　　加粗线框内部主要实现核心业务逻辑，但核心业务逻辑也是有差异的，有的业务逻辑属于领域模型的能力，有的属于面向用户的用例和流程编排能力。按照这种功能差异，在这三种架构中划分了应用层和领域层，来分别承担并实现不同的业务逻辑。

　　领域层面向领域模型，实现领域模型的核心业务逻辑，属于原子业务模型，它需要保持领域模型和业务逻辑的稳定，对外提供稳定的细粒度的领域服务，所以它处于架构的核心位置。

　　应用层面向用户操作相关的用例和流程，对外提供粗粒度的 API 服务。它就像一个齿轮一样进行前端应用和领域层的适配，接收前端需求，随时做出服务编排和流程的响应及调整，尽量避免将前端需求传导到领域层。应用层作为配速齿轮，则位于前端应用和领域层之间。

　　可以说，这三种架构都充分考虑了前端需求的变与领域模型的不变。需求变幻无穷，但变化总是有矩可循的，用户体验、操作习惯、市场环境以及管理流程的变化，往往会导致界面逻辑和流程的多变。总体来说，不管前端业务和流程如何变化，在企业没有大的业务变革的情况下，领域模型的核心领域逻辑基本不会大变。

　　把握好这个规律，我们就知道该如何设计应用层和领域层了。

　　这几种架构模型均通过分层，逐层控制需求由外向里的传导，尽量降低对领域模型的影响。面向用户的前端应用可以通过页面逻辑和流程调整，快速响应外部前端界面需求变化。应用层则通过服务组合和编排，来实现业务流程和服务的快速编排，避免将需求传导到领域层，使得领域逻辑能够保持长期稳定。只有真正的领域逻辑发生了变化，我们才去调整领域模型。

这样设计的好处很明显，就是可以保证领域层的核心业务逻辑不会因为外部需求和流程的变化而受到影响。核心领域逻辑稳定了，应用就能够保持长期稳定，就不容易出现致命的逻辑错误。

看到这里，你是不是已经猜出中台和微服务设计的关键了呢？

我给出的答案就是："领域模型和微服务的合理分层设计。"那么你的答案呢？

11.4　从三种架构模型看中台和微服务设计

结合这三种微服务架构模型的共性，下面来谈谈我对中台和微服务设计的一些心得体会。

中台本质上是业务领域的子域，它可以是 DDD 概念中的核心子域，也可以是通用子域或支撑子域。通常大家认为阿里的中台对应 DDD 的通用子域，它们将通用的公共能力沉淀到中台领域模型，对外提供通用的共享服务。

中台作为子域其实还可以继续分解为子子域，当子域分解到大小适合通过事件风暴划分限界上下文以后，你就可以定义和拆分微服务了，然后通过微服务落地来实现中台的能力。

11.4.1　中台建设要聚焦领域模型

三种微服务架构模型中，领域模型都处于应用的最核心位置，在领域层实现最核心的领域逻辑。

中台领域建模时，会对业务和应用的逻辑边界（聚合）和物理边界（微服务）进行清晰划分。这种边界划分，充分考虑了未来微服务架构演进和以聚合为单位的功能重组。

领域模型作为微服务设计的输入，其结果会影响后续的系统模型、架构模型和代码模型，最终影响微服务设计和项目落地。

既然领域模型这么重要，在中台设计时，我们就要首先聚焦领域模型，将它放在项目最核心的位置。

领域模型的质量决定了未来微服务的质量，它可以为你带来以下价值：

❑ 领域模型核心业务逻辑聚焦于核心原子业务逻辑，职责单一，可自由组合出新的复杂服务，受前端页面和流程需求影响会大大降低，有助于提升应用的稳定性；

❑ 领域模型高度聚焦核心领域逻辑，其代码位于最核心的领域层，有利于精炼核心代码，提高核心代码的复用率，在提升代码质量的前提下，同时降低代码行数量；

❑ 领域模型业务的高内聚和职责单一的特性，有利于数据内聚和数据质量的提升，有助于数据中台建设；

❑ 领域模型"高内聚，低耦合"的聚合边界和解耦策略，有利于提升微服务的架构演进能力；

❑ 合理的架构分层和职责分工，可有效降低外部需求变化对核心业务逻辑的影响。

11.4.2　微服务要有合理的架构分层

微服务设计要有分层的设计思想，让各层各司其职，建立松耦合的层间关系。不要把与领域无关的应用逻辑放在领域层实现，以保证领域层的纯洁和领域模型的稳定，避免污染领域模型。也不要把领域模型的领域逻辑放在应用层，这样会导致应用层过于庞大，最终造成领域模型失焦。

通过前文对三个架构模型的分析和对比，我们已经清楚了微服务内部的分层和职责边界。现在进一步思考一下，微服务之间的服务依赖关系是什么样的？如何实现微服务之间的服务集成？

在一些小型项目中，有的微服务可以直接与前端应用集成，实现某个完整的业务功能，这种是项目级微服务；有的微服务则只是中台某个子域领域模型所构建的微服务，企业级应用需要组合多个这样的微服务，才能实现企业级的业务逻辑，这种是企业级微服务。

两类微服务由于集成环境的复杂度不一样，所以集成实现方式也会有差异。下面我们将展开详细说明。

1. 项目级微服务

在项目级微服务内部遵循 DDD 分层架构模型的规则就可以了。领域模型的核心逻辑在领域层实现，领域服务的组合和编排在应用层实现，用户接口层封装成 facade 接口后，发布到 API 网关为前端应用提供服务，实现前后端分离。

通常项目级微服务之间的集成复杂度相对较小，微服务之间的服务组合和编排，可以在某个关键微服务的应用层，通过应用服务组合和编排来完成。

微服务内的应用服务可以调用其他微服务的应用服务。在图 11-4 中，加粗线框内的微服务 B 的应用服务 B，除了可以组合和编排领域层的领域服务外，还可以组合和编排外部微服务 A 和 C 的应用服务 A 和 C。应用服务 B 在完成服务组合和编排后，被封装成 facade 接口服务并发布到 API 网关。

这样，前端应用就可以在 API 网关访问微服务 B 的应用服务 B 了。前端应用在访问应用服务 B 的同时，也完成了应用服务 A 和 C 的访问。这样，项目级的前端应用就只需要实现前端页面逻辑，而不必关心后端不同微服务之间的服务组合和编排了。

> 注意　应用服务在完成服务组合和编排后，会在用户接口层被封装成 facade 接口发布到 API 网关。图中略去了用户接口层的处理过程。

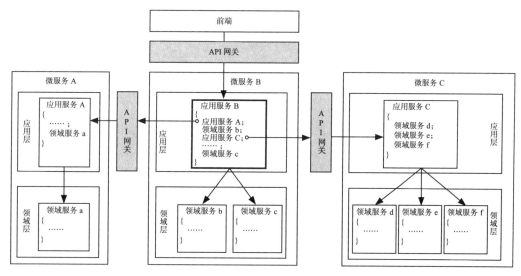

图 11-4　项目级微服务的集成方式

2. 企业级微服务

企业级的业务流程往往是多个中台的微服务一起协作完成的。那跨中台的微服务到底是如何完成服务集成的呢？

企业级微服务的集成会涉及大量应用服务的集成，因此不能像项目级微服务一样，在某一个微服务内完成跨微服务的服务组合和编排。

我们可以在多个微服务上增加一层，如图 11-5 所示。这一层就是 BFF 层（服务于前端的后端，Backend for Frontends），它的主要职能是处理跨中台微服务的服务组合和编排，实现微服务之间的服务和事务的协作。它还可以通过 facade 接口实现前端不同渠道应用的接口和数据适配。如果你将它的业务范围再扩大一些，或许还可以将它改造成一个面向不同行业或渠道应用的服务集成平台。

BFF 微服务与其他微服务存在较大差异，BFF 微服务只有应用层和用户接口层的职能，完成各个中台微服务的服务组合和编排，适配不同前端和渠道应用的个性需求，为前端应用提供粗粒度的组合服务。所以它没有领域模型，也不会有领域层，它不需要实现领域逻辑。

BFF 微服务与应用服务的差异主要体现在：BFF 主要是微服务之间的服务组合和编排，而应用服务主要是微服务内的服务组合和编排。

11.4.3　应用逻辑与基础资源的解耦

以数据模型为中心的设计模式，业务逻辑会对数据库、缓存或文件系统等基础资源产生严重依赖。正是因为它们之间这种强依赖的关系，导致我们很难进行技术升级。

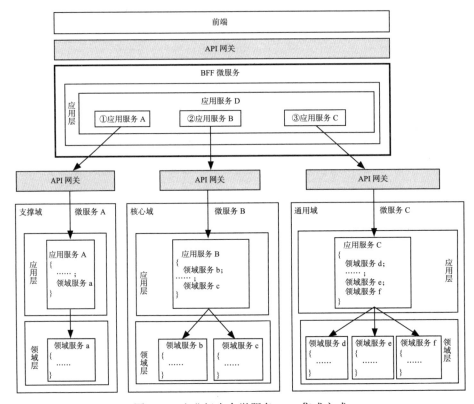

图 11-5　企业级中台微服务 BFF 集成方式

所以我们在微服务设计时，需要解耦业务逻辑和基础资源逻辑。

核心业务逻辑与基础层的解耦可以通过仓储模式，采用依赖倒置设计方法来实现，从而切断业务逻辑对基础资源的依赖。当基础设施资源出现变更（比如更换数据库）时，就可以屏蔽资源变更对业务逻辑代码的影响，降低基础资源变更对应用业务逻辑的影响，以利于未来的技术升级。

11.5　本章小结

本章我们讲解了洋葱架构和六边形架构，并对包括 DDD 分层架构在内的三种微服务架构模进行了对比分析。这三种架构模式都是以领域模型为核心，实行分层架构，通过适配器与外部交互，将内部核心业务逻辑与外部应用和资源进行隔离和解耦。

我们从这些特点出发总结了它们的共同特征，梳理出了中台建模和微服务架构设计的几个要点。这些内容我们在后面的章节还会有更加详细的讲解。

请务必记好这些架构模型和核心设计思想，在将来微服务设计时会有大用处。

中台领域建模与微服务设计

在完成 DDD 基础知识学习后，我们就可以利用这些知识开始中台领域建模和微服务设计了。在这一部分我会用多个实际案例，带你用 DDD 方法进行全流程设计，深刻理解 DDD 在中台领域建模和微服务设计中的步骤、方法、设计思想和价值。具体包括以下内容。

1）了解事件风暴工作坊方法，如何用事件风暴构建领域模型。

2）了解如何用 DDD 设计思想，构建企业级可复用的中台业务模型。

3）了解如何用 DDD 设计微服务代码模型，如何将领域模型映射到微服务，如何建立领域模型与微服务代码模型的映射关系，如何完成微服务架构演进等。

4）最后用一个案例将 DDD 所有知识点串联在一起，带你深入了解如何用 DDD 的设计方法完成领域建模和微服务设计的全流程，并对代码进行详细分析和讲解。

基于以上考虑，本部分包括以下章节和内容：

❑ 第 12 章 如何用事件风暴构建领域模型。

❑ 第 13 章 如何用 DDD 重构中台业务模型。

❑ 第 14 章 如何用 DDD 设计微服务代码模型。

❏ 第 15 章 如何保证领域模型与代码模型一致。

❏ 第 16 章 如何实现微服务的架构演进。

❏ 第 17 章 服务和数据在微服务各层的协作。

❏ 第 18 章 基于 DDD 的微服务设计实例。

❏ 第 19 章 基于 DDD 的微服务代码详解。

如何用事件风暴构建领域模型

你是否还记得在第 3 章中我们讲过的"微服务设计为什么要选择 DDD"？

其中有一个非常重要的原因，就是用 DDD 方法建立的领域模型，可以清晰地划分微服务的逻辑边界和物理边界。

但是，在与开发人员交流时，我发现有一部分人在学习 DDD 进行微服务设计时，似乎并不太关心领域建模的过程，而只是想通过学习 DDD 的战术设计思想，快速上手，设计和开发微服务。我认为这是对 DDD 的误解，偏离了 DDD 的核心设计思想，即先有边界清晰的领域模型，然后才可能设计出边界清晰的微服务，这两个阶段一前一后，不能忽略。

可以说，在 DDD 的实践中，好的领域模型直接关乎微服务的设计质量和水平。因此，我认为 DDD 战略设计会比战术设计更为重要，也正是这个原因，我们需要将领域模型的构建放在更重要的位置。

那么我们应该采用什么样的方法，才能从错综复杂的业务领域中，分析并构建出"高内聚，低耦合"的领域模型呢？

它就是我在前面多次提到的事件风暴（Event Storming）方法。事件风暴是 DDD 战略设计中经常使用的一种方法，它可以快速分析和分解复杂的业务领域，分析并提取出领域对象，构建聚合，划分限界上下文边界，对业务进行抽象和归纳，完成领域建模。

那到底怎么做事件风暴？又如何用事件风暴来构建领域模型呢？

本章我们就来重点解决这些问题，深入了解用事件风暴完成领域建模的全过程。

12.1 事件风暴概述

事件风暴是 2013 年由 Alberto Brandolini 提出来的。事件风暴是一项团队活动，领域专家与项目团队通过头脑风暴的形式，罗列出领域中所有的领域事件，整合之后形成最终的领域事件集合，然后，为每一个事件标注出导致该事件的命令，再为每一个事件标注出命令发起方的角色。命令可以是用户发起，也可以是第三方系统调用或者定时器触发等，最后对事件进行分类，整理出实体、聚合、聚合根以及限界上下文等，在限界上下文边界内构建领域模型。

事件风暴过程也是建立团队通用语言的过程，这个过程对于项目团队确定项目建设目标、完成业务领域模型分析、系统建设和落地非常重要。

下面我们一起来看看在进行事件风暴时，应该有哪些参与者，需要提前准备什么材料，需要什么样的场地以及团队应该重点关注哪些内容。

1. 事件风暴的参与者

事件风暴采用工作坊的方式，将项目团队和领域专家聚集在一起，通过可视化、高互动的方式一步一步将领域模型设计出来。其中，领域专家是事件风暴中必不可少的核心参与者。很多企业可能并没有这个角色，那我们该寻找什么样的人来担任领域专家呢？

领域专家是对业务或问题域有深刻见解的专家，他们不仅非常了解业务和系统是怎么做的，同时也深刻理解为什么要这样设计。如果你的企业没有领域专家这个角色，那也没关系。你可以从业务人员、需求分析人员、产品经理或者在这个领域有多年经验的开发人员里，按照这个标准去选择合适的人选。

除了领域专家，事件风暴的其他参与者可以是 DDD 专家、架构师、产品经理、项目经理、开发人员和测试人员等项目团队成员。

领域建模的过程是统一团队通用语言的过程，因此项目团队成员应尽早地参与到领域建模中，这样才能高效建立起团队的通用语言。等到微服务建设时，领域模型也更容易和系统架构保持一致，微服务也更容易完成落地。

2. 事件风暴要准备的材料

事件风暴参与者会将自己的想法和意见写在即时贴上，并将贴纸贴在墙上的合适位置，我们戏称这个过程为"刷墙"。所以即时贴和水笔是必备材料。另外，你还可以准备一些胶带或者磁扣，以便贴纸能够随时更换位置。

值得提醒一下的是，在事件风暴的过程中，我们要用不同颜色的贴纸区分不同的领域行为，贴纸颜色至少要有三种。如图 12-1 所示，我们可以用蓝色表示命令，用绿色表示实体，用橙色表示领域事件，用黄色表示补充信息等[⊖]。补充信息主要用来说明注意事项，比如外部依赖和事项说明等。贴纸的颜色并不一定要固定，这只是我的习惯。根据团队的具

⊖ 因书为黑白印刷，故书中用不同灰度底色进行区分。——编辑注

体条件和喜好统一并有所区分才是重点。

图 12-1 事件风暴过程不同贴纸的含义

3. 事件风暴的场地

什么样的场地适合做事件风暴呢？是不是需要和组织会议一样，准备会议室、投影，还有椅子？

这些都不需要！

你只需要一堵足够长的墙和一块足够大的空间就可以了。墙是用来贴纸的，大的空间可以让人四处走动，方便合作。撤掉会议桌和椅子后的事件风暴，你会发现参与者们的效率会更高。

事件风暴的发明者曾经建议准备八米长的墙，这样设计就不会受到空间的限制了。当然，这个不是必要条件，看各自的实际条件吧，不要让思维受限就好。

4. 事件风暴的关注点

在领域建模的过程中，我们需要重点关注以下这类业务语言和动作等行为。

比如，某些业务动作或行为（事件）是否会触发下一个业务动作，这个动作（领域事件）的输入和输出是什么？是谁（实体）发出的什么动作（命令），触发了这个动作（事件）等。

我们可以从这些暗藏的词汇中，分析出领域模型中的事件、命令和实体等领域对象。

12.2 基于事件风暴的领域建模

领域建模的关键过程主要包括：产品愿景分析、场景分析、领域建模、微服务拆分与设计等几个重要阶段。

下面我以用户中台为例，介绍如何用事件风暴构建用户中台领域模型。

12.2.1 产品愿景分析

产品愿景分析的主要目标是完成产品顶层价值设计和分析，项目团队在目标用户、核心价值、产品需要具备的核心竞争力等方面达成一致，避免在建设过程中偏离方向。

在分析之前，项目团队要思考这样两个问题。

1）用户中台到底能够做什么？

2）用户中台的业务范围、目标用户、核心价值和愿景是什么，与其他同类产品的差异和核心优势在哪里？

思考的过程也是明确用户中台建设方向和统一团队思想的过程。

参与者要对每一个点（图 12-2 中左侧第一列的内容）发表意见，用水笔写在贴纸上，贴在右侧贴纸的位置。这个过程需要参与者充分发表意见，最后由主持人将这些发散的意见统一和收敛，精炼浓缩形成团队通用语言，建立如图 12-2 所示的产品愿景墙。

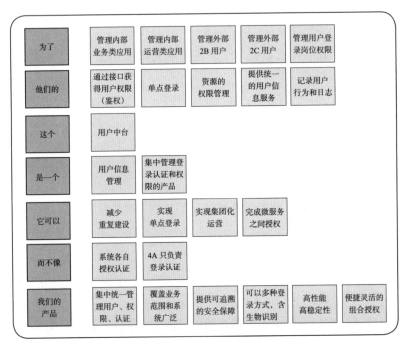

图 12-2　事件风暴产品愿景分析

如果你们团队的产品愿景和目标已经非常清晰了，那产品愿景分析的步骤可以跳过。

12.2.2　场景分析

场景分析是从用户操作视角出发，根据业务流程或用户流程，采用用例和场景分析方法，探索领域中的典型场景，找出领域事件、实体和命令等领域对象，支撑领域建模的过程。

事件风暴参与者要尽可能地遍历所有业务细节，充分发表意见，不要遗漏业务要点。

用户中台有这样三个典型的业务场景。

1）系统和岗位设置，设置系统岗位菜单权限。

2）用户权限配置，为用户建立账户和密码，设置用户岗位。

3）用户登录和权限校验，生成用户登录和操作日志。

我们可以按照业务流程，一步一步搜寻用户业务操作流程中的关键领域事件，比如岗位已创建、用户已创建等领域事件。再找出是什么样的业务行为或操作引起了这些领域事件，这些行为可能是一个或若干个命令组合在一起产生的。比如创建用户时，对于内部员工，第一个命令是从 HR 系统中获取用户的员工信息，第二个命令是根据获取到的员工信息在用户中台创建用户，创建完用户后就会产生用户已创建的领域事件。

当然这个领域事件可能会触发下一步操作，比如发布到邮件系统通知用户已创建。但也可能领域事件到此就结束了。你需要根据具体的业务场景来分析是否还有下一步业务操作。

场景分析时会产生很多命令和领域事件。我用蓝色来表示命令，用橙色表示领域事件，用黄色表示补充信息。比如，用户信息数据来源于 HR 系统，我们就可以用黄色贴纸来进行标记："用户从 HR 中获取"，如图 12-3 所示。

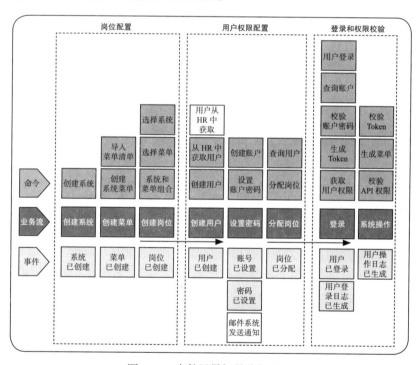

图 12-3 事件风暴场景分析过程

12.2.3 领域建模

领域建模时，我们会根据场景分析过程中产生的领域对象，比如命令、事件等之间的关系，找出产生这些动作的实体，从实体集合中找出聚合根，分析聚合根与实体之间的依赖关系并组成聚合，然后为聚合划定限界上下文边界，建立领域模型，分析领域模型之间的服务依赖关系，如上下文服务地图等。构建完领域模型后，我们可以利用限界上下文向上指导微服务设计，也可以通过聚合向下指导聚合根、实体和值对象等的设计。

领域建模的具体过程可以分为以下四步。

第一步，提取领域对象。

从命令和领域事件中提取产生这些业务行为的业务对象，即实体。我们用绿色贴纸来表示实体。通过场景分析产生的命令和事件等数据，我们分析并提取了产生这些行为的实体对象，如用户、账户、认证票据、系统、菜单、岗位和用户日志七个实体，如图 12-4 所示。

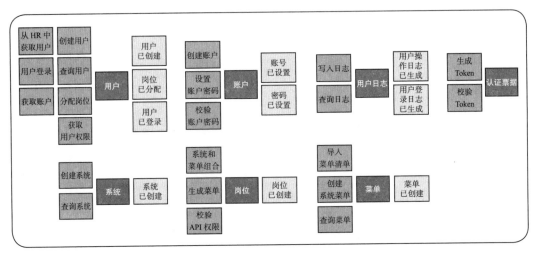

图 12-4　事件风暴提取领域对象的过程

第二步，构建聚合。

根据聚合根的管理性质，我们可以从七个实体中分析并找出聚合根，找出聚合根引用的实体和值对象，构建聚合。

用户实体可以管理用户相关的实体以及值对象，系统实体可以管理与系统相关的菜单等实体，由此我们可以找出用户和系统这两个聚合根。然后根据业务依赖和业务内聚原则，将聚合根以及与它关联的实体和值对象组合为聚合，比如系统和菜单实体可以组合为"系统功能"聚合。

按照上述步骤，用户中台就有了系统功能、岗位、用户信息、用户日志、账户和认证票据六个聚合。

第三步，划定限界上下文。

根据业务上下文语义环境，将第二步产生的聚合归类，划定业务领域所在的限界上下文边界。

根据用户域的上下文语境，用户基本信息和用户日志信息这两个聚合共同构成用户信息域，分别管理用户基本信息、用户登录以及操作日志等信息。

认证票据和账户这两个聚合共同构成认证域，分别完成两种不同方式的登录和认证。

系统功能和岗位这两个聚合共同构成权限域，分别实现系统和菜单管理以及岗位配置。

　　根据这些业务语义边界，我们就可以将用户域划分为三个限界上下文，即用户信息、认证和权限。

　　第四步，建立领域模型上下文服务地图。

　　找出领域模型之间的服务依赖关系，分析并截断领域模型之间可能存在的循环依赖关系。限界上下文之间的服务关联应该是一种有向无环网状依赖关系。在解除服务循环依赖关系后，可以避免微服务落地时，出现服务循环调用。

　　到这里我们就完成了用户中台领域模型的构建了，如图 12-5 所示。

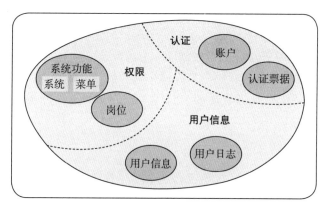

图 12-5　划分聚合和限界上下文的领域建模过程

　　领域建模过程会产生大量领域对象，这些领域对象在微服务设计时会映射到微服务代码对象，因此非常重要。为了方便管理，我们用表格记下这些领域对象，如表 12-1 所示。

表 12-1　领域模型的领域对象清单

业务领域	领域模型	聚合	领域对象	领域类型
用户	用户信息	用户信息	用户	聚合根
			创建用户	命令
			分配岗位	命令
			……	……
		用户日志	日志	聚合根
			创建日志	命令
			……	……

说明：这个表格只是简单示例，只记录了部分领域对象。

12.2.4　微服务拆分与设计

　　原则上，一个限界上下文内的领域模型就可以设计为一个微服务。但由于领域建模时只考虑了业务因素，并没有考虑微服务落地时的技术、团队沟通以及运行环境等非业务因素，因此在微服务拆分与设计时，我们不能简单地将限界上下文和领域模型作为微服务拆分边界的唯一标准，而只是将它们作为微服务拆分的一个非常重要的依据。

微服务设计时，要考虑服务粒度、分层、边界划分、依赖关系和集成关系。另外，除了考虑业务职责单一外，我们还需要考虑将敏态与稳态业务分离、非功能性需求（如弹性伸缩、安全性等要求）、团队组织和沟通效率、软件包大小以及技术异构等非业务因素。

如果不考虑非业务因素，在用户中台微服务设计时，我们完全可以按照领域模型与微服务一对一的关系来拆分和设计，将用户中台拆分为：用户、认证和权限三个微服务。

如果用户日志数据量巨大，大到需要采用大数据技术来实现，而用户信息聚合则采用了一般的微服务技术栈，那么这时候用户信息聚合与用户日志聚合就会产生技术异构。虽然在领域建模时，我将这两个聚合放在了同一个用户信息领域模型内，但由于它们在落地时会出现技术异构，所以它们并不适合放到同一个微服务里。

此时，我们可以将用户信息和用户日志两个聚合，作为微服务拆分的基本单元，拆分为用户基本信息管理和用户日志管理两个技术异构的微服务，分别采用不同的技术栈来实现。

12.3 本章小结

事件风暴是一种不同于传统需求分析和系统设计的方法，初次接触时可能很难建立感性认识。最好的学习方法就是找几个业务场景和项目团队多做几次事件风暴工作坊，相信你很快就能上手了。

综合我的经验，一般，一个中型规模的项目，完成领域建模和微服务设计的时间大概在两周左右，这与我们传统的需求分析和系统设计的时间基本差不多。

如果在领域建模的过程中，团队成员全员参与，在项目开发之前就建立了共同语言，这对于后续的微服务开发是很有帮助的，时间成本也可能会大大降低。

当然，事件风暴只是领域建模的一种方法和手段。如果你通过其他需求分析方法也能分析出业务领域的所有领域对象和领域事件，以及这些对象在领域模型中的业务行为和依赖关系，也能在团队建立通用语言，那么采用多种手段结合的方式也未尝不可。

总之，构建出边界清晰的领域模型，才是我们的最关键目标，这个过程我们可以灵活采用多种手段。

记住：目标只有一个，而手段却可以有很多。

如何用 DDD 重构中台业务模型

进入 2000 年后，随着互联网应用的快速发展，很多传统企业开始触网，建设了自己的互联网电商平台。后来又随着微信和 App 等移动互联应用的兴起，掀起了新一轮的移动应用热潮。

这些移动互联应用大多面向个人或者第三方，由于市场和需求变化快，它们需要以更敏捷的速度适应市场的快速变化。为了满足快速响应能力和频繁的版本发布要求，这些移动互联应用大多是独立于传统核心系统建设的。但移动互联和传统核心应用两者承载的业务大多又是同质的，因此就很容易出现重复建设的问题。

阿里巴巴过去带动了传统企业向互联网电商转型。而如今又到了一个新的历史时期，在阿里巴巴提出中台战略后，很多企业又紧跟它的步伐，高举中台大旗，轰轰烈烈地开始了数字化转型之路。

那么传统企业在中台数字化转型时，应该如何从错综复杂的业务中，构建出企业级可复用的中台业务模型？又该如何减少系统重复建设呢？

本章我就用一个传统企业重复建设的案例，带你一起用 DDD 的战略设计方法，来重构可复用的中台业务模型，解决系统重复建设的问题。

13.1 传统企业应用建设分析

传统企业在建设互联网电商平台和传统核心应用时，虽然两者定位不一样，面向的渠道和客户也不一样，但销售的产品却大多是同质的。所以，它们的业务模型既有相同的地方，又有不同的地方。

现在我以保险行业的互联网电商和传统核心应用为例进行对比分析，如图 13-1 所示。由于两者都面向同类产品的销售业务场景，所以它们在业务功能上会有很大的相似性。同时它们又面向不同的用户和客户，所以在实现方式上又会有很大的差异。两者的相似和差异主要体现在四个方面。

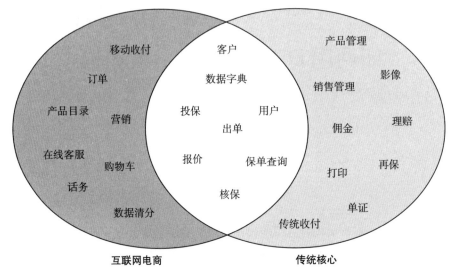

图 13-1　传统核心和互联网电商的重复建设

1. 核心能力的重复建设

由于销售同质的产品，所以二者在核心业务流程和功能建设时必然会有相似性，在核心业务能力上存在功能重叠在所难免。传统保险核心应用有报价、投保、核保和出单功能，同样在互联网电商平台也有这些功能。

2. 通用能力的重复建设

传统企业一般都会有用户、客户、数据字典等这些通用的功能。

传统核心应用的这些通用能力平台，一般来说功能大而全，所以会比较重。互联网电商平台同样也离不开这些通用能力的支撑，但为了保持应用的敏捷性，一般都会有缩小版的通用功能，比如用户和客户等通用能力。

3. 同一业务领域的职能分离

还有一类业务功能，在互联网电商平台中建设了一部分功能，在传统核心应用中也建设了一部分功能，二者功能独立而且互补。它们属于同一个业务领域，只不过被分散到了不同的渠道应用中建设。如果将这些业务功能组合在一起，它们就可以组合为某一个业务领域的完整领域模型。

比如，同样的支付功能，由于互联网电商平台主要面向个人客户，于是采用了支付宝和微信的互联网化的支付方式。而传统保险核心应用主要面向柜台用户，仍旧在用移动POS机刷卡的缴费方式。它们都属于收付业务领域的领域模型，却被分散到了不同的渠道应用中。

对于这种场景，我们在构建收付中台领域模型时，可以考虑将它们的业务能力重组，以保证领域模型的完整性。这也是我们在中台领域建模过程中需要重点解决的问题。

4. 完全独立的业务领域

传统核心应用主要面向柜台内部用户，没有互联网电商平台的在线客服、话务、订单和购物车等功能。而互联网电商平台主要面向外部个人客户，它不需要打印等功能。

在构建中台业务模型时，对这种情况我们需要区别对待。将前台能力构建为面向所有前台渠道应用的通用能力中台，比如购物车、订单等；将面向后端业务管理职能的应用后移到后台。

13.2 如何避免重复造轮子

要避免重复建设，先要理解中台的核心理念和设计思想。

前面说了"中台是企业级能力复用平台"，"复用"用白话来说其实就是重复使用，就是要避免干重复造轮子的事情。

中台设计思想与"高内聚，低耦合"的设计原则是高度一致的。

"高内聚，松耦合"就是把相关的业务行为聚集在一起，把不相关的业务行为放在其他地方，如果你要修改某个业务行为，只需要修改一处就可以了。中台也是要这样做！按照"高内聚，松耦合"的设计原则，实现企业级的能力复用！

那么，如果你的企业遇到了重复造轮子的问题，应该怎么处理？

你需要站在企业高度，将重复的、需要共享的通用能力、核心能力沉淀到业务中台。将分散在各个不同业务板块的业务能力重组为完整的业务板块，构建可复用的中台业务模型。让前台通用能力归前台，后台管理能力归后台。建立前、中、后台边界清晰，融合协作的企业级可复用的中台领域模型。

13.3 如何构建中台业务模型

我们可以用DDD战略设计的方法来构建中台业务模型。这里有两种领域建模策略：自顶向下的策略和自底向上的策略。具体采用哪种策略，需要结合企业的具体情况来分析和选择。

13.3.1 自顶向下的策略

第一种策略是自顶向下建模策略。这种策略是先做顶层设计，从最高级领域逐级分解为不同的子域，即中台，分别构建领域模型，根据领域属性和重要性将中台分为通用中台或核心中台。

自顶向下的领域建模过程主要基于业务现状和企业未来战略目标，不过多考虑系统建设现状。所以它比较适合全新的应用系统建设，或遗留系统推倒重建的建设模式。

由于这种策略不必受限于现有系统，你可以采用 DDD 领域逐级分解的领域建模方式。该建模方式主要分为三个关键步骤，如图 13-2 所示。

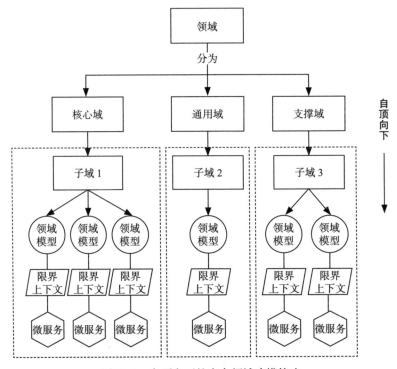

图 13-2　自顶向下的中台领域建模策略

第一步，根据核心业务流程或功能边界，将领域分解为不同子域，子域根据不同的属性可以分为核心子域、通用子域和支撑子域。

第二步，对子域建模，划分限界上下文边界，建立领域模型。

第三步，根据限界上下文边界完成微服务拆分。

自顶向下建模策略的详细分析过程，我会在第 22 章的案例中详细讲解，这里不再赘述。

13.3.2　自底向上的策略

第二种策略是自底向上建模策略。这种策略基于业务和系统建设现状来重构中台领域模型。自底向上策略在领域建模时，将系统所在业务领域的公共和重复建设的业务能力沉淀到中台，进行抽象和标准化处理后，完成领域模型重构。

自底向上策略比较适合遗留系统领域模型的演进式重构，因此也适合单体应用向微服务架构演进。在第 23 章中，从单体应用向微服务演进时会用到"绞杀者"策略。

在用自底向上策略完成领域模型重构后，我们就可以基于这些重构后的通用领域模型完成微服务设计和建设，然后用新的服务逐步替换掉原来分散在不同遗留单体应用中的能力。

下面我以互联网电商和传统核心应用的几个典型业务子域作为示例，带你了解如何采用自底向上的策略来构建中台业务模型。

这个过程主要分为以下三个关键步骤。

第一步，锁定业务领域，构建领域模型

锁定应用所在的业务领域，采用事件风暴方法，找出领域对象，构建聚合，划分限界上下文，建立领域模型。

这里我们选取了传统核心应用的用户、客户、传统收付和承保四个业务领域以及互联网电商业务领域，共计五个业务领域，分别完成领域建模。

你可以按照第 12 章的事件风暴方法，逐一完成各应用所在业务领域的领域建模，图 13-3 是各业务领域建模的结果。

从图 13-3 中，我们可以看到在传统核心业务领域（包括用户域、客户域、传统收付域和承保域四个子域）共构建了八个领域模型。其中用户域构建了用户认证和权限两个领域模型，客户域构建了个人和团体两个领域模型，传统收付域构建了 POS 刷卡领域模型，承保域构建了定报价、投保和保单管理三个领域模型。

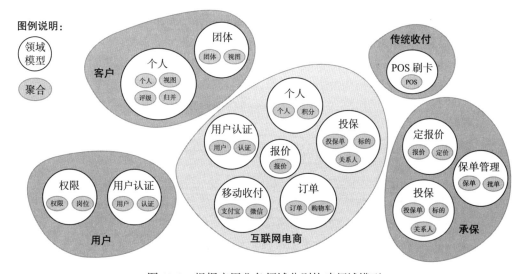

图 13-3　根据应用业务领域分别构建领域模型

而在互联网电商业务领域共构建了报价、投保、订单、客户、用户认证和移动收付六个领域模型。

> **注意**　作为示例，在这五个业务领域中，我只列出了几个关键的核心业务能力。

从这些领域模型中，我们可以看到传统核心和互联网电商的领域模型中有很多名称相似的领域模型和对象。深入分析后你就会发现，这些名称相似的领域模型其实就是可能存在能力重复建设的业务领域，或者存在业务领域能力分散建设（比如移动支付和传统支付）的领域。

我们在构建中台业务模型时，需要重点关注这些领域。将存在于不同领域模型中的重复的业务能力进行重构和抽象后，沉淀到中台业务模型。将分散的领域对象整合到统一的中台领域模型中，构建企业级的中台领域模型，提供可复用的中台服务。

第二步，对准基准域，重构中台领域模型

在图 13-4 中，我们可以看到在右侧的传统核心领域模型，明显比左侧的互联网电商领域模型的内容更丰富。那么，我们是不是就可以得到一个初步的结论："传统核心由于面向企业内大部分渠道和业务场景，所以功能大而全，因此领域模型也相对完备。而互联网电商由于主要面向外部客户和单一渠道，所以领域模型相对单一。"

这个结论也给我们指明了一个领域模型重构的方向。

首先我们可以将传统核心的领域模型作为主领域模型，将互联网电商领域模型作为辅助模型来构建中台业务模型。然后可以将互联网电商中重复的能力沉淀到传统核心的领域模型中，只保留自己独有的个性业务领域模型，比如订单等。这样构建出来的领域模型就可以同时适应企业内所有业务领域，达到业务能力复用的目的。

有了上面的思路，我们就可以开始重构中台业务模型了。

我们可以从互联网电商和传统核心的领域模型中，归纳并分离出能够同时覆盖互联网电商和传统核心两大业务领域的所有业务子域，即基准域。

通过分析，我们找出了用户、客户、承保、收付和订单五个相对独立的业务子域，它们可以作为互联网电商和传统核心领域模型对比和分析的基准。定义好了基准域，我们就可以继续完成互联网电商和传统核心两者领域模型的对比和分析，按照基准域重构领域模型。

> **注意**　使用自底向上策略重构中台业务模型的过程，跟事件风暴一样，也是一个从发散到收敛的过程。它首先针对系统的业务领域分别构建领域模型，然后分析这些业务领域的领域模型，经过抽象和归纳找出基准域。接着找出基准域可能覆盖的所有领域模型，对比分析这些领域模型和聚合内领域对象的差异。然后抽象和提炼领域模型，完成领域对象重组，收敛并重构出"高内聚，低耦合"的、可复用的标准中台领域模型。

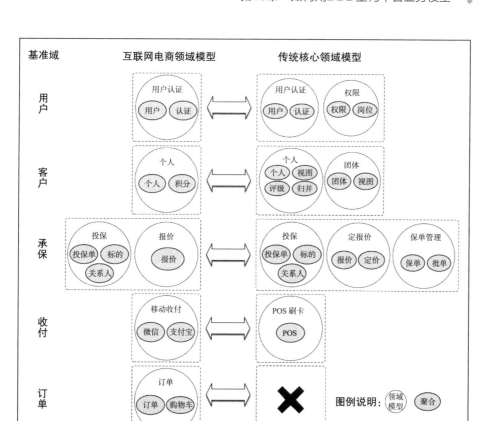

图 13-4 互联网电商和传统核心领域模型分析

在企业业务领域中，客户是一个非常重要的业务子域，在互联网电商和传统核心同时存在客户相关的领域模型。我们将客户子域确定为企业内客户业务领域的基准域，它同时需要覆盖互联网电商和传统核心客户相关的业务能力。

客户基准域领域模型的重构，就是将这些分散在互联网电商和传统核心客户相关的领域对象进行抽象和重组，完成客户中台领域模型重构的过程。重构后的客户领域模型可以同时满足互联网电商和传统核心等不同渠道应用所有客户相关的能力要求，从而实现客户业务能力的复用。

下面我以客户子域为例，讲解客户中台领域模型的构建过程。

互联网电商客户域主要面向个人客户，除了支持个人客户信息管理功能外，基于营销目的，它还会支持客户积分等功能，因此在互联网电商客户领域模型有个人客户和积分两个聚合。

而传统核心客户域除了支持个人客户外，还有单位和组织机构等团体客户，因此它有个人和团体两个领域模型。其中个人客户领域模型中除了支持个人客户信息管理功能外，还支持个人客户评级、重复客户归并和客户统一视图等功能，因此传统核心的个人客户领域模型会有个人客户、视图、评级和归并四个聚合。

我们将互联网电商和传统核心的客户领域模型按照聚合分解后，就可以找到五个与个人客户领域相关的聚合，如：个人客户、积分、评级、客户归并和客户视图等。这五个聚合分散在互联网电商和传统核心的客户领域模型中。在客户领域模型重构时，我们需要打破它们原有的上下文边界和领域模型，在客户基准域内进行功能沉淀和聚合重组，重新划分这些聚合的限界上下文边界，重构客户领域模型。

个人客户、归并和客户视图三个聚合属于客户基本信息管理限界上下文，我们可以将它们重构为个人客户领域模型，主要管理客户基本信息。

评级和积分两个聚合则属于个人客户评级积分管理限界上下文，我们将这两个聚合重构为面向个人客户的评级积分领域模型。

到这里，我们就从互联网电商和传统核心客户域的五个聚合中，重构出了个人客户和评级积分两个新的个人客户领域模型，完成了个人客户领域模型的重构。

好像还漏掉点什么东西？是的，客户域的领域模型应该还有团体客户的领域模型！

其实团体客户很简单。由于它只在传统核心客户域中出现，所以我们直接使用它在传统核心中的领域模型即可，如果团体客户功能未来需要扩展到互联网电商业务领域，我们只需要在现有团体客户领域模型的基础上完成演进就可以了。

至此我们就完成了客户基准域中台领域模型的重构了。

最后我们为客户中台构建了个人、团体和评级积分三个领域模型，这三个领域模型可以作为企业级客户标准解决方案，面向企业所有领域实现客户能力复用。

通过客户中台业务模型的构建，你是否理解了构建中台业务模型的要点了呢？

自底向上中台业务模型构建的过程，总结成一句话就是："分域建模型，找准基准域，划分上下文，聚合重归类。"其他业务领域模型重构的过程与此基本类似，这里不再赘述。

作为课后作业，你可以自己练习一下。完成后你可以与图 13-5 进行对照，它就是所有业务领域重构后的中台业务模型。

第三步，中台归类，完成微服务设计

完成所有基准域的中台业务建模后，我们就可以根据这些中台的属性和重要性，将它们区分并归类为核心中台和通用中台，得到图 13-6 所示的示意图了。

从图 13-6 中我们可以清楚地看到共构建了多少个中台，中台下面有哪些领域模型，哪些中台是通用中台，哪些中台是核心中台。至此，你就可以将各个中台下的领域模型作为 DDD 战术设计的输入，开始微服务设计了。

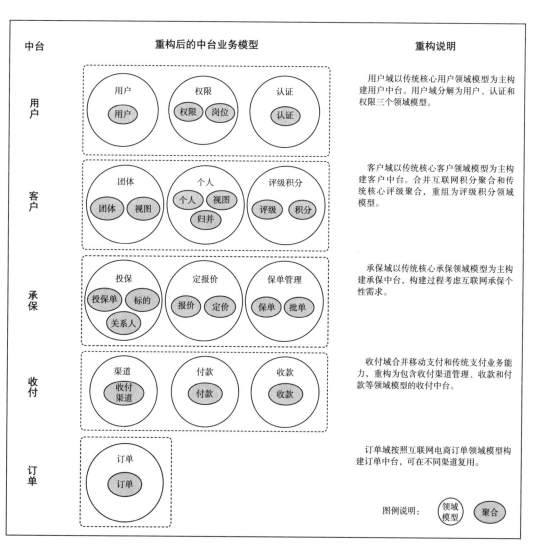

图 13-5 重构后的中台领域模型

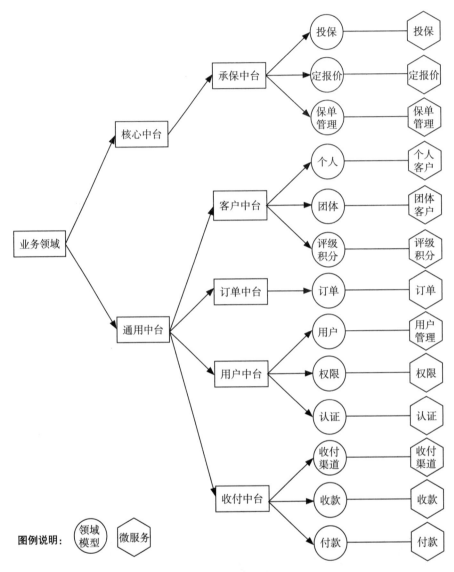

图 13-6 中台、领域模型及微服务

13.4 业务模型重构过程中的领域对象

上文主要是从聚合的拆分和合并角度，来描述中台业务模型的重构过程，是相对高阶维度的业务功能单元的重构。领域模型在重构和聚合重组的过程中，往往会由于不同业务场景的复用考虑，而需要进行领域对象和业务行为的抽象处理。比如将某些个性的业务行为，抽象和标准化为可复用的、统一的标准业务行为。

下面我将带你了解在领域模型重组过程中发生在更底层的领域对象的活动。还是以客户为例，由于领域对象过多，我只选取了部分领域对象和业务行为。

前文提过，传统核心客户领域模型包含个人客户、团体客户和评级三个聚合，每个聚合内部都有自己的领域对象，如聚合根、实体和值对象等，如表 13-1 所示。

表 13-1　传统核心客户域领域对象清单

业务领域	领域模型	聚合	领域对象	领域类型
客户	客户	个人客户	个人客户	聚合根
			地址	实体
			创建个人客户	命令
			查询个人客户信息	命令
			修改个人客户信息	命令
			……	……
		团体客户	团体客户	聚合根
			创建团体客户	命令
			单位地址	实体
			公司账户	值对象
			……	……
		评级	客户评级	聚合根
			计算客户评级	命令
			查询客户评级信息	命令
			……	……

互联网电商客户领域模型包含个人客户和积分两个聚合，每个聚合也都有自己的领域对象，如表 13-2 所示。

表 13-2　互联网电商客户域领域对象清单

业务领域	领域模型	聚合	领域对象	领域类型
客户	客户	个人客户	个人客户	聚合根
			创建个人客户	命令
			查询个人客户信息	命令
			修改个人客户信息	命令
			……	……
		积分	会员积分	聚合根
			积分累计	命令
			获取会户积分数据	命令
			……	……

传统核心和互联网电商客户领域重构为企业级客户中台后，建立了个人、团体和评级积分三个领域模型。其中个人领域模型有个人客户聚合，团体领域模型有团体客户聚合，评级积分领域模型有评级和积分两个聚合。

这些领域模型的领域对象分别来自于传统核心和互联网电商的领域模型。积分评级是重构后的领域模型，原来的评级和积分聚合会分别带着各自的领域对象，加入新的领域模型中，如表 13-3 所示。

表 13-3 重构后的领域对象清单

业务领域	领域模型	聚合	领域对象	领域类型
客户	个人	个人客户	个人客户	聚合根
			地址	实体
			创建个人客户	命令
			查询个人客户信息	命令
			……	……
	团体	团体客户	团体客户	聚合根
			创建团体客户	命令
			单位地址	实体
			银行账户	值对象
			……	……
	评级积分	评级	客户评级	聚合根
			计算评级	命令
			查询评级信息	命令
			……	……
		积分	会员积分	聚合根
			积分累计	命令
			获取会员积分	命令
			……	……

> **注意** 部分领域对象可能会根据复用和领域模型完整性要求，从它原来的聚合中抽离，重组到新的聚合。重组后的新领域模型中的领域对象，比如实体属性、方法等，可能还会根据业务场景和需求进行代码标准化处理，以满足企业级复用要求。

13.5 本章小结

本章我们以互联网电商和传统核心重复建设为例，一起用 DDD 领域建模的方法重构了中台的业务模型。在中台业务建模时，有自顶向下和自底向上两种领域建模策略，这两种策略有自己的适用场景，你需要结合企业的具体情况来选择合适的策略。

中台业务建模时，既要关注企业级领域模型的完备性，也要关注领域模型重构后，能够同时面向企业所有业务场景无差异地实现能力复用。既要满足传统业务场景需求，又要在移动互联场景中也能保持敏捷的市场响应能力。

其实，中台业务模型的重构过程，也是微服务架构演进的过程。业务边界即微服务边界，业务边界划分清楚了，微服务的边界和职责自然就明确了。

第 14 章 *Chapter 14*

如何用 DDD 设计微服务代码模型

在完成领域模型设计后，接下来我们就可以开始微服务的设计和落地了。在微服务落地前，首先要确定微服务的代码结构，也就是我下面要讲的微服务代码模型。

只有建立了标准的微服务代码模型和代码规范后，我们才可以将领域对象映射到代码对象，并将它们放入合适的代码目录结构中。标准的代码模型可以让项目团队成员更好地理解代码，根据统一的代码规范实现团队协作，也可以让微服务各层的业务逻辑互不干扰、分工协作、各据其位、各司其职，避免不必要的代码混淆，还可以让你在微服务架构演进时，轻松完成代码重构。

那微服务的代码结构到底是什么样子呢？我们又是依据什么来建立微服务的代码模型呢？这就是我们本章要重点解决的两个问题。

14.1 DDD 分层架构与微服务代码模型

我们参考 DDD 分层架构模型来设计微服务代码模型。没错！微服务代码模型就是依据 DDD 分层架构模型设计出来的。

那为什么要选择 DDD 分层架构模型呢？

我们先简单回顾一下 DDD 分层架构模型，如图 14-1 所示。它包括用户接口层、应用层、领域层和基础层，分层架构各层的职责边界非常清晰，能有条不紊地分层协作。

❏ 用户接口层：面向前端用户提供服务和数据适配。这一层聚集了接口和数据适配相关的功能。

❏ 应用层：实现服务组合和编排，主要适应业务流程快速变化的需求。这一层聚集了应用服务和事件订阅相关的功能。

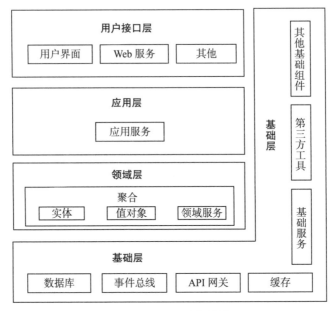

图 14-1 DDD 分层架构模型

❑ 领域层：实现领域模型的核心业务逻辑。这一层聚集了领域模型的聚合、聚合根、实体、值对象、领域服务和事件等领域对象，通过各领域对象的协同和组合形成领域模型的核心业务能力。

❑ 基础层：它贯穿所有层，为各层提供基础资源服务。这一层聚集了各种底层资源相关的服务和能力。

领域模型的业务逻辑从领域层、应用层到用户接口层逐层组合和封装，对外提供灵活的服务。既实现了各层的分工和解耦，又实现了各层的协作。因此，毋庸置疑，DDD 分层架构模型是微服务代码模型最合适的选择。

14.2 微服务代码模型

现在，我们来看一下，按照 DDD 分层架构模型设计出来的微服务代码模型到底长什么样子？

其实，DDD 并没有给出标准的代码模型，不同的人可能会有不同理解，也会结合自己项目的情况进行个性化设计。下面要说的这个微服务代码模型是我经过思考和实践后建立起来的，主要考虑了微服务边界、聚合边界、分层、解耦和微服务的架构演进等因素。

14.2.1 一级代码目录

微服务一级目录是按照 DDD 分层架构的分层职责来定义的。

在微服务代码模型里，我们分别定义了用户接口层、应用层、领域层和基础层四层，
并分别为它们建立了 interfaces、application、domain 和
infrastructure 四个一级代码目录，如图 14-2 所示。

这些代码目录的职能和代码形态如下。

❏ interfaces（用户接口层）：它主要存放用户接口层与
   前端应用交互、数据转换和交互相关的代码。前端
   应用通过这一层的接口，从应用服务获取前端展现
   所需的数据。处理前端用户发送的 RESTful 请求，

图 14-2　微服务代码总目录结构

   解析用户输入的配置文件，并将数据传递给 application 层。数据的组装、数据传输
   格式转换以及 facade 接口封装等代码都会放在这一层目录里。

❏ application（应用层）：它主要存放与应用层服务组合和编排相关的代码。应用服务向
   下基于微服务内的领域服务或外部微服务的应用服务，完成服务的组合和编排，向
   上为用户接口层提供各种应用数据支持服务。应用服务和事件等代码会放在这一层
   目录里。

❏ domain（领域层）：它主要存放与领域层核心业务逻辑相关的代码。领域层可以包含
   多个聚合代码包，它们共同实现领域模型的核心业务逻辑。聚合内的聚合根以及实
   体、方法、值对象、领域服务和事件等相关代码会放在这一层目录里。

❏ infrastructure（基础层）：它主要存放与基础资源服务相关的代码。为其他各层提供的
   通用技术能力、三方软件包、数据库服务、配置和基础资源服务的代码都会放在这
   一层目录里。

14.2.2　各层代码目录

下面我们一起来看一下用户接口层、应用层、领域层以及基础层各自的二级代码目录
结构。

1. 用户接口层

interfaces 目录下的代码目录结构有 assembler、dto 和
facade 三类，如图 14-3 所示。

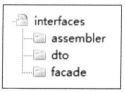

❏ assembler：实现 DTO 与 DO 领域对象之间的相互
   转换和数据交换。一般来说，assembler 与 dto 总是
   同时出现。

图 14-3　用户接口层代码结构

❏ dto：它是前端应用数据传输的载体，不实现任何业务逻辑。我们可以面向前端应用
   将应用层或领域层的 DO 对象转换为前端需要的 DTO 对象，从而隐藏领域模型内部
   领域对象 DO；也可以将前端传入的 DTO 对象转换为应用服务或领域服务所需要的
   DO 对象。

❑ facade：封装应用服务，提供较粗粒度的调用接口，或者将用户请求委派给一个或多个应用服务进行处理。

2. 应用层

application 的代码目录结构有 event 和 service，如图 14-4 所示。

event（事件）：这层目录主要存放事件相关的代码。它包括两个子目录：publish 和 subscribe。前者主要存放事件发布相关代码，后者主要存放事件订阅相关代码。事件处理相关的核心业务逻辑在领域层实现。

图 14-4　应用层代码结构

应用层和领域层都可以进行事件发布。为了实现事件订阅的统一管理，建议你将微服务内所有事件订阅的相关代码都统一放到应用层。事件处理相关的核心业务逻辑实现可以放在领域层。通过应用层调用领域层服务，来实现完整的事件订阅处理流程。

service（应用服务）：这层的服务是应用服务。应用服务会对多个领域服务或其他微服务的应用服务进行封装、编排和组合，对外提供粗粒度的服务。你可以为每个聚合的应用服务设计一个应用服务类。

另外，在进行跨微服务调用时，部分 DO 对象需要转换成 DTO，所以应用层可能也会有用户接口层的 assembler 和 dto 对象。这时，你可以根据需要增加 assembler 和 dto 代码目录结构。

注意　对于多表关联的复杂查询，由于这种复杂查询不需要有领域逻辑和业务规则约束，因此不建议将这类复杂查询放在领域层的领域模型中。

你可以通过应用层的应用服务采用传统多表关联的 SQL 查询方式，也可以采用 CQRS 读写分离的方式完成数据查询操作。

---

3. 领域层

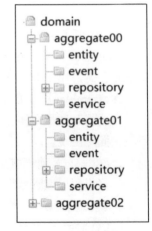

domain 下的目录结构是由一个或多个独立的聚合目录构成，每一个聚合是一个独立的业务功能单元，多个聚合共同实现领域模型的核心业务逻辑。

聚合内的代码模型是标准且统一的，它一般包括 entity、event、repository 和 service 四个子目录，如图 14-5 所示。

aggregate（聚合）：它是聚合目录的根目录，你可以根据实际项目的聚合名称来命名，比如将聚合命名为 "Person"。

聚合内实现高内聚的核心领域逻辑，聚合可以独立拆分为微服务，也可以根据领域模型的演变，在不同的微服务之间进行聚合代码重组。

将聚合所有的代码放在一个目录里的主要目的，不仅是为

图 14-5　领域层代码结构

了业务的高内聚，也是为了未来微服务之间聚合代码重组的便利性。有了清晰的聚合代码边界，你就可以轻松地实现以聚合为单位的微服务拆分和重组。

聚合之间的松耦合设计和清晰的代码边界，在微服务架构演进中具有非常重要的价值。

聚合内可以定义聚合根、实体和值对象以及领域服务等领域对象，一般包括以下目录结构。

- ❏ entity（实体）：它存放聚合根、实体和值对象等相关代码。实体类中除了业务属性，还有业务行为，也就是实体类中的方法。如果聚合内部实体或值对象比较多，你还可以再增加一级子目录加以区分。
- ❏ event（事件）：它存放事件实体以及与事件活动相关的业务逻辑代码。
- ❏ service（领域服务）：它存放领域服务、工厂服务等相关代码。一个领域服务是由多个实体组合出来的一段业务逻辑。你可以将聚合内所有领域服务都放在一个领域服务类中。如果有些领域服务的业务逻辑相对复杂，你也可以将一个领域服务设计为一个领域服务类，避免将所有领域服务代码都放在一个领域服务类中而出现代码臃肿的问题。领域服务可以封装多个实体或方法供上层应用服务调用。
- ❏ repository（仓储）：它存放仓储服务相关的代码。仓储模式通常包括仓储接口和仓储实现服务。它们一起完成聚合内 DO 领域对象的持久化，或基于聚合根 ID 查询，完成聚合内实体和值对象等 DO 领域对象的数据初始化。另外，仓储目录还会有持久化对象 PO，以及持久化实现逻辑相关代码，如 DAO 等。在仓储设计时有一个重要原则，就是一个聚合只能有一个仓储。

 注意 按照 DDD 分层架构，仓储本应该属于基础层。但为了在微服务架构演进时保证聚合代码重组的便利，这里将仓储相关代码也放到了领域层的聚合目录中。

这是因为聚合和仓储总是一对一的关系，将领域模型和仓储的代码组合在一起后，就是一个包含了领域层领域逻辑和基础层数据处理逻辑的聚合代码单元。一旦领域模型发生变化，当聚合需要在不同的限界上下文或微服务之间进行代码重组时，我们就可以以聚合代码包为单元，进行整体拆分或者迁移，轻松实现微服务架构演进。虽然领域相关的业务逻辑代码和基础资源处理相关的代码都在一个聚合代码目录下，但是聚合的核心业务逻辑仍然是通过调用仓储接口来访问基础资源的仓储实现处理逻辑，所以这样不会影响业务逻辑与基础资源逻辑的依赖倒置设计。

---

4. 基础层

infrastructure 的代码目录结构有 config 和 util 两个子目录，如图 14-6 所示。

- ❏ config：主要存放配置相关代码。
- ❏ util：主要存放平台、开发框架、消息、数据库、缓存、文件、总线、网关、第三方类库和通用算法等基础代码。

你可以为不同的资源类别建立不同的子目录。

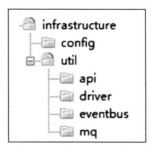

图 14-6 基础层代码结构

14.2.3 微服务总目录结构

完成一级和二级代码目录结构模型设计后，你就可以看到微服务代码模型目录结构的全貌了，如图 14-7 所示。这些代码虽然根据不同的职能分散到了不同的层和目录，但它们是在同一个微服务的工程内，作为一个微服务部署包进行整体发布和部署。

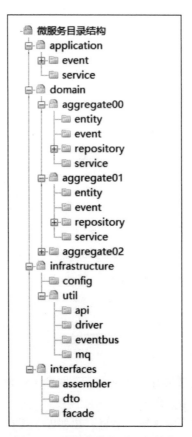

图 14-7 微服务代码总目录结构

14.3　本章小结

我们根据 DDD 分层架构模型，建立了微服务的标准代码模型。在代码模型里面，各层的代码对象各据其位、各司其职，共同协作完成微服务的业务逻辑。

关于微服务代码模型我还需要强调两点内容。

第一点，聚合之间的代码边界一定要清晰。聚合之间的服务调用和数据关联应该尽可能松耦合和低关联，聚合之间的服务调用应该通过上层的应用层组合实现调用，原则上不允许聚合之间直接调用领域服务。这种松耦合的聚合代码关联，在以后业务发展和需求变更时，可以很方便地实现业务功能和聚合代码的重组，在微服务架构演进中将会起到非常重要的作用。

第二点，一定要有代码分层的概念。有了分层的思想后，写代码时一定要搞清楚代码的职责，将它放在职责对应的代码目录内。应用层代码主要完成服务组合和编排，以及聚合之间的协作，它是很薄的一层，不应该有核心领域逻辑代码。领域层是领域模型的业务的核心，领域模型的核心逻辑代码一定要在领域层实现。如果将核心领域逻辑代码放到应用层，你的基于 DDD 分层架构模型的微服务可能会慢慢变回原来紧耦合的传统三层架构，这样是不利于未来微服务架构的演进的。

Chapter 15 第 15 章

如何保证领域模型与代码模型一致

至此，我们了解了如何用事件风暴来构建领域模型。在构建领域模型的过程中，我们会提取很多领域对象，比如聚合根、实体、值对象、命令和领域事件等。我们又根据 DDD 分层架构模型，建立了标准的微服务代码模型，为不同的代码对象定义了分层和目录结构。

但要想完成微服务的设计和落地，这之后其实还有一步，也是我们这一章的重点：将领域模型的领域对象映射到微服务代码模型中。

为什么这一步如此重要呢？因为这一步是从 DDD 战略设计向战术设计转换的关键步骤，也是设计微服务代码对象和建立代码对象依赖关系的非常关键的一步。

DDD 强调先构建领域模型然后设计微服务，以保证领域模型和微服务设计的一体性，因此我们不能脱离领域模型来谈微服务设计和落地。这也是为什么我一直强调领域模型重要性的关键原因。

15.1 领域对象的整理

随着微服务拆分完毕，领域模型的边界和领域对象就基本确定了。

我们要做的第一项重要工作就是，整理领域建模过程中产生的领域对象，将这些领域对象和它们的业务行为记录到表格中，如表 15-1 所示。

可以看到，表 15-1 里包含了领域模型、聚合、领域对象和领域类型四个维度。

一个领域模型会包含一到多个聚合。一个聚合会包含多个领域对象，每个领域对象都有自己的领域类型属性。领域类型属性主要有聚合根、实体、值对象、命令和领域事件等类型。

表 15-1　领域模型的领域对象清单

领域模型	聚合	领域对象	领域类型
个人客户	个人客户	个人客户	聚合根
		创建个人客户	命令
		修改个人客户	命令
		查询个人客户	命令
		个人客户已创建	领域事件
		地址	实体
		新增地址	命令
		修改地址	命令
	客户归并	待归并客户	实体
		创建归并客户清单	命令
		归并客户	命令
		客户已归并	领域事件
		拆分客户	命令

15.2　从领域模型到微服务落地

在构建领域模型时，我们往往是站在业务视角，重点关注业务场景和问题，不会过多考虑技术实现方案，有些领域对象还带着业务语言。所以我们还需要将领域模型作为微服务设计的输入，完成领域对象的设计和转换，让领域对象与代码对象建立映射关系，从而完成微服务的概要设计。

换句话说，从领域模型到微服务落地，我们还需要进一步的设计和分析。

领域建模时提取的领域对象，还需要经过进一步的用户故事或领域故事分析，完成微服务设计后，才能用于微服务开发。这个过程会比领域建模的过程更深入、更细致。

分析过程中我们主要关注以下内容：

❏ 分析微服务内有哪些服务？

❏ 服务所在的分层？

❏ 应用服务由哪些服务组合和编排完成？

❏ 领域服务包括哪些实体的业务逻辑？

❏ 采用充血模型的实体有哪些属性和方法？

❏ 有哪些值对象？

❏ 哪个实体是聚合根等？

最后梳理出所有的领域对象和它们之间的依赖关系。我们会给每个领域对象设计对应的代码对象，定义它们所在的软件包和代码目录。

微服务设计过程建议参与的角色有 DDD 专家、架构师、设计人员和开发经理等。

15.2.1　领域层的领域对象

事件风暴结束时，领域模型的聚合内一般会有聚合根、实体、值对象、命令和领域事件等领域对象。完成领域故事分析和微服务设计后，微服务的聚合内一般会有聚合根、实体、值对象、领域事件、领域服务、工厂和仓储、持久化对象等领域对象。这里的领域对象是一个广义的概念，它包括领域模型中的所有对象，而不仅仅是指实体等领域对象。

下面我们就来看一下这些领域对象是怎么分析得来的。

1. 设计聚合根

聚合根来源于领域模型，我们需要找出领域模型内与聚合根关联的所有实体和值对象。在个人客户聚合里，个人客户实体是聚合根，它可以关联并负责管理聚合内的地址、联系电话以及银行账号等实体的生命周期。

聚合根是一种特殊的实体，我们需要设计它的属性和方法。客户聚合根类有自己的实现方法，比如生成客户编码，新增和修改客户信息等方法。同时它也可以管理聚合内实体和值对象等领域对象的生命周期。聚合根可以引用聚合内的所有实体，也可以实现聚合之间的基于聚合根 ID 的引用。

聚合根类放在领域层聚合的 entity 目录结构下。

2. 设计实体

在 DDD 分层架构里，实体类采用充血模型，在实体类内实现实体的全部业务逻辑。这些实体有自己的业务属性、方法和业务行为。

我们需要分析并设计出这些实体的属性、关联的实体和值对象以及业务行为对应的方法。比如地址实体有新增和修改地址的方法，银行账号实体有新增和修改银行账号的方法。

另外，实体还需要完成持久化操作，所以我们还可以建立实体与持久化对象的关系。大多数情况下，领域模型的实体对象与数据库持久化对象是一一对应的。但领域模型的某些实体在微服务设计时，可能会被设计为一个或多个数据持久化实体，或者实体的某些属性会被设计为值对象。

还有些领域对象在领域建模时不太容易被我们发现，所以在微服务设计时，我们需要根据更详细的需求将其识别和设计出来。

实体类代码对象放在领域层聚合的 entity 目录结构下。

3. 设计值对象

一般，在用事件风暴构建领域模型时，我们不需要严格区分 DO 对象是实体还是值对象。但是在从领域模型映射到代码模型以完成微服务设计时，我们需要根据具体的业务场景将它们区分为实体和值对象，将某些属性或属性集设计为值对象。

有些领域对象既可以设计为值对象，也可以设计为实体。我们需要根据具体情况进行分析。如果这个领域对象在其他聚合内进行生命周期管理，并且引用它的实体对象只允许对它整体替换，我们就可以将它设计为值对象。如果这个领域对象有多条数据记录且需要基于它进行频繁的查询统计，则建议将它设计为实体。

在个人客户聚合中，客户拥有客户证件类型，它以枚举值的形式存在。一般我们可以将枚举值类型的属性设计为值对象。

值对象类放在领域层聚合的 entity 目录结构下。如果值对象比较多，你也可以在 entity 目录下再增加一个值对象代码目录结构。

4. 设计领域事件

如果领域模型中领域事件会触发下一步业务操作，那么我们就需要设计领域事件了。

首先确定领域事件是发生在微服务内还是微服务之间，判断是否需要引入事件总线或消息中间件。

然后设计事件实体对象、事件的发布和订阅机制，以及事件的处理机制。

在个人客户聚合中有客户已创建的领域事件，因此就有客户已创建事件这个实体。

领域事件实体类放在领域层聚合的 event 目录结构下。领域事件的订阅建议放在应用层的 event 目录结构下。领域事件发布相关代码放在领域层或者应用层都是可以的。

5. 设计领域服务

如果领域模型里面的一个业务动作或行为需要多个实体协同完成，我们就需要设计领域服务。

领域服务通过对多个实体和实体方法进行组合和编排，完成多个实体组合的核心业务逻辑。你也可以认为领域服务是位于实体方法之上和应用服务之下的一层业务逻辑。

按照严格分层架构层的依赖关系，如果实体的方法需要暴露给应用层，它需要封装成领域服务后才可以被应用服务调用。所以如果实体方法需要被前端应用调用，我们需要将它封装成领域服务，然后再封装为应用服务。

个人客户聚合根创建个人客户信息的方法，会被封装为创建个人客户信息领域服务，然后再被封装为创建个人客户信息应用服务，最后会被封装成 facade 接口发布到 API 网关，向前端应用暴露。

跨多实体的业务逻辑在聚合根方法和领域服务中都可以实现。建议你将这类业务逻辑尽量放在领域服务中实现，避免聚合根内的业务逻辑过于庞杂。

一个聚合可以建立一个领域服务类，你可以将聚合中所有的领域服务都在这个领域服务类中实现。

领域服务类放在领域层聚合的 service 目录结构下。

6. 设计工厂和仓储

一个聚合只有一个仓储。仓储包括仓储接口和仓储实现，通过依赖倒置原则实现应用业务逻辑与数据库资源逻辑的解耦。

个人客户聚合可以通过工厂和仓储模式两者组合，完成聚合内实体和值对象等 DO 对象的构建、数据初始化和持久化。

工厂类（factory）放在领域层聚合的 service 目录结构下。仓储相关代码放在领域层聚合的 repository 目录结构下。

7. 设计持久化对象

持久化对象 PO 主要完成 DO 对象的数据库持久化操作，PO 一般与数据库表是一对一的关系。持久化对象设计过程的本质就是完成从领域模型到数据模型的设计过程。

大多数情况下实体对象与 PO 是一对一的关系，但为了简化数据库设计，减少数据库表的数量，值对象往往以属性嵌入方式或序列化大对象方式嵌入实体表中，详见 7.3 节。

因此在持久化对象 PO 设计时，我们需要考虑实体或值对象等 DO 对象与 PO 对象的映射关系。在持久化之前，我们采用工厂模式完成从 DO 对象到 PO 对象的转换，然后采用仓储模式完成 DO 对象的持久化操作。

持久化对象 PO 相关代码放在领域层聚合的 repository 目录结构下。

15.2.2　应用层的领域对象

应用层主要有应用服务和领域事件的发布和订阅。

在事件风暴或领域故事分析时，我们往往会根据外部用户或系统发起的命令，来设计服务或实体方法。为了响应这个命令，我们需要分析和记录以下内容。

❏ 在应用层和领域层分别会发生哪些业务行为？

❏ 各层分别需要设计哪些服务或者方法？

❏ 这些业务行为需要哪些聚合协同，需要哪些领域服务？

❏ 这些方法和服务所在的分层以及领域类型（比如实体方法、领域服务和应用服务等）是什么，它们之间的调用和组合的依赖关系是什么？

在严格分层架构模式下，不允许服务的跨层调用，每个服务只能调用它紧邻的下一层服务。服务从下到上依次为：实体方法、领域服务、应用服务和 facade 接口。

如果需要实现服务的跨层调用，应该怎么处理？建议采用服务逐层封装的方式。我们看一下图 15-1，服务封装主要有以下几种方式。

1. 实体方法的封装

实体的方法是最底层的实体的原子业务逻辑，它体现的是实体的业务行为。

在采用严格分层架构时，如果实体方法需要被应用服务调用，你可以将它封装成领域服务。这样领域服务就可以被应用服务组合和编排了。如果它还需要被用户接口层调用，你还需要将这个领域服务封装成应用服务。

经过逐层服务的封装，实体方法就可以暴露给上面不同的层，实现跨层调用了。

2. 领域服务的组合和封装

领域服务主要完成对多个实体和实体方法的组合和编排，供应用服务调用。

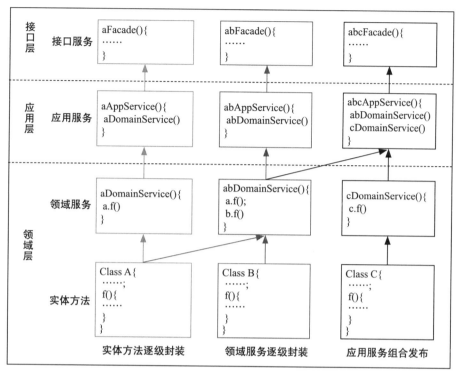

图 15-1　服务的封装方式

如果领域服务需要暴露给用户接口层，领域服务就需要封装成应用服务。

3. 应用服务的组合和编排

应用服务会对多个领域服务进行组合和编排，在用户接口层完成服务和数据封装后，就可以发布到 API 网关，供前端应用调用。

在应用服务组合和编排时，你需要关注一个现象：多个应用服务可能会对多个同样的领域服务重复进行同样业务逻辑的组合和编排。当出现这种情况时，你就需要分析这些领域服务是不是应该进行沉淀和演进了。

此时，你可以将这几个不断被重复组合的领域服务在领域层组合成新的领域服务。这样既省去了应用服务的反复编排，也实现了领域服务的演进。领域模型也会变得越来越精炼，更能适应业务的要求。

应用服务类放在应用层 service 目录结构下。领域事件的订阅处理逻辑放在应用层 event 目录结构下。

关于服务类的命名，你可以参考以下规则。如果为一个聚合设计一个服务类，那么服务前面的名称就可以与聚合名保持一致，然后你可以用 *DomainService 或 *AppService 作为后缀，来区分它们是领域服务还是应用服务。比如，对于 Person 聚合，用 PersonDomainService 命名领域服务类，用 PersonAppService 命名应用服务类。

15.2.3　领域对象与代码对象的映射

在完成微服务各层领域对象的分析和设计后，我们就可以建立领域对象与微服务代码对象的映射关系了。

1. 富领域模型

在个人客户领域模型中有个人客户聚合，聚合内有多个实体、值对象以及它的聚合根，我们可以很容易地建立聚合根与实体和值对象的依赖关系。这种领域模型是富领域模型。

我们在对个人客户聚合进一步分析后，找到了个人客户这个聚合根，设计了客户类型值对象，以及电话、地址、银行账号等实体，为实体方法和服务做了封装和分层，建立了领域对象的关联和依赖关系，完成了仓储服务等设计，如表 15-2 所示。注意，最关键的是，这个过程我们建立了领域对象与微服务代码对象的映射关系。

表 15-2　领域对象与微服务代码对象的映射

层	聚合	领域对象	领域类型	包名	类名	方法名
应用层	—	个人客户应用服务	应用服务	*.individual.application.service	PersonApplicationService	若干
	—	个人客户已创建	事件发布	*.individual.application.event.publish	PersonEventPublish	
领域层	个人客户	个人客户	聚合根	*.individual.domain.person.entity	Person	
		创建个人客户	方法	*.individual.domain.person.entity	Person	createPerson
		修改个人客户	方法	*.individual.domain.person.entity	Person	updatePerson
		个人客户领域服务	领域服务	*.individual.domain.person.service	PersonDomainService	若干
		客户类型	值对象	*.individual.domain.person.entity	PersonType	
		地址	实体	*.individual.domain.person.entity	Address	
		联系电话	实体	*.individual.domain.person.entity	PhoneNumber	
		银行账号	实体	*.individual.domain.person.entity	BankAccount	
		个人客户已创建事件实体	领域事件	*.individual.domain.person.event	PersonEvent	
		客户仓储接口	仓储接口	*.individual.domain.person.repository	PersonRepositoryInterface	若干
		客户仓储实现	仓储实现	*.individual.domain.person.repository	PersonRepositoryImplement	若干
		……	……	……	……	……

下面对表 15-2 中的各栏做一个简要说明。

❑ **层**：定义领域对象位于分层架构中的哪一层，比如用户接口层、应用层、领域层和基础层等。

❑ **领域对象**：领域模型中领域对象的具体名称。

❑ **领域类型**：根据 DDD 知识体系定义的领域对象的属性或类型，如限界上下文、聚合、聚合根、实体、值对象、领域事件、方法、应用服务、领域服务和仓储服务等。

❑ **包名**：代码模型中的包名，对应代码对象所在的代码目录。

❑ **类名**：代码模型中的类名，对应代码对象的类名。

❑ **方法名**：代码模型中的方法名，对应代码对象的方法名。

另外，我们还可以建立这些对象的依赖关系或在不同分层的服务之间的调用依赖关系等。

在建立这种领域对象与代码对象的映射关系后，我们就可以得到领域对象在微服务中的代码结构了，如图 15-2 所示。

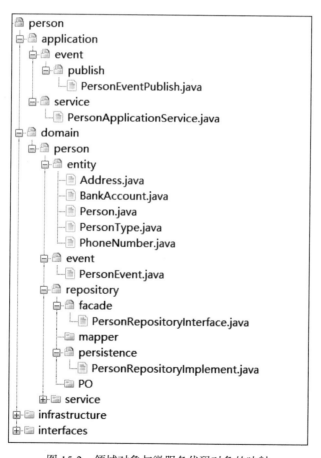

图 15-2　领域对象与微服务代码对象的映射

2. 贫领域模型

有些业务场景可能并不能如你所愿，这类业务有多个实体，实体之间相互独立、互不依赖，是一种松耦合的关系，它们主要参与分析或者计算，你找不出聚合根。这种领域模型是贫领域模型。

就业务本身来说它们是高内聚的，它们所组合的业务能力与其他聚合在一个限界上下文内，你也不大可能将它单独设计为一个微服务。这种业务场景其实很常见。比如，在个人客户领域模型内有客户归并的功能，它扫描所有客户数据，按照身份证号码、电话号码等是否重复的业务规则，判断是否是重复的客户，然后对重复的客户进行归并。在这种业务场景你就找不到聚合根！

那对于这类贫领域模型的场景，应该如何处理呢？

我们仍然可以借鉴聚合的设计思想，用聚合来定义这部分功能，并采用与富领域模型同样的分析方法，建立实体的属性和方法，对方法和服务进行封装和分层设计，设计仓储，建立领域对象之间的依赖关系。

唯一可惜的就是我们找不到聚合根。不过也没关系，除了聚合根管理功能外，我们仍然可以用 DDD 的其他设计方法。

15.3　本章小结

从领域模型到微服务设计，是微服务落地过程中非常关键的一步。这个过程也是建立业务和技术关联的关键设计过程。

你需要从微服务代码模型的角度，对领域模型做更深入、更细致的分析，为领域对象分层，找出各个领域对象的依赖关系，建立领域对象与微服务代码对象的映射关系，保证领域模型与代码模型的一致性，最终完成微服务设计。

在建立这种业务模型与微服务系统架构的关系后，整个项目团队就可以在统一的通用语言下工作，按照统一的代码规范完成微服务开发。即使是不熟悉业务的开发人员，或者不熟悉代码的业务人员，也能很快找到业务逻辑的代码目录位置。

如何实现微服务的架构演进

在进行微服务设计时，我们可以通过事件风暴来确定领域模型的限界上下文边界，划定微服务边界，定义业务和系统运行边界，从而保证微服务的单一职责和随需而变的架构演进能力。

重点落到边界时，微服务的设计会涉及逻辑边界、物理边界和代码边界等。

那么这些边界在微服务架构演进中到底起到什么样的作用？我们又该如何理解这些边界呢？这是我们本章要重点解决的问题。

16.1 演进式架构

在微服务设计和实施的过程中，可能会有很多人认为："将单体拆分成多少个微服务，是微服务的设计重点。"

可事实真是这样吗？其实并非如此！

Martin Fowler 在提出微服务时，他提到了微服务的一个重要特征：演进式架构。

演进式架构以支持增量的、非破坏的变更作为第一原则，同时支持在应用程序结构层面的多维度变化。

那如何判断微服务设计是否合理呢？其实很简单，你只需要看它是否满足这样的情形就可以了。即随着业务的发展或需求变更，在领域模型和微服务不断被重新拆分，或者组合成新的微服务过程中，不会大幅增加软件开发和维护的成本，并且这个架构演进的过程是非常轻松和简单的。这才是微服务设计的重点，也是企业在微服务设计时最应该关心的问题。

微服务设计是否合理，我们关键要看它能否支持微服务架构的长期、轻松的演进。毕竟，我们不能每次遇到大的业务模式变化时都去推倒重做！

16.2　我们设计的是微服务还是小单体

有些项目团队在将集中式单体应用拆分为微服务时，并不是先建立领域模型，而是按照业务功能将原来的单体应用，从一个软件包拆分成多个所谓的"微服务"软件包。这些"微服务"内的代码仍然采用三层架构的设计模式，即这些代码依然高度耦合，逻辑边界不清晰，我们暂且称它为"小单体微服务"。

在从单体向微服务演进的过程中，我们是需要边界清晰的微服务呢？还是需要很多很多的小单体微服务呢？图 16-1 很好地展示了这个过程。

图 16-1　我们需要微服务还是小泥球

随着新需求的提出和业务的发展，这些"小单体微服务"会慢慢膨胀起来。

当有一天这些膨胀了的小单体有一部分业务功能需要拆分出去，或者部分功能需要与其他微服务进行重组时，你会发现这些看似边界清晰的微服务，不知不觉已经变成了一个"臃肿油腻"的大单体了。在这个单体内，代码依然是高度耦合且边界不清晰的。这个时候你又需要一遍又一遍地，重复着从大单体向小单体的重构过程。想想，这个代价是不是有点高了呢？

其实问题已经很明显了，那就是边界不清晰。这种单体式微服务只是定义了一个维度的边界，就是微服务之间的物理边界。虽然我们对它进行了分布式技术架构的升级，给它披上了一件微服务架构的外衣，但本质上它依然停留在单体架构的设计思维上。微服务设计时要考虑的，不仅仅只有这一层微服务之间的物理边界，还需要定义好微服务内的逻辑边界和代码边界，这样才能得到你想要的结果。

现在你知道了，我们要避免将微服务设计为小单体。那应该如何设计才能避免将微服务设计成小单体呢？清晰的边界人人都想要，可是究竟应该如何实现呢？DDD 已然给出了答案。

用 DDD 方法设计的微服务，不仅可以通过限界上下文和聚合，实现微服务内外的解耦，同时也可以很容易地实现微服务积木式模块化的重组，支持微服务的架构演进。

16.3　微服务边界的作用

你应该还记得 DDD 方法里的限界上下文和聚合吧？它们就是用来定义领域模型和微服务边界的。我们再来回顾一下 DDD 的设计过程。

在领域建模时，我们会梳理出业务过程中的用户操作、事件以及外部依赖关系等，根据这些要素梳理出实体等领域对象，再根据实体对象之间的业务关联性，将业务紧密相关的多个实体进行组合形成聚合。这里聚合之间就形成了第一层边界。然后根据业务及语义边界等因素将一个或者多个聚合划定在一个限界上下文内，构建领域模型。这里限界上下文之间的边界就形成了第二层边界。

为了方便理解，我们将这些边界分为：逻辑边界、物理边界和代码边界。

1. 逻辑边界

逻辑边界主要定义同一业务领域或微服务内，紧密依赖的领域对象所组成的不同聚合之间的边界。微服务内聚合的边界就是逻辑边界。一般来说微服务会有一个以上的聚合。在开发时，不同聚合的代码会被隔离在不同的聚合代码目录中。

聚合之间的逻辑边界，在微服务设计和架构演进中具有非常重要的意义！

微服务架构的演进并不是随心所欲的，也需要遵循一定的规则，这个规则就是逻辑边界。当业务模型发生大的变化时，在业务端可以以聚合为单位进行领域模型的重组，在应用端可以以聚合的代码目录为单位，进行微服务代码的重构。

由于按照 DDD 方法设计的微服务逻辑边界清晰，业务高内聚，聚合之间松耦合，聚合之间代码目录结构边界清晰，因此在领域模型和微服务代码重构时，我们就不需要花费太多的时间和精力了。

现在我们来看一个微服务实例。在图 16-2 中，我们可以看到微服务里包含了两个聚合的业务逻辑。这两个聚合分别内聚了各自不同的业务能力，聚合内的代码也分别归到了不同的聚合目录下。

随着业务的快速发展，如果微服务需要将部分高频的业务能力独立出去，我们就可以以这段业务逻辑所在的聚合为单位，将聚合目录下的所有代码整体独立拆分为一个新的微服务。这样是不是就很容易地完成了微服务的拆分呢？

另外，我们也可以对多个微服务，存在相似功能的聚合进行功能和代码重组，组合为新的聚合或微服务，独立为通用的微服务。这个功能沉淀的过程是不是有点做中台的感觉呢？

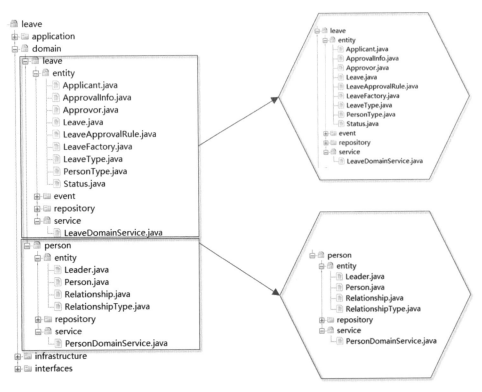

图 16-2　基于聚合的微服务代码拆分

2. 物理边界

物理边界主要是从部署和运行的视角来定义微服务之间的边界。不同微服务部署位置和运行环境相互物理隔离，分别运行在不同的 JVM 中。这种边界有别于同一个微服务内聚合之间的逻辑边界，不同微服务可以独立开发、测试、构建和部署，它们在物理上是相互独立的。

为了实现微服务的解耦，应尽量减少微服务之间的同步服务调用，优先采用领域事件驱动（DDD）机制，采用数据最终一致性。

3. 代码边界

代码边界主要用于微服务内不同职能代码之间的隔离。

在微服务开发过程中，我们根据代码模型建立相应的微服务代码目录，实现不同功能代码边界的隔离。由于领域模型与代码模型的映射关系，代码边界会直接体现为业务边界。代码边界可以控制代码重组的影响范围，避免业务和服务之间的相互影响。

我们在进行微服务代码目录设计时，已经根据聚合这个逻辑边界进行代码结构边界的设计，将同一个聚合的领域层核心业务逻辑代码与基础资源逻辑代码控制在一个聚合代码目录中。当领域模型出现变化，微服务需要进行功能重组时，我们只需要以聚合代码目录为单位进行代码重组就可以了。由于聚合内部高内聚，聚合之间低耦合的特点，在进行聚合重组时，就不需要考虑聚合之间的代码和服务解耦了，因此微服务的功能和代码演进过程会非常容易。

16.4　正确理解微服务的边界

从上述内容中我们了解到，按照 DDD 设计的微服务逻辑边界和代码边界可以简化微服务架构演进过程。

微服务的拆分可以参考领域模型的限界上下文，也可以参考聚合逻辑边界。因为聚合是可以拆分为微服务的最小业务单元。那么，实施过程是否一定要做到逻辑边界与物理边界一致呢？或者说，聚合是否也一定要拆分成微服务呢？

答案是不一定，这里要考虑微服务过度拆分的问题。

微服务的过度拆分会使软件维护成本上升，比如：集成成本、版本发布成本、运维成本以及监控和定位问题的成本等。

在项目建设初期，如果不具备微服务的服务治理和运维能力，不宜将应用拆分得过细，我们甚至可以按照 DDD 方法将它设计为单体应用。由于按照 DDD 方法设计的单体应用的逻辑和代码边界非常清晰，在企业具备微服务运行的条件以后，我们可以随时根据需要将单体应用按照限界上下文边界组合聚合，并拆分为新的微服务，完成从逻辑边界到物理边界的拆分，实现微服务架构的演进。

当然，还要记住一点，微服务内聚合之间的服务调用和数据依赖，也需要符合"高内聚，松耦合"设计原则和开发规范，否则你也不能很快完成微服务架构演进。

16.5　本章小结

微服务的边界在架构演进中有非常重要的作用，我们可以将这些边界分为三类。

- ❑ 逻辑边界：微服务内聚合之间的边界是逻辑边界。它是一个虚拟的边界，强调业务的内聚性，可根据需要拆分为物理边界。也就是说聚合也可以独立为微服务，但不建议过度拆分。
- ❑ 物理边界：微服务之间的边界是物理边界。它强调微服务部署和运行的隔离，关注微服务的服务调用、容错和运行等。
- ❑ 代码边界：不同层或者聚合之间代码目录的边界是代码边界。它强调的是不同职责代码之间的隔离，方便架构演进时代码的重组和不同层的解耦。

通过定义上述边界，我们可以实现业务的高内聚和代码的松耦合。

清晰的边界，可以快速实现微服务代码的重组，轻松实现微服务的架构演进。但要记住一点：在从单体应用向微服务架构演进时，我们需要的是边界清晰的微服务，而不是从一个大单体向多个分布式小单体的演进。

服务和数据在微服务各层的协作

DDD 分层架构确定了微服务的总体架构。在微服务代码模型里，我们根据领域模型里领域对象的属性和依赖关系，将领域对象进行了分层，定义了与之对应的代码对象和代码目录结构。微服务内的主要对象有服务和实体等，它们共同协作完成业务逻辑。

那在运行过程中，这些服务和实体在微服务各层具体是如何协作的呢？下面我们就来解剖一下基于 DDD 分层架构的微服务，看看它的内部到底是怎样运作的？

17.1 服务视图

在微服务内有很多不同类型的服务，它们的实现方式不同，承担的职能也不同。它们连接微服务内不同的层，实现微服务之间的服务访问和协作。下面我们来分析一下这些服务的调用、组合和封装关系以及它们之间的依赖关系。

17.1.1 服务的类型

我们先来回顾一下 DDD 分层架构中的服务。按照分层架构设计出来的微服务，其内部主要有 facade 接口服务、应用服务、领域服务和基础服务。各层服务的主要功能和职责如下。

facade 接口服务：位于用户接口层，包括接口和实现两部分。用于处理用户发送的 RESTful 请求和解析用户输入的配置文件等，并将数据传递给应用层。完成应用服务封装，将 DO 组装成 DTO，并将数据传递给前端应用。

应用服务：位于应用层。用来表述应用和用户行为，负责服务的组合、编排和转发，负责处理业务用例的执行顺序和结果拼装，对外提供粗粒度的服务。

领域服务：位于领域层。领域服务封装核心的业务逻辑，实现需要多个实体协作的核心领域逻辑。它对多个实体或实体方法的业务逻辑进行组合或编排。或者在严格分层架构中对实体的方法进行封装，以领域服务的方式供应用层调用。

基础服务：位于基础层。提供基础资源服务（比如数据库、缓存等），实现各层的解耦，降低外部资源变化对业务应用逻辑的影响。基础服务主要为仓储服务，通过依赖倒置原则提供基础资源服务。领域服务和应用服务都可以调用仓储接口服务，通过仓储实现服务实现数据持久化。

17.1.2 服务的调用

微服务的服务调用包括三类主要应用场景：微服务内跨层服务调用、微服务之间服务调用和领域事件驱动，如图 17-1 所示。

1. 微服务内跨层服务调用

微服务架构往往采用前后端分离的设计模式。前端应用实现前端页面逻辑，后端微服务实现核心领域逻辑，前后端应用分别独立部署。前端应用调用发布在 API 网关上的 facade 接口服务，facade 接口服务定向到应用服务。

在微服务内，应用服务作为服务的组织者和编排者，它的服务调用有两种路径。

第一种是应用服务调用并组装领域服务。此时领域服务会组装实体和实体方法，实现核心领域逻辑。领域服务通过工厂服务和仓储接口，访问仓储实现获取持久化数据对象，完成实体构建和数据初始化。

第二种是应用服务直接调用仓储服务。这种方式主要针对类似缓存或文件等类型的基础层数据访问，或者涉及多表关联的复杂数据查询操作。这些数据查询类操作，由于没有太多需要进行业务规则控制的领域逻辑，所以不需要经过领域层。

2. 微服务之间的服务调用

对于实时性要求高的场景，微服务中应用服务可以通过 API 网关，访问其他微服务的应用服务，采用同步方式实现数据强一致性。

注意，在涉及跨微服务的数据新增和修改操作时，你需要关注分布式事务，保证数据的强一致性。但是这样微服务之间的依赖和耦合度就比较高了，也会影响应用的性能，所以一般优先选择领域事件驱动的数据最终一致性机制。

3. 领域事件驱动

领域事件驱动是一种特殊的、异步化的调用方式，它包括微服务内和微服务之间的领域事件。微服务内的领域事件通过事件总线完成聚合之间的异步处理。微服务之间的领域事件通过消息中间件完成。

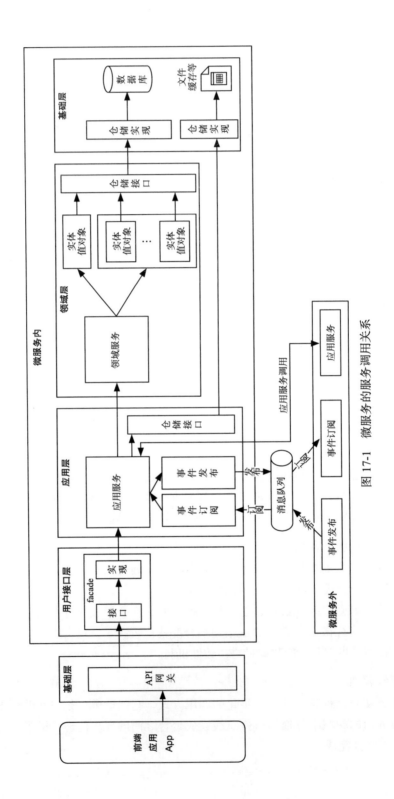

图 17-1 微服务的服务调用关系

如果发生领域事件，当业务逻辑处理完成后，可调用事件发布服务，完成事件发布。

事件订阅服务接收到订阅的主题数据时，会调用事件处理领域服务，完成进一步的业务操作。

对于实时性要求不高的场景，建议优先采用领域事件驱动设计方式，通过异步方式实现数据最终一致性。

17.1.3　服务的封装与组合

微服务的服务是从领域层逐级向上封装、组合和暴露的，如图 17-2 所示。

1. 基础层

基础层的服务形态主要是仓储服务。仓储服务包括仓储接口和仓储实现两部分。仓储接口服务可以供应用层或者领域层服务或方法调用。仓储实现服务完成领域对象的持久化或提供数据初始化所需要的 PO 数据。

2. 领域层

领域层实现核心业务逻辑，负责表达领域模型业务概念、业务状态和业务规则。领域层主要服务的形态有实体方法和领域服务。

实体采用充血模型，在实体类内部实现实体相关的所有业务逻辑，具体实现形式是实体类中的方法。实体是微服务内的原子业务对象，在设计时我们主要考虑实体自身的属性和业务行为，实现领域模型的核心基础能力，这是一种面向对象的编程方法。实体方法不会过多考虑外部操作和业务流程，这样才能保证领域模型的稳定性。

DDD 提倡富领域模型，尽量将业务逻辑归属到实体对象上，实在无法归属的部分则设计成领域服务。领域服务会对多个实体或实体方法进行组装和编排，实现跨多个实体的复杂核心业务逻辑。你也可以认为领域服务是介于实体和应用服务之间的薄薄的一层。它的主要职能是实现领域层复杂核心领域逻辑的组合和封装。

采用严格分层架构时，实体方法如果需要对应用层暴露，则需要通过领域服务封装后才能暴露给应用服务。

3. 应用层

应用层主要面向前端应用和用户，根据前端用例和流程要求，通过服务组合和编排实现粗粒度的业务行为。应用层主要服务形态有：应用服务和事件订阅服务。

应用服务负责服务的组合、编排和转发，负责处理业务用例的执行顺序和结果的拼装，负责不同聚合之间的服务和数据协调。通过应用服务对外暴露微服务的内部核心领域功能，可以隐藏领域层核心业务逻辑的复杂性和内部的实现机制。

应用服务用于组合和编排的服务，主要来源于领域服务，也可以来源于外部微服务的应用服务。除了完成服务的组合和编排外，应用服务内还可以完成安全认证、权限校验、初步的数据校验和分布式事务控制等功能。

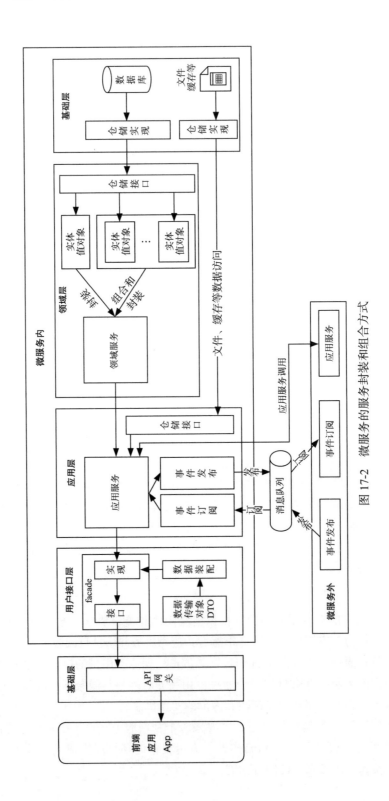

图 17-2 微服务的服务封装和组合方式

另外，应用层也可以完成微服务之间的事件发布和订阅操作。

> 💡 提示　为了实现微服务内聚合的解耦，原则上我们应该尽量避免聚合之间的领域服务直接调用和聚合之间的数据库表关联。聚合之间的服务调用和数据交互，可通过应用服务完成。

4. 用户接口层

用户接口层是前端应用和微服务之间服务访问和数据交换的桥梁。用户接口层的主要服务形态是 facade 接口服务。

facade 接口服务处理前端发送的 RESTful 请求和解析用户输入的配置文件等，将数据传递给应用层。或者获取应用服务的数据后，进行数据组装，向前端提供数据服务。

facade 接口服务分为接口和实现两个部分，完成服务定向。通过 assembler 组装器，完成 DO 与 DTO 数据的转换和组装，完成前端应用与应用层数据的转换和交换。

facade 接口服务本质上就是端口适配器架构模型中的适配器，面向前端应用和用户提供主动适配。

17.1.4 两种分层架构的服务依赖关系

现在我们回顾一下 DDD 分层架构。分层架构有一个重要的原则：每层只能与位于其下方的层发生耦合。

前面 10.1.5 节提到，根据耦合的紧密程度，分层架构可以分为两种：松散分层架构和严格分层架构。在松散分层架构中，任何层都可以与其任意下方的层发生依赖。在严格分层架构中，任何层只能与位于其直接下方的层发生依赖。

下面我们来详细分析和比较一下这两种分层架构。

1. 松散分层架构的服务依赖

在松散分层架构中，领域层的实体方法和领域服务可以直接暴露给应用层和用户接口层。在松散分层架构中，只需要满足上层服务依赖下层的要求就可以了，可以跨层调用，无须逐级封装。因此下层服务可以快速跨级暴露给上层，各层的服务调用依赖关系如图 17-3 所示。

但这种松散的服务访问方式存在一些问题。

1）容易暴露领域层核心业务的实现逻辑。

2）当实体方法或领域服务发生服务变更时，由于下层服务同时被多层服务调用和组合，不容易找出哪些上层服务调用和组合了它，不方便通知和修改所有的服务调用方。

3）如果应用服务过多地直接访问实体或实体的方法，就很容易在应用层沉淀太多的领

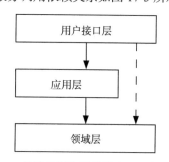

图 17-3　松散分层架构的服务调用依赖关系

域逻辑。如果过多地封装了同一个聚合的多个实体，就容易混淆应用层和领域层的边界。如果封装的是不同聚合的实体，则会让不同的聚合在应用层发生耦合，不利于微服务架构的演进。

我们一起来看一下图 17-4，通过图示了解松散分层架构的服务组合和封装方式。

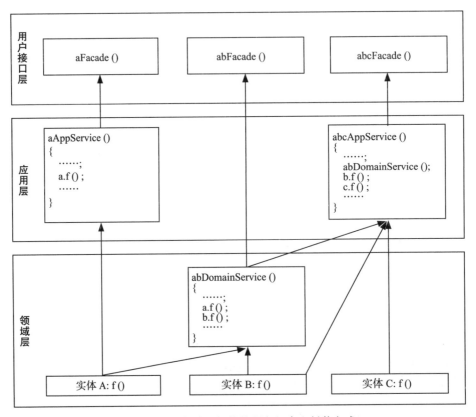

图 17-4　松散分层架构的服务组合和封装方式

如图 17-4 所示，在松散分层架构中，实体 A 的方法可以越过领域服务，在应用层组合和封装成应用服务 aAppService，然后直接暴露给用户接口层 aFacade。

此时，如果 aAppService 同时跨层调用了领域层同一个聚合的多个实体或方法，就会出现问题，因为组合多个实体的工作应该是领域服务的职能。更进一步地，如果 aAppService 同时跨层调用了领域层的多个聚合的实体或方法，这样不同聚合在应用层就会产生不同聚合的对象依赖和紧耦合，聚合之间就会产生强依赖。

另外，我们还可以看到 abDomainService 领域服务也越过了应用层，直接暴露给了用户接口层 abFacade 服务。

考虑到松散分层架构中任意下层服务都可以暴露给上层服务，基于以上分析和存在的问题，不建议采用松散分层架构的封装模式。

2. 严格分层架构的服务依赖

在严格分层架构中，每一层服务只能向其直接上一层提供服务。虽然实体、实体方法和领域服务都在领域层，但实体和实体方法只能暴露给领域服务，领域服务只能暴露给应用服务，各层服务调用依赖关系如图 17-5 所示。

在严格分层架构中，如果需要跨层调用服务，下层服务需要在上层封装后，才可以提供跨层服务调用。比如，实体方法如果需要向应用服务提供服务，它需要先封装成领域服务。

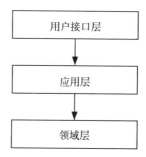

图 17-5　严格分层架构的服务调用依赖关系

这是因为通过封装你可以避免将核心业务逻辑的实现暴露给外部，将实体和方法封装成领域服务，也可以避免在应用层沉淀过多的本该属于领域层的核心业务逻辑，避免应用层变得臃肿，导致领域模型失焦。

此外，当服务发生变更时，由于服务只被紧邻上层的服务调用和组合，你只需要逐级告知紧邻的上层就可以了，其服务可管理性优于松散分层架构。

在图 17-6 中，我们看到 A 实体的方法封装成领域服务 aDomainService 后暴露给应用服务 aAppService。abDomainService 领域服务组合和封装 A 和 B 实体的方法后，暴露给应用服务 abAppService。

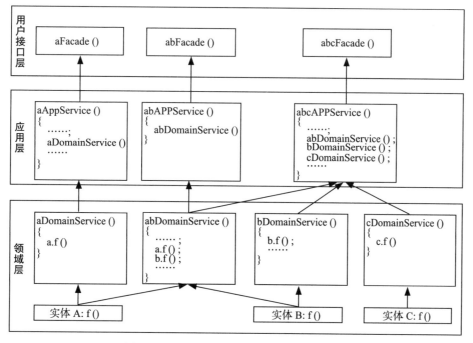

图 17-6　严格分层架构服务组合和封装方式

在严格分层架构中，服务需要逐层组合和封装。虽然这种方式会增加封装的工作量，但是服务边界却很清晰，服务的依赖关系也相对可控。

17.2 数据视图

在 DDD 中有很多实体和数据对象，这些对象分布在不同的层里。它们在不同的阶段有不同的形态，分别承担不同的职能。第 7 章已详细讲解了实体和值对象在不同阶段的形态，这里不再赘述。

我们先来看一下微服务内有哪些类型的数据对象。

❏ 数据持久化对象 (Persistent Object，PO)，与数据库结构一一映射，它是数据持久化过程中的数据载体。

❏ 领域对象（Domain Object，DO），微服务运行时核心业务对象的载体，DO 一般包括实体或值对象。

❏ 数据传输对象（Data Transfer Object，DTO），用于前端应用与微服务应用层或者微服务之间的数据组装和传输，是应用之间数据传输的载体。

❏ 视图对象（View Object，VO），用于封装展示层指定页面或组件的数据。

这些数据对象又是如何协作和转换的？下面我们通过图 17-7 来具体了解微服务各层数据对象的职责和转换过程。

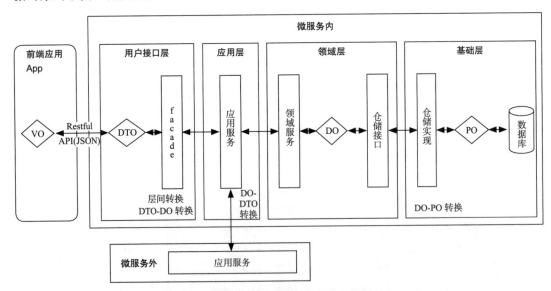

图 17-7 微服务不同层的数据形态和数据转换

1. 基础层

微服务基础层的主要数据对象是 PO。在设计时，我们需要先建立 DO 和 PO 的映射关系。大多数情况下 DO 和 PO 是一一对应的。但也有 DO 和 PO 多对多的情况，在这种情况下，在 DO 和 PO 数据转换时，需要进行数据重组。对于 DO 对象较复杂的数据转换操作，你可以在聚合内用工厂模式来实现。

当 DO 数据需要持久化时，先将 DO 转换为 PO 对象，由仓储实现服务完成数据库持久化操作。

当 DO 需要构建和数据初始化时，由仓储实现服务先从数据库获取 PO 对象，将 PO 转换为 DO 后，再完成 DO 数据构建和初始化。

2. 领域层

领域层主要是 DO 对象。DO 是实体和值对象的数据和业务行为载体，承载着基础的核心业务逻辑，多个依赖紧密的 DO 对象构成聚合。领域层 DO 对象在持久化时需要转换为 PO 对象。

3. 应用层

应用层主要对象有 DO 对象，但也可能会有 DTO 对象。应用层在进行不同聚合的领域服务编排时，一般建议采用聚合根 ID 的引用方式，应尽量避免不同聚合之间的 DO 对象直接引用，避免聚合之间产生依赖。

在涉及跨微服务的应用服务调用时，在调用其他微服务的应用服务前，DO 会被转换为 DTO，完成跨微服务的 DTO 数据组装，因此会有 DTO 对象。

在前端调用后端应用服务时，用户接口层先完成从 DTO 到 DO 的转换，然后以 DO 作为应用服务的参数，传导到领域层完成业务逻辑处理。

4. 用户接口层

用户接口层主要完成 DO 和 DTO 的互转，以及微服务与前端应用的数据交互和转换。

facade 接口服务在完成后端应用服务封装后，会对多个 DO 对象进行组装，转换为 DTO 对象，向前端应用完成数据转换和传输操作。

facade 接口服务在接收到前端应用传入的 DTO 后，会先完成从 DTO 向多个 DO 对象的转换，再调用后端应用服务完成业务逻辑处理。

5. 前端应用

前端应用主要是 VO 对象。展现层使用 VO 进行界面展示，通过用户接口层与应用层采用 DTO 对象进行数据交互。

 注意 数据转换的主要目的是实现各层解耦，以保证领域模型的稳定，也是为了让微服务具有更强的扩展能力和适配能力。但每一次数据转换都是以性能作为代价，在设计时需要在性能和扩展能力之间找到平衡。

17.3 本章小结

本章我们分析了 DDD 分层架构下微服务的服务和数据协作关系。为了实现聚合之间以及微服务各层之间的解耦，我们在每层定义了不同职责的服务和数据对象。

在软件开发过程中，我们需要严格遵守各层服务和数据的职责要求，各据其位，各司其职，这样才能保证核心领域模型的稳定，实现解耦，同时也可以灵活应对外部需求的快速变化。

基于 DDD 的微服务设计实例

为了更好地理解 DDD 的完整设计过程，这一章我会用一个项目贯穿从领域建模到微服务设计的全过程，带你全面了解 DDD 的战略设计和战术设计方法，一起掌握 DDD 关键设计流程和主要关注点。

18.1　项目基本信息

我们先来了解一下项目基本信息，项目目标是实现在线请假和考勤统计管理。

关键功能描述如下：

1）请假申请人填写请假单提交审批，根据请假人身份、请假类型和请假天数进行请假审批规则校验，再根据审批规则逐级递交上级领导审批，核批通过则完成审批，核批不通过则退回申请人。

2）根据考勤规则，核销请假数据后，对考勤数据进行统计分析，输出考勤统计。

18.2　战略设计

战略设计是根据用户旅程或场景分析，提取领域对象和聚合根，对实体和值对象进行聚类组合成聚合，然后划分限界上下文，建立领域模型的过程。

战略设计采用的方法是事件风暴，包括：产品愿景、场景分析、领域建模和微服务拆分等几个主要过程。

战略设计阶段建议参与人员有领域专家、业务需求方、产品经理、架构师、项目经理、开发经理和测试经理等。

18.2.1　产品愿景

产品愿景是对软件产品进行顶层价值设计，对目标用户、核心价值、差异化竞争点等信息达成一致，避免产品设计和建设偏离方向。

在事件风暴时，所有参与者针对每一个要点，在贴纸上写出自己的意见，贴到白板上。事件风暴主持者会对每个贴纸展开讨论并对发散的意见进行收敛和统一，形成产品愿景图，如图 18-1 所示。

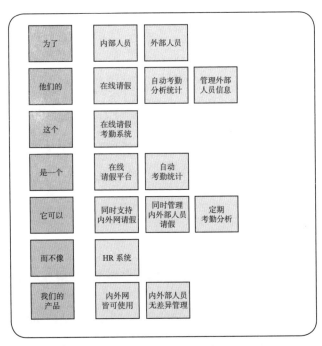

图 18-1　请假产品愿景分析

我们把这个产品愿景图整理成一段文字就是："为了满足内外部人员的在线请假、自动考勤统计和外部人员管理的需求，我们建设一个在线请假考勤系统。这个系统是一个在线请假平台，可以自动考勤统计。它可以支持内外网请假，同时管理内外部人员请假和定期考勤分析，而不像 HR 系统，只管理内部人员，且只能内网使用。我们的产品内外网皆可使用，可实现内外部人员无差异化管理。"

通过产品愿景分析，项目团队统一了产品的名称："在线请假考勤系统"，明确了项目目标和关键功能、与竞品（HR）的关键差异以及自己的优势和核心竞争力等。

产品愿景分析对于初创系统明确系统建设重点、统一团队建设目标和建立通用语言是非常有价值的。但如果你的系统建设目标和需求非常清晰，这一步可以忽略。

18.2.2 场景分析

在完成产品愿景分析,明确产品建设方向和目标后,我们就可以针对产品的具体业务场景开始场景分析了。场景分析是从用户视角出发,探索业务领域中的典型场景,找出领域中需要支撑的场景分类、用例操作以及不同子域之间的依赖关系,用以支撑领域建模。

用户旅程分析和场景分析是领域建模的主要分析方法。当然,如果你采用其他需求分析方法,也能够从复杂的业务中提炼出领域对象和它们的业务行为,这也是可以的。

项目团队成员一起用事件风暴的方法完成请假和考勤的用户旅程分析。根据不同用户角色的旅程和场景分析,尽可能全面地梳理从前端操作到后端业务逻辑产生的所有操作、命令、领域事件以及外部依赖关系等信息。

下面我以请假和人员组织关系管理两个场景作为示例,带你了解如何做场景分析。

第一个场景:请假。

用户:请假人。

1)请假人登录系统:从权限微服务获取请假人信息和权限数据,完成登录认证。

2)创建请假单:打开请假页面,选择请假类型和起始时间,录入请假信息,保存并创建请假单,提交请假审批。

3)修改请假单:查询请假单,打开请假页面,修改请假单,提交请假审批。

4)提交审批:获取审批规则,根据审批规则,从人员组织关系中获取审批人,给请假单分配审批人。

第二个场景:审批。

用户:审批人。

1)审批人登录系统:从权限微服务获取审批人信息和权限数据,完成登录认证。

2)获取请假单:获取审批人名下待办请假单,选择请假单。

3)审批:填写审批意见。

4)逐级审批:如果还需要上级审批,根据审批规则,从人员组织关系中获取审批人,给请假单分配审批人。逐级提交,重复第4步。

5)最后审批人完成审批。

完成审批后,产生"请假审批已通过"领域事件。后续还会有两个进一步的业务操作:第一个是"发送请假审批已通过"的通知,通知邮件系统告知请假人;第二个是将请假数据发送到考勤以便核销。在图18-2所示的请假场景分析结果中,我们可以看到在审批流程,产生"审批已通过"领域事件后,会有两个黄色贴纸备注信息"邮件系统发送通知"和"请假数据发考勤"。

图18-3是人员组织关系场景分析后的结果,考勤的分析过程这里就不描述了。

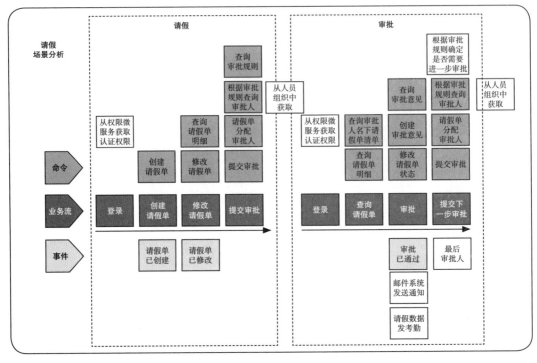

图 18-2　请假场景分析结果

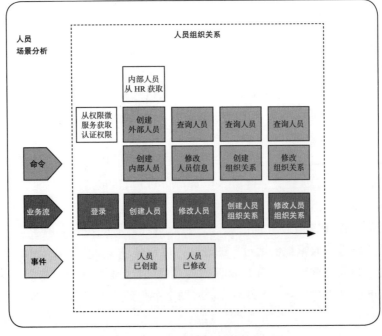

图 18-3　人员组织关系场景分析结果

18.2.3 领域建模

领域建模是通过对业务和问题域进行分析,找出领域对象以及它们的业务行为和依赖关系,建立领域模型的过程。有了领域模型后,你就可以向上通过限界上下文指导微服务边界设计,向下通过聚合划定微服务内的逻辑边界,指导完成微服务内的实体和值对象设计了。

领域建模是一个收敛的过程,主要分为三步。

第一步是提取领域对象。从业务操作或行为中,抽象并提取领域实体和值对象等领域对象。

第二步是构建聚合。从众多实体中找出聚合根,找出与聚合根依赖的实体、值对象等,建立聚合。

第三步是划分限界上下文。根据业务及语义边界等因素,将多个聚合划分到一个业务上下文环境中,确定领域模型的限界上下文边界。

下面我们就逐步详细讲解一下。

1. 提取领域对象

根据场景分析,分析并找出发起或产生这些命令或领域事件的实体或值对象。将命令和事件与实体或值对象建立关联关系。通过业务行为和领域事件分析,我们提取了产生这些行为和事件的领域对象,如请假单、审批意见、审批规则、人员、组织关系、刷卡明细、考勤明细以及考勤统计等实体和值对象,如图 18-4 所示。

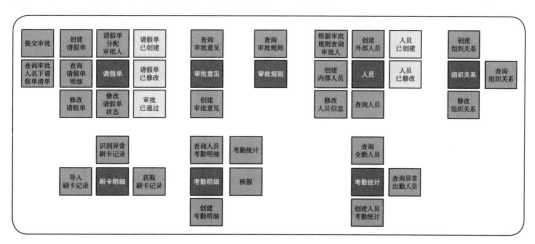

图 18-4 根据行为和领域事件提取实体等领域对象

2. 构建聚合

在定义聚合前,先找出聚合根。在前面提取的实体集中,我们发现"请假单"和"人员"具有聚合根的特征,如:有独立的生命周期,有全局的唯一 ID,可以创建或修改其他对象,可以有独立的模块来管理它们。所以，我们将"请假单"和"人员"定义为聚合根，然后找出与聚合根紧密依赖的实体和值对象。我们发现审批意见、审批规则与请假单聚合根紧密关联，组织关系与人员聚合根紧密关联，它们分别形成请假聚合和人员组织关系聚合。

在找出这些实体的依赖关系构建聚合后，我们发现还有刷卡明细、考勤明细和考勤统计这几个实体，它们相互独立，找不到聚合根，主要完成数据统计和处理，不是富领域模型。但它们组合在一起可以完成考勤业务逻辑，具有很高的业务内聚性。这种情形在领域建模时会经常遇到，对于这类场景我们需要特殊处理。可以将这几个业务关联紧密的实体放在一个考勤聚合内。在微服务设计时，我们依然可以采用 DDD 的设计和分析方法。由于没有聚合根来管理聚合内的实体，我们用传统的方法来管理这些实体对象。

经过分析，我们建立了请假、人员组织关系和考勤三个聚合，如图 18-5 所示。

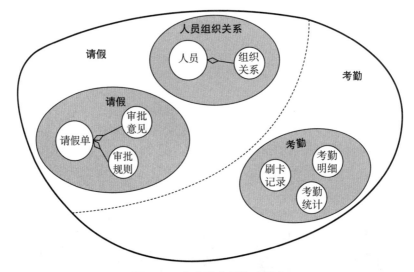

图 18-5　找出聚合根构建聚合

其中，请假聚合有请假单、审批意见和审批规则等对象，人员组织关系聚合有人员和组织关系等对象，考勤聚合有刷卡记录、考勤明细和考勤统计等独立实体。

3. 划分限界上下文

找出所有的聚合后，我们可以根据业务职责或业务语义上下文边界将所有聚合划分到不同的限界上下文边界内。由于人员组织关系聚合与请假聚合共同完成请假的业务功能，这两个聚合可以放在请假限界上下文内。而考勤聚合则单独构成考勤统计限界上下文。

最后，我们划分了请假和考勤统计两个限界上下文，建立了请假和考勤两个领域模型。

18.2.4　微服务拆分

理论上，一个限界上下文就可以设计为一个微服务，但还需要综合考虑多种外部因素，比如职责单一性、软件包大小、团队沟通效率、技术异构等非业务要素，以及弹性伸缩、版本发布频率和安全等非功能需求。

在这个项目里，我们划分微服务时主要考虑了业务职责单一性原则，也就是根据限界上下文边界进行划分。按照限界上下文我们将微服务拆分为请假和考勤两个微服务。其中请假微服务包含人员组织关系和请假两个聚合，考勤微服务包含考勤聚合。

到这里，战略设计就结束了。通过战略设计，我们建立了领域模型，确定了领域模型内部的对象和它们之间的依赖关系，划分了限界上下文和微服务的边界。下一步就是战术设计了，也就是微服务设计。我们以请假微服务为例，来讲解其设计过程。

18.3　战术设计

战术设计是根据领域模型完成微服务设计的过程。这个过程会梳理微服务内的领域对象，梳理领域对象之间的关系，确定它们在代码模型和分层架构中的位置，建立领域模型与微服务模型的映射关系，以及服务之间的依赖关系。

战术设计阶段建议参与人员有架构师、项目经理、开发经理和测试经理等。

战术设计主要包括两个阶段：分析微服务领域对象和设计微服务代码结构。

18.3.1　分析微服务领域对象

领域模型里有很多领域对象，但是这些对象带有比较重的业务属性。要完成从领域模型到微服务的落地，还需要进一步细化分析和设计。

在领域模型基础上，我们需要进一步细化这些领域对象以及它们之间的依赖关系，补充事件风暴过程中可能遗漏的业务和技术实现细节。所以，这个分析和设计过程会比事件风暴详细很多。

我们一般会分析以下关键内容。

❑ 微服务内应该有哪些服务？

❑ 服务如何分层？

❑ 应用服务由哪些服务组合和编排完成？

❑ 领域服务包括哪些实体和实体方法？

❑ 哪个实体是聚合根？

❑ 实体有哪些属性和方法？

❑ 哪些对象应该设计为值对象？

1. 服务识别和设计

命令往往是由于外部操作后产生的一些业务行为，一般也是微服务对外提供的服务能力，往往与微服务的应用服务或者领域服务对应。

我们可以将命令作为服务识别和设计的起点，服务识别和设计的具体步骤如下：

1）由于应用服务主要面向用例，我们可以先根据命令设计应用服务，确定应用服务的基本功能，应用服务应该包含哪些服务，服务的组合和编排方式是什么样的？这些服务主要来源于领域层的领域服务或其他微服务的应用服务。

2）根据应用服务功能要求设计领域服务，定义领域服务。这里需要注意：应用服务可能是由微服务的多个聚合的领域服务组合而成的。

3）根据领域服务的功能，确定领域服务内的实体以及实体自身的业务行为。领域服务主要完成聚合内跨实体的复杂业务逻辑，要注意避免滥用领域服务，以免实体变成贫血模型。

4）设计实体基本属性和方法。

我以提交审批这个动作为例，来说明服务的识别和设计过程。

提交审批的主要流程如下：

1）根据人员类型、请假类型和请假天数，查询请假审批规则，获取下一步审批人的角色。

2）根据审批角色从人员组织关系中查询下一审批人。

3）为请假单分配审批人，并将审批规则保存至请假单。

通过分析，我们需要在应用层和领域层设计以下服务和方法。

❑ **应用层**：提交审批应用服务。

❑ **领域层**：领域服务有查询审批规则、修改请假流程信息服务以及根据审批规则查询审批人服务，它们分别位于请假和人员组织关系聚合中。

其中，请假单实体有修改请假流程信息方法，审批规则值对象有查询审批规则方法，人员实体有根据审批规则查询审批人方法。

图 18-6 是我们分析出来的服务以及它们之间的依赖关系。

另外，在服务识别时，我们还要考虑是否有领域事件发生，领域事件是否会触发下一步的业务操作，业务操作是发生在微服务内的其他聚合还是其他微服务。对于微服务之间的领域事件，一般建议优先采用领域事件驱动的异步化数据最终一致性方式，尽量避免采用同步服务调用方式，这样可以解耦领域模型和微服务。

至此，服务识别和设计过程就完成了，我们再来设计一下聚合内的领域对象。

2. 聚合内的对象

在请假单聚合中，聚合根是请假单。请假单经多级审核后，会产生多条审批意见，为了方便查询，我们可以将审批意见设计为实体。请假审批通过后，会产生请假审批已通过的领域事件，即还会有请假事件实体。因此，请假聚合的实体包括审批意见（记录审批人、审批状态和审批意见）和请假事件实体。

我们再来分析一下请假单聚合的值对象。

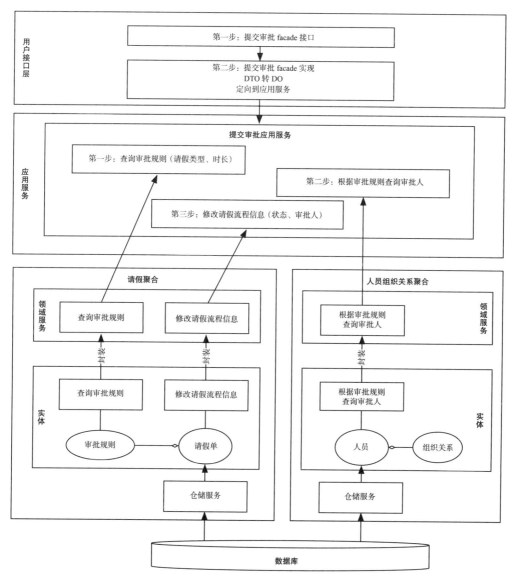

图 18-6 服务的识别和设计

请假人和下一审批人数据来源于人员组织关系聚合中的人员实体，可设计为值对象。人员类型、请假类型和审批状态是枚举值类型，可设计为值对象。确定请假审批规则后，审批规则也可作为请假单的值对象。

因此，请假单聚合的值对象包括请假人、人员类型、请假类型、下一审批人、审批状态和审批规则。

综上，我们就可以画出请假聚合领域对象的依赖关系图了，如图 18-7 所示。

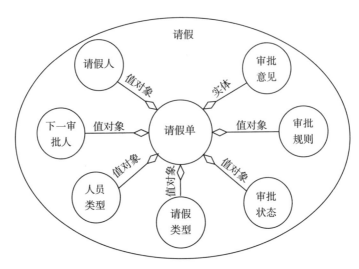

图 18-7　请假聚合领域对象依赖关系

　　在人员组织关系聚合中，我们可以建立人员之间的组织关系，通过组织关系类型找到上级审批领导。它的聚合根是人员。实体有组织关系（包括组织关系类型和上级审批领导等信息）。其中组织关系类型（如项目经理、处长、总经理等）是值对象。上级审批领导数据来源于人员聚合根，可设计为值对象。

　　人员组织关系聚合包含以下值对象：组织关系类型、上级审批领导。

　　综上，我们又可以画出人员组织关系聚合领域对象的依赖关系图，如图 18-8 所示。

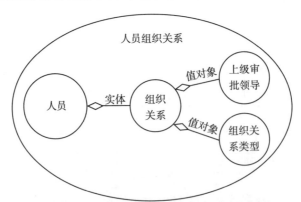

图 18-8　人员关系聚合领域对象依赖关系

3. 微服务领域对象清单

　　在确定各领域对象的属性后，我们就可以设计各领域对象在代码模型中的代码对象了，如代码对象的包名、类名和方法名等，建立领域对象与代码对象的映射关系。

　　在经过上述分析后，我们可以得到微服务的领域对象清单，如表 18-1 所示。

表 18-1　请假微服务关键领域对象清单

层	聚合	领域对象	领域类型	包名	类名	方法名
应用层	—	认证并获取人员信息	应用服务	*.leave.application.service	LoginApplicationService	
	—	请假应用服务	应用服务	*.leave.application.service	LeaveApplicationServcie	若干
	—	人员应用服务	应用服务	*.leave.application.service	PersonApplicationServcie	若干
领域层	请假	请假单	聚合根	*.leave.domain.leave.entity	Leave	
		创建请假单	方法	*.leave.domain.leave.entity	Leave	create
		修改请假单	方法	*.leave.domain.leave.entity	Leave	update
		审批意见	实体	*.leave.domain.leave.entity	ApprovalInfo	
		审批规则	值对象	*.leave.domain.leave.entity	ApprovalRule	
		请假人	值对象	*.leave.domain.leave.entity	Applicant	
		人员类型	值对象	*.leave.domain.leave.entity	PersonType	
		审批状态	值对象	*.leave.domain.leave.entity	Status	
		请假事件表	事件实体	*.leave.domain.leave.event	ApprovalEvent	
		请假领域服务	领域服务	*.leave.domain.leave.service	LeaveDomainService	若干
		……	……	……	……	……
	人员	人员	聚合根	*.leave.domain.person.entity	Person	
		创建人员	方法	*.leave.domain.person.entity	Person	create
		根据审批规则查询审批人	方法	*.leave.domain.person.entity	Person	getPersonByrule
		组织关系	实体	*.leave.domain.person.entity	Relationship	
		关系类型	值对象	*.leave.domain.person.entity	RelationshipType	
		审批领导	值对象	*.leave.domain.person.entity	Leader	
		人员领域服务	领域服务	*.leave.domain.person.service	PersonDomainService	若干
		……	……	……	……	……

18.3.2　设计微服务代码结构

根据 DDD 的代码模型和各领域对象所在的包、类和方法，我们可以定义出请假微服务的代码目录结构，并将代码对象放在合适的层和代码目录结构中。

1. 应用层代码结构

应用层包括应用服务、DTO 以及事件订阅相关代码。在应用层有如下应用服务，如图 18-9 所示。

图 18-9　应用层的代码结构

- □ 在 LeaveApplicationService 类内实现与 leave 聚合相关的应用服务。
- □ 在 LoginApplicationService 类内封装外部权限微服务的登录认证应用服务。
- □ 在 PersonApplicationService 类内实现与 person 聚合相关的应用服务。

2. 领域层代码结构

领域层包括一个或多个聚合，每个聚合有实体类、事件实体类、领域服务以及工厂和仓储相关代码。

一个聚合对应一个聚合代码目录，聚合之间在代码上完全隔离，它们通过应用层的应用服务来协调，完成不同聚合领域服务的组合和编排。

请假微服务领域层有请假和人员两个聚合。请假和人员代码分别放在各自聚合所在的目录结构中。如果随着业务发展，人员相关功能需要从请假微服务中拆分出来，我们只需将人员聚合代码目录整体拆迁出来，独立部署，即可快速发布为新的人员微服务。

到这里，微服务领域层的领域对象、分层以及依赖关系就梳理清晰了。领域层的代码目录结构如图 18-10 所示。

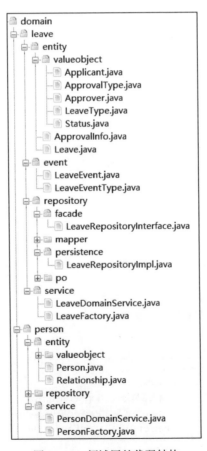

图 18-10　领域层的代码结构

18.4　后续的工作

在完成领域建模和微服务设计后，要想实现微服务落地，还需要完成详细设计、代码开发和测试等后续工作。

1）详细设计。在完成领域模型和微服务设计后，我们还需要根据业务需求进行更详细的设计。主要完成以下内容：实体属性、数据模型、数据库表、字段、服务参数规约及功能实现等。

2）代码开发和测试。开发人员只需要按照详细设计文档和功能要求，找到业务功能对应的代码目录位置，完成代码开发就可以了。完成代码开发后，开发人员编写单元测试用例，基于挡板模拟依赖对象完成服务测试工作。

18.5　本章小结

本章我们通过在线请假考勤项目，将DDD设计过程完整地走了一遍。

DDD战略设计：从事件风暴开始，提取实体和值对象等领域对象，找出聚合根构建聚合，划分限界上下文，最后建立领域模型。

DDD战术设计：将领域模型作为微服务设计的输入。识别和设计服务，建立各层服务的依赖关系。设计微服务内的实体和值对象，找出微服务中所有的领域对象。建立领域对象与代码对象的映射关系。这样就可以很好地指导项目团队进行微服务开发和测试了。

战略设计和战术设计是DDD设计的两个不同阶段，也是衔接业务和技术实现的两个阶段，我们要做好这两个阶段的衔接设计，确保领域模型在微服务中完美落地。

第 19 章

基于 DDD 的微服务代码详解

本章我们将在第 18 章请假案例领域建模和微服务设计的基础上，完成请假微服务的代码开发。下面我们一起来看看用 DDD 方法设计和开发出来的微服务代码到底是什么样的？

19.1 项目背景

我们回顾一下第 18 章中请假案例需求和设计的相关内容，在"在线请假考勤"项目中，请假的核心业务流程如下：

1）请假人填写请假单提交审批；

2）根据请假人身份、请假类型和请假天数进行校验并确定审批规则；

3）根据审批规则确定审批人，逐级提交上级审批，核批通过则完成审批，核批不通过则退回申请人。

在第 18 章中，我们已经拆分出了两个微服务：请假和考勤微服务。

注
意　本示例的开发语言和数据库分别是：Java、Spring Boot 和 PostgreSQL 数据库。

这里，请假微服务用到了 DDD 知识体系中很多的设计思想和方法，如表 19-1 所示。

表 19-1　请假微服务中用到的 DDD 设计思想和方法

DDD 知识领域	主要内容
聚合的管理	聚合根、实体和值对象的关系
聚合数据的初始化和持久化	工厂和仓储模式
聚合的解耦	聚合代码的解耦、跨聚合的服务调用和对象解耦

（续）

DDD 知识领域	主要内容
领域事件管理	领域事件实体结构、持久化和事件发布
DDD 分层架构	基础层、领域层、应用层和用户接口层的协作
服务的分层与协作	实体方法、领域服务、应用服务、facade 接口服务，服务的组合和编排，跨多个聚合的服务管理和协同
对象的分层和转换	DTO、DO 和 PO 等对象在不同层的转换和实现过程
微服务之间的访问	登录和认证服务

19.2 聚合中的对象

请假微服务包含请假（leave）、人员（person）和审批规则（rule）三个聚合。leave 聚合完成请假申请和审核核心逻辑。person 聚合管理人员基本信息和上下级关系。rule 是审批规则配置相关的聚合，我们将它从 leave 聚合中拿出来独立为一个单实体聚合，提供请假审批规则相关的查询服务。

 注意 如果你的微服务内有比较多的规则配置相关的查询服务，你可以考虑建立一个独立的规则配置聚合，将所有规则和配置实体放在一起，提供统一的数据查询服务。

leave 是请假微服务的核心聚合，它有请假单聚合根 Leave，审批意见实体 ApprovalInfo，请假申请人值对象 Applicant 和审批人值对象 Approver，这两个值对象的数据来源于 person 聚合。

其中还用到了部分枚举类型，如请假类型 LeaveType、请假单状态 Status 和审批状态类型 ApprovalType 等值对象。

下面我们通过代码来了解一下聚合根、实体以及值对象之间的关系。

19.2.1 聚合根

聚合根 Leave 中包括聚合根属性、关联的实体和值对象以及它自身的业务行为等内容。

Leave 聚合根作为实体，采用充血模型，有自己的业务行为，即聚合根实体类的方法，如代码中的 getDuration 和 addHistoryApprovalInfo 等方法。

聚合根引用实体和值对象，它可以协调聚合内的多个实体，在聚合根类方法中完成多实体的复杂业务逻辑。我们在 8.2 节里提到，这种复杂业务逻辑也可以在聚合的领域服务里实现。但为了职责和边界清晰，建议聚合根自身的业务行为在聚合根类方法中实现，而由多个实体组合实现的业务逻辑由聚合内的领域服务完成。

下面是聚合根 Leave 的实体类方法代码，如代码清单 19-1 所示。

代码清单 19-1　聚合根 Leave 类

```java
// 请假聚合根类
public class Leave {
    String id;// 聚合根 ID
    Applicant applicant;// 申请人值对象
    Approver approver; // 审批人值对象
    LeaveType type;
    Status status;
    Date startTime;
    Date endTime;
    long duration;
    int leaderMaxLevel; // 审批领导的最高级别
    ApprovalInfo currentApprovalInfo;
    List<ApprovalInfo> historyApprovalInfos;
    public long getDuration() {
        return endTime.getTime() - startTime.getTime();
    }
    public Leave addHistoryApprovalInfo(ApprovalInfo approvalInfo) {
        if (null == historyApprovalInfos)
            historyApprovalInfos = new ArrayList<>();
        this.historyApprovalInfos.add(approvalInfo);
        return this;
    }
    public Leave create(){
        this.setStatus(Status.APPROVING);
        this.setStartTime(new Date());
        return this;
    }
//
}
```

19.2.2　实体

审批意见实体 ApprovalInfo 被 Leave 聚合根引用，用于记录审批意见，如代码清单 19-2 所示。它有自己的属性和关联的值对象，如 Approver 等，业务逻辑相对简单。

代码清单 19-2　审批意见实体 ApprovalInfo 类

```java
// 审批意见实体类
public class ApprovalInfo {
    String approvalInfoId;// 实体 ID
    Approver approver;// 值对象
    ApprovalType approvalType; // 值对象
    String msg;
    long time;
}
```

19.2.3　值对象

在 Leave 聚合中有比较多的值对象，如审批人 Approver 和请假申请人 Applicant 等。

我们先来看一下审批人值对象 Approver，如代码清单 19-3 所示。Approver 数据来源于 person 聚合，从 person 聚合获取审批人 person 返回的 DO 数据后，会从 person 聚合获取 personID、personName 和 level 等基本属性，组合为 approver 值对象，这个过程需要进行数据转换和重新赋值。

代码清单 19-3　Approver 值对象代码

```
public class Approver {
    String personId;// 此 ID 为 Person 聚合根的 ID
    String personName;// 审批人姓名
    int level; // 领导级别
}
```

Approver 值对象的数据来源于其他聚合，不可修改，可重复使用。比如，它可以同时被聚合根 Leave 和实体 ApprovalInfo 重复使用。将这种领域对象设计为值对象而不是实体，可以提高系统性能，降低数据库实体关联的复杂度。这也是我们为什么一般优先设计值对象的一个重要原因。

下面是枚举类型的值对象 Status 的代码，如代码清单 19-4 所示。一般我们将枚举类型的属性设计为值对象。

代码清单 19-4　值对象 Status 代码

```
public enum Status {
    APPROVING, APPROVED, REJECTED
}
```

这里要注意一点：由于值对象只能做整体替换、不可修改的特性，所以在值对象中很少会看到修改或新增的方法。拥有多个属性的值对象的构建和数据初始化，可以通过聚合根的构造函数或者工厂模式完成。

19.2.4　领域服务

如果一个业务行为由多个实体对象参与完成，我们就将这部分业务逻辑放在领域服务中实现。

领域服务与实体方法的主要区别是：实体方法完成单一实体自身的业务逻辑，是相对简单的原子业务逻辑，而领域服务则是由多个实体组合的相对复杂的业务逻辑。两者都在领域层，存在于同一个聚合内，从不同的维度实现聚合领域模型的核心业务能力。

在一个聚合内可以设计一个领域服务类，管理聚合内所有的领域服务。请假聚合的领域服务类是 LeaveDomainService，如代码清单 19-5 所示。

代码清单 19-5 请假聚合的领域服务类

```java
// 请假聚合的领域服务类
public class LeaveDomainService {
    @Autowired
    EventPublisher eventPublisher;
    @Autowired
    // 仓储接口, 面向仓储接口编程, 解耦业务逻辑与基础资源逻辑。
    LeaveRepositoryInterface leaveRepositoryInterface;
    @Autowired
    // 工厂, 批量实现 DO 与 PO 对象的相互转换
    LeaveFactory leaveFactory;
    // 聚合内的事务控制, 在同一个聚合内保证领域事件与业务逻辑处理数据一致性
    @Transactional
    public void createLeave(Leave leave, int leaderMaxLevel, Approver approver) {
            leave.setLeaderMaxLevel(leaderMaxLevel);
            leave.setApprover(approver);
            leave.create();
    // 通过仓储完成业务数据持久化
    leaveRepositoryInterface.save(leaveFactory.createLeavePO(leave));
    // 生成领域事件实体
    LeaveEvent event = LeaveEvent.create(LeaveEventType.CREATE_EVENT, leave);
    // 通过仓储完成领域事件持久化
    leaveRepositoryInterface.saveEvent(leaveFactory.createLeaveEventPO(event));
    // 发布领域事件
    eventPublisher.publish(event);
    }
    @Transactional
    public void updateLeaveInfo(Leave leave) {
    LeavePO po = leaveRepositoryInterface.findById(leave.getId());
        if (null == po) {
                throw new RuntimeException("leave does not exist");
        }
    leaveRepositoryInterface.save(leaveFactory.createLeavePO(leave));
    }
    @Transactional
    public void submitApproval(Leave leave, Approver approver) {
      LeaveEvent event;
      if (ApprovalType.REJECT ==
          leave.getCurrentApprovalInfo().getApprovalType()) {
        leave.reject(approver);
        event = LeaveEvent.create(LeaveEventType.REJECT_EVENT,
        leave);
      } else {
            if (approver != null) {
                leave.agree(approver);
                event = LeaveEvent.create(LeaveEventType.AGREE_EVENT,
                leave);
                }else {
                    leave.finish();
                    event =
```

```
                        LeaveEvent.create(LeaveEventType.APPROVED_EVENT,
                        leave);
                }
            }
        leave.addHistoryApprovalInfo(leave.getCurrentApprovalInfo());
        leaveRepositoryInterface.save(leaveFactory.createLeavePO(leave)
        );
        leaveRepositoryInterface.saveEvent(leaveFactory.
            createLeaveEventPO(event));
        eventPublisher.publish(event);
    }
    public Leave getLeaveInfo(String leaveId) {
        LeavePO leavePO = leaveRepositoryInterface.findById(leaveId);
        return leaveFactory.getLeave(leavePO);
    }
    public List<Leave> queryLeaveInfosByApplicant(String applicantId)
{
        List<LeavePO> leavePOList =
        leaveRepositoryInterface.queryByApplicantId(applicantId);
        return leavePOList.stream().map(leavePO ->
        leaveFactory.getLeave(leavePO)).collect(Collectors.toList());
    }
    public List<Leave> queryLeaveInfosByApprover(String approverId) {
        List<LeavePO> leavePOList =
        leaveRepositoryInterface.queryByApproverId(approverId);
        return leavePOList.stream().map(leavePO ->
        leaveFactory.getLeave(leavePO)).collect(Collectors.toList());
    }
}
```

领域服务中会用到DDD的很多设计方法。比如：用工厂模式实现复杂聚合的DO对象构建和数据初始化，用仓储模式实现DO对象数据持久化和领域层与基础层的依赖倒置，用领域事件驱动实现数据最终一致性等。

> 🔔 **注意** 在领域服务或实体方法中，我们应尽量避免调用其他聚合的领域服务或引用其他聚合的实体或值对象，这种操作会增加聚合的耦合度。在微服务架构演进时，如果出现聚合拆分和重组，这种跨聚合的服务调用和对象引用会变成跨微服务的操作，导致跨聚合的领域服务调用和对象引用失效，在聚合分拆时会增加代码解耦和重构的工作量。

在领域服务设计时，要注意聚合之间的解耦，以下是一段不建议使用的代码，如代码清单19-6所示。

代码清单19-6 不建议使用的代码

```
public class PersonDomainService {
    // 不同聚合之间不建议对象传参方式，Approver 来源于 leave 聚合
```

```
public Approver findNextApprover(Approver currentApprover, int leaderMaxLevel) {
    PersonPO leaderPO =
    personRepository.findLeaderByPersonId(currentApprover.getPersonId());
    if (leaderPO.getRoleLevel() > leaderMaxLevel) {
        return null;
    } else {
        return Approver.fromPersonPO(leaderPO);
    }
    }
}
```

在这段代码里 Approver 是 leave 聚合的值对象，它作为对象类型的参数被传到 person 聚合的 findNextApprover 领域服务。如果在同一个微服务内时，这种对象类型的传参方式是没有问题的。但在微服务架构演进时，如果 person 和 leave 两个聚合被分拆到不同的微服务中，那么 leave 中传递的 Approver 对象以及它的 getPersonId() 和 fromPersonPO 方法在 person 聚合中就会失效，这时你就需要进行代码重构了。所以我们要尽量避免这种领域对象的传参方式，减少聚合之间的耦合度。

那正确的方式是什么样的呢？

在应用服务组合不同聚合的领域服务时，我们可以通过 ID 或者参数来传数，如单一参数 currentApproverId，如代码清单 19-7 所示。

代码清单 19-7　正确的传参方式

```
public class PersonDomainService {
    // 修改为 ID 传参方式
    public Person findNextApprover(String currentApproverId, int leaderMaxLevel) {
        PersonPO leaderPO =
        personRepository.findLeaderByPersonId(currentApproverId);
        if (leaderPO.getRoleLevel() > leaderMaxLevel) {
            return null;
        } else {
            return personFactory.createPerson(leaderPO);
        }
    }
}
```

从这一段代码，你是否已经理解了 8.4 节中聚合设计原则——"通过唯一标识引用其他聚合"的真正含义了呢？我们可以通过 ID 找到聚合根实体，然后通过聚合根导航到对应的属性或实体，这样就实现了聚合之间的解耦。person 聚合可以不依赖 leave 聚合的实体，独立完成业务逻辑。

19.3　领域事件

在创建请假单和请假审批过程中会产生"请假单已创建"和"审批已通过"的领域事

件。为了方便管理，我们将聚合内与领域事件相关的代码放在 leave 聚合的 event 目录中。

领域事件实体在聚合仓储内完成持久化，但是事件实体的生命周期不受聚合根管理。

19.3.1　领域事件基类

你可以建立一个统一的领域事件基类 DomainEvent，如代码清单 19-8 所示。基类的基本属性至少要包括事件 ID、时间戳、事件源以及事件相关的业务数据。

代码清单 19-8　领域事件基类 DomainEvent

```
public class DomainEvent {
    String id;// 领域事件 ID，需保证 ID 全局唯一性
    Date timestamp;// 领域事件时间戳，记录事件发生时间
    String source;// 记录事件发生源
    String data;// 记录事件产生的关键业务数据，作为下一业务处理流程的输入数据
}
```

19.3.2　领域事件实体

创建请假领域事件实体 LeaveEvent 继承基类 DomainEvent，如代码清单 19-9 所示。你可以根据需要扩展它的属性和方法，如 leaveEventType。data 字段中主要存储领域事件相关的业务数据，它可以是 XML 或 JSON 串等数据格式。

代码清单 19-9　请假领域事件实体 LeaveEvent

```
public class LeaveEvent extends DomainEvent {
    LeaveEventType leaveEventType;
    public static LeaveEvent create(LeaveEventType eventType, Leave leave){
        LeaveEvent event = new LeaveEvent();
        event.setId(IdGenerator.nextId());
        event.setLeaveEventType(eventType);
        event.setTimestamp(new Date());
        event.setData(JSON.toJSONString(leave));
        return event;
    }
}
```

19.3.3　领域事件的执行逻辑

一般来说，领域事件的执行顺序和逻辑有如下几步。

第一步，执行业务逻辑，产生领域事件。

第二步，调用仓储接口，完成业务数据持久化，如代码清单 19-10 所示。

代码清单 19-10　业务数据持久化

```
leaveRepositoryInterface.save(leaveFactory.createLeavePO(leave));
```

第三步：调用仓储接口，完成事件数据持久化，如代码清单 19-11 所示。

代码清单 19-11 事件数据持久化

```
leaveRepositoryInterface.saveEvent(leaveFactory.createLeaveEventPO(event));
```

第四步：完成领域事件发布，如代码清单 19-12 所示。

代码清单 19-12 领域事件发布

```
eventPublisher.publish(event);
```

以上是领域事件处理的关键代码。完整代码详见 LeaveDomainService 中的 submit-Approval 领域服务。

19.3.4 领域事件数据持久化

为了保证事件发布方与事件订阅方数据的最终一致性和数据审计要求，有些业务场景需要建立数据对账机制。数据对账主要通过对源端和目的端的持久化数据比对，发现异常数据并进一步处理，以保证数据最终一致性。异常数据的处理可以采用重发、转人工处理等方式。

对于需要对账的事件数据，我们需要设计领域事件对象的持久化对象 PO，完成领域事件数据的持久化，如 LeaveEvent 事件实体的持久化对象 LeaveEventPO。再通过聚合的仓储完成事件实体数据的持久化，如代码清单 19-13 所示。

代码清单 19-13 事件数据持久化代码

```
leaveRepositoryInterface.saveEvent(leaveFactory.createLeaveEventPO(event));
```

事件数据持久化对象 LeaveEventPO 格式，如代码清单 19-14 所示。

代码清单 19-14 LeaveEventPO

```
public class LeaveEventPO {
    @Id
    @GenericGenerator(name = "idGenerator", strategy = "uuid")
    @GeneratedValue(generator = "idGenerator")
    int id;
    @Enumerated(EnumType.STRING)
    LeaveEventType leaveEventType;
    Date timestamp;
    String source;
    String data;
}
```

19.4 仓储模式

领域模型中 DO 对象的数据持久化是必不可少的。DDD 采用仓储模式实现 DO 对象数据持久化，使得业务逻辑与基础资源逻辑解耦，实现依赖倒置。

持久化前先完成 DO 与 PO 对象的转换，然后在仓储实现中完成 PO 对象的持久化。

19.4.1　DO 与 PO 对象的转换

Leave 聚合根除了自身的属性外，还会根据领域模型设计并引用多个值对象，如 Applicant 和 Approver 等。这两个值对象包含多个属性，如：personId、personName 和 personType 等。

在设计持久化对象 PO 时，你可以将这些值对象属性嵌入 PO 属性中，或设计一个组合属性字段，以 JSON 串的方式存储在 PO 中。

以下是 Leave 聚合根和值对象的 DO 属性定义，如代码清单 19-15 所示。

代码清单 19-15　Leave 聚合根和值对象类

```
public class Leave {
    String id;
    Applicant applicant;
    Approver approver;
    LeaveType type;
    Status status;
    Date startTime;
    Date endTime;
    long duration;
    int leaderMaxLevel;
    ApprovalInfo currentApprovalInfo;
    List<ApprovalInfo> historyApprovalInfos;
}
public class Applicant {
    String personId;
    String personName;
    String personType;
}
public class Approver {
    String personId;
    String personName;
    int level;
}
```

为了减少数据库表数量以及表与表的复杂关联关系，我们将 Leave 实体和多个值对象的数据放在一个 LeavePO 中。

如果以属性嵌入的方式，Applicant 值对象在 LeavePO 中会展开为：applicantId、applicantName 和 applicantType 三个属性。

以下为采用属性嵌入方式的持久化对象 LeavePO 的结构，如代码清单 19-16 所示。

代码清单 19-16　持久化对象 LeavePO

```
public class LeavePO {
```

```
@Id
@GenericGenerator(name="idGenerator", strategy="uuid")
@GeneratedValue(generator="idGenerator")
String id;
String applicantId;
String applicantName;
@Enumerated(EnumType.STRING)
PersonType applicantType;
String approverId;
String approverName;
@Enumerated(EnumType.STRING)
LeaveType leaveType;
@Enumerated(EnumType.STRING)
Status status;
Date startTime;
Date endTime;
long duration;
@Transient
List<ApprovalInfoPO> historyApprovalInfoPOList;
}
```

19.4.2 仓储实现逻辑

为了解耦业务逻辑和基础资源逻辑，我们在基础层和领域层之间增加了一层仓储服务，领域层的核心业务逻辑面向仓储接口编程，通过仓储模式实现核心业务逻辑和基础层资源处理逻辑的依赖分离。

在变更基础层数据库资源时，你只需要调整仓储实现里面的基础资源处理逻辑就可以了。由于上层核心业务逻辑只面向仓储接口，所以它不会受到仓储实现的基础资源处理逻辑变更的影响。

仓储模式一般包含仓储接口和仓储实现。领域服务或聚合根方法通过仓储接口访问基础资源，由仓储实现完成 DO 对象数据持久化，或者获取 DO 初始化所需的 PO 数据。

1. 仓储接口

仓储接口提供 DO 持久化和访问聚合根的接口服务。应用层和领域层的核心业务逻辑面向仓储接口编程，解耦业务处理逻辑与基础资源处理逻辑，如代码清单 19-17 所示。

代码清单 19-17　仓储接口类

```
public interface LeaveRepositoryInterface {
    void save(LeavePO leavePO);
    void saveEvent(LeaveEventPO leaveEventPO);
    LeavePO findById(String id);
    List<LeavePO> queryByApplicantId(String applicantId);
    List<LeavePO> queryByApproverId(String approverId);
}
```

2. 仓储实现

仓储实现实现仓储接口的能力，完成 PO 数据持久化和聚合根数据查询等数据处理逻辑，如代码清单 19-18 所示。

代码清单 19-18　仓储实现类

```
@Repository
public class LeaveRepositoryImpl implements LeaveRepositoryInterface {
    @Autowired
    LeaveDao leaveDao;
    @Autowired
    ApprovalInfoDao approvalInfoDao;
    @Autowired
    LeaveEventDao leaveEventDao;
    public void save(LeavePO leavePO) {
    //persist leave entity
    leaveDao.save(leavePO);
    //set leaveid for approvalInfoPO after save leavePO
    leavePO.getHistoryApprovalInfoPOList().stream().forEach(approvalInfoPO ->
        approvalInfoPO.setLeaveId(leavePO.getId()));
    approvalInfoDao.saveAll(leavePO.getHistoryApprovalInfoPOList());
    }
    public void saveEvent(LeaveEventPO leaveEventPO){
        leaveEventDao.save(leaveEventPO);
    }
    @Override
    public LeavePO findById(String id) {
        return leaveDao.findById(id)
            .orElseThrow(() -> new RuntimeException("leave not found"));
    }
    @Override
    public List<LeavePO> queryByApplicantId(String applicantId) {
        List<LeavePO> leavePOList =
        leaveDao.queryByApplicantId(applicantId);
        leavePOList.stream()
            .forEach(leavePO -> {
                List<ApprovalInfoPO> approvalInfoPOList =
                approvalInfoDao.queryByLeaveId(leavePO.getId());
                leavePO.setHistoryApprovalInfoPOList(approvalInfoPOList);
            });
        return leavePOList;
    }
    @Override
    public List<LeavePO> queryByApproverId(String approverId) {
        List<LeavePO> leavePOList =
        leaveDao.queryByApproverId(approverId);
        leavePOList.stream()
            .forEach(leavePO -> {
                List<ApprovalInfoPO> approvalInfoPOList =
                approvalInfoDao.queryByLeaveId(leavePO.getId());
```

```
            leavePO.setHistoryApprovalInfoPOList(approvalInfoPOList);
        });
        return leavePOList;
    }
}
```

这里持久化采用了 JPA 技术组件，如代码清单 19-19 所示。

代码清单 19-19　JPA 代码

```
public interface LeaveDao extends JpaRepository<LeavePO, String> {
    List<LeavePO> queryByApplicantId(String applicantId);
    List<LeavePO> queryByApproverId(String approverId);
}
```

3. 仓储执行逻辑

以创建请假单为例，仓储的执行步骤如下。

第一步，在仓储执行之前，将聚合内 DO 对象转换为 PO 对象，这种转换在工厂服务中完成，如代码清单 19-20 所示。

代码清单 19-20　DO 到 PO 的转换

```
leaveFactory.createLeavePO(leave);
```

第二步，完成对象转换后，领域层的领域服务就可以调用仓储接口，由仓储实现完成 PO 对象持久化，如代码清单 19-21 所示。

代码清单 19-21　PO 对象持久化

```
public void createLeave(Leave leave, int leaderMaxLevel, Approver approver) {
    leave.setLeaderMaxLevel(leaderMaxLevel);
    leave.setApprover(approver);
    leave.create();
    leaveRepositoryInterface.save(leaveFactory.createLeavePO(leave));
}
```

19.5　工厂模式

对于大型复杂领域模型，聚合内的聚合根、实体和值对象之间的依赖关系比较复杂，这种过于复杂的对象依赖关系，会增加聚合根构造函数代码实现的复杂度。为了协调这种复杂聚合的领域对象构建和生命周期管理，在 DDD 里引入了工厂模式。该模式将与业务无关的职能从聚合根中剥离，放在工厂中统一实现，当聚合根被创建时，聚合内所有依赖的对象就会被工厂同时创建和初始化。

工厂与仓储模式往往会结对出现，应用于领域对象的数据初始化和持久化两类场景。

1）DO 对象初始化时，获取持久化对象 PO，通过工厂一次构建出聚合根所有依赖的 DO 对象，完成 DO 数据初始化。

2）DO 对象持久化时，将所有依赖的 DO 对象转换为 PO 对象，完成 PO 数据持久化。

leave 聚合的工厂类 LeaveFactory，如代码清单 19-22 所示。在 createLeavePO（leave）方法中，组织 leave 聚合的 DO 对象和值对象转换为 leavePO 对象。在 getLeave（leave）方法中，获取持久化对象 PO 数据，完成 leave 聚合实体和值对象 DO 对象的构建和数据初始化。

代码清单 19-22　leave 聚合工厂类 LeaveFactory

```
public class LeaveFactory {
    // 完成 DO 到 PO 的转换
    public LeavePO createLeavePO(Leave leave) {
        LeavePO leavePO = new LeavePO();
        leavePO.setId(UUID.randomUUID().toString());
        leavePO.setApplicantId(leave.getApplicant().getPersonId());
        leavePO.setApplicantName(leave.getApplicant().getPersonName());
        leavePO.setApproverId(leave.getApprover().getPersonId());
        leavePO.setApproverName(leave.getApprover().getPersonName());
        leavePO.setStartTime(leave.getStartTime());
        leavePO.setStatus(leave.getStatus());
        List<ApprovalInfoPO> historyApprovalInfoPOList =
        approvalInfoPOListFromDO(leave);
        leavePO.setHistoryApprovalInfoPOList(historyApprovalInfoPOList);
        return leavePO;
    }
    // 完成 DO 对象构建和数据初始化
    public Leave getLeave(LeavePO leavePO) {
        Leave leave = new Leave();
        Applicant applicant = Applicant.builder()
            .personId(leavePO.getApplicantId())
            .personName(leavePO.getApplicantName())
            .build();
        leave.setApplicant(applicant);
        Approver approver = Approver.builder()
            .personId(leavePO.getApproverId())
            .personName(leavePO.getApproverName())
            .build();
        leave.setApprover(approver);
        leave.setStartTime(leavePO.getStartTime());
        leave.setStatus(leavePO.getStatus());
        List<ApprovalInfo> approvalInfos =
        getApprovalInfos(leavePO.getHistoryApprovalInfoPOList());
        leave.setHistoryApprovalInfos(approvalInfos);
        return leave;
    }
    // 其他方法
}
```

19.6　服务的组合与编排

应用层的应用服务主要完成领域服务的组合与编排。

一个聚合可以建立一个应用服务类，管理聚合所有对外封装好的应用服务。比如 leave 聚合有 LeaveApplicationService 类，person 聚合有 PersonApplicationService 类。

在请假微服务中，有三个聚合：leave、person 和 rule。下面我们来看一下应用服务是如何组织这三个聚合的领域服务来完成服务组合和编排的。

以创建请假单 createLeaveInfo 应用服务为例，它可以分为这样三个关键步骤。

第一步，根据请假单定义的人员类型、请假类型和请假时长等参数，从 rule 聚合中获取请假审批规则。这一步是通过 approvalRuleDomainService 类的 getLeaderMaxLevel 领域服务来实现。

第二步，根据 rule 聚合中获取的请假审批规则，从 person 聚合中获取上级请假审批人。这一步是通过 PersonDomainService 类的 findFirstApprover 领域服务来实现。

第三步，根据请假单数据和从 person 聚合获取审批人等数据，创建请假单。这一步是通过 LeaveDomainService 类的 createLeave 领域服务来实现。

由于领域模型的核心逻辑已经很好地沉淀到领域层中，这些核心领域逻辑可以高度复用。应用服务只需要灵活地组合和编排这些不同聚合的领域服务，就可以很容易地适配前端业务用例和流程的变化。因此，应用层不会积累太多业务逻辑代码，代码维护起来也会容易得多。

以下是 leave 聚合的应用服务类 LeaveApplicationService，如代码清单 19-23 所示。有没有发现 createLeaveInfo 应用服务里面的代码非常少呢？

代码清单 19-23　leave 聚合的应用服务类

```
public class LeaveApplicationService{
    @Autowired
    LeaveDomainService leaveDomainService;
    @Autowired
    PersonDomainService personDomainService;
    @Autowired
    ApprovalRuleDomainService approvalRuleDomainService;
    public void createLeaveInfo(Leave leave){
        // 从 rule 聚合获取请假审批规则
        int leaderMaxLevel =
        approvalRuleDomainService.getLeaderMaxLevel(leave.getApplicant().
            getPersonType(), leave.getType().toString(), leave.getDuration());
        // 获取审批人
        Person approver =
        personDomainService.findFirstApprover(leave.getApplicant().getPersonId(),
            leaderMaxLevel);
        leaveDomainService.createLeave(leave, leaderMaxLevel,
        Approver.fromPerson(approver));
    }
}
```

```
    public void updateLeaveInfo(Leave leave){
        leaveDomainService.updateLeaveInfo(leave);
    }
    public void submitApproval(Leave leave){
        // 获取审批人
        Person approver =
        personDomainService.findNextApprover(leave.getApprover().getPersonId(),
            leave.getLeaderMaxLevel());
        leaveDomainService.submitApproval(leave,
        Approver.fromPerson(approver));
    }
    public Leave getLeaveInfo(String leaveId){
        return leaveDomainService.getLeaveInfo(leaveId);
    }
    public List<Leave> queryLeaveInfosByApplicant(String applicantId){
        return
        leaveDomainService.queryLeaveInfosByApplicant(applicantId);
    }
    public List<Leave> queryLeaveInfosByApprover(String approverId){
        return leaveDomainService.queryLeaveInfosByApprover(approverId);
    }
}
```

> **注意** 在应用服务开发时，为了聚合解耦和微服务架构演进，应用服务在对不同聚合的领域服务编排时，应避免不同聚合的实体对象在不同聚合的领域服务中引用，这是因为一旦聚合拆分和重组，这些跨聚合的对象会分散到不同的微服务中，这种引用关系将会失效。为了解耦，建议改用 ID 关联的方式。

在 LeaveApplicationService 中，leave 实体和 Applicant 值对象分别作为对象参数被 rule 聚合和 person 聚合的领域服务引用，这样就会增加聚合的耦合度，如代码清单 19-24 所示，所以不推荐这样使用。

代码清单 19-24　导致聚合耦合度高的代码示例

```
public class LeaveApplicationService{
    public void createLeaveInfo(Leave leave){
        // 从 rule 聚合获取请假审批规则
        ApprovalRule rule = approvalRuleDomainService.getLeaveApprovalRule(leave);
        int leaderMaxLevel =
        approvalRuleDomainService.getLeaderMaxLevel(rule);
        leave.setLeaderMaxLevel(leaderMaxLevel);
        // 获取审批人
        Approver approver =
        personDomainService.findFirstApprover(leave.getApplicant(), leaderMaxLevel);
        leave.setApprover(approver);
        leaveDomainService.createLeave(leave);
    }
}
```

那如何在应用服务进行聚合之间协调时实现聚合的解耦呢？我们可以将跨聚合调用时对象传值的方式调整为参数传值的方式。

我们一起来看一下调整后的代码，如代码清单 19-25 所示。getLeaderMaxLevel 由 leave 对象传值调整为 personType、leaveType 和 duration 参数传值。findFirstApprover 中 Applicant 值对象也调整为 personId 参数传值。

代码清单 19-25　调整后的代码

```
public class LeaveApplicationService{
    public void createLeaveInfo(Leave leave){
        // 从 rule 聚合获取请假审批规则
        int leaderMaxLevel =
        approvalRuleDomainService.getLeaderMaxLevel(leave.getApplicant().
            getPersonType(), leave.getType().toString(), leave.getDuration());
        // 获取审批人
        Person approver =
        personDomainService.findFirstApprover(leave.getApplicant().getPersonId(),
            leaderMaxLevel);
        leaveDomainService.createLeave(leave, leaderMaxLevel,
        Approver.fromPerson(approver));
    }
}
```

这样，在微服务演进和聚合重组时，就不会有太多的聚合解耦和代码重构的工作了。

19.7　微服务拆分时的代码调整

如果请假微服务未来需要演进为人员和请假两个微服务，我们可以基于请假 leave 和人员 person 两个聚合来进行代码拆分。由于两个聚合已经完全解耦，在微服务代码分拆时，领域层两个聚合的代码基本不需要调整，代码调整主要集中在应用层的应用服务。

下面我们以应用服务 createLeaveInfo 为例，分析当一个微服务拆分为两个微服务时，各层的代码应该如何调整。

19.7.1　微服务拆分前的代码

我们先来看一下微服务拆分前的代码，createLeaveInfo 应用服务的代码如代码清单 19-26 所示。在 createLeaveInfo 应用服务中，组合了 leave、person 和 rule 三个聚合的领域服务：getLeaderMaxLevel、findFirstApprover 和 createLeave，共同完成创建请假单应用服务的业务功能。

代码清单 19-26　createLeaveInfo 应用服务

```
public void createLeaveInfo(Leave leave){
    // 从 rule 聚合获取请假审批规则
```

```
    int leaderMaxLevel =
    approvalRuleDomainService.getLeaderMaxLevel(leave.getApplicant().
        getPersonType(), leave.getType().toString(), leave.getDuration());
    // 获取审批人
    Person approver =
    personDomainService.findFirstApprover(leave.getApplicant().getPersonId(),
        leaderMaxLevel);
    leaveDomainService.createLeave(leave, leaderMaxLevel,
    Approver.fromPerson(approver));
}
```

19.7.2 微服务拆分后的代码

接着来看一下 person 聚合从微服务拆分后应该如何调整代码。

person 聚合从当前微服务拆分后，createLeaveInfo 应用服务中下面的代码将会变成跨微服务调用，如代码清单 19-27 所示。

代码清单 19-27 跨微服务调用的代码

```
Person approver = personDomainService.findFirstApprover(leave.getApplicant().
getPersonId(), leaderMaxLevel);
```

由于跨微服务的领域服务调用是在应用层完成的，我们只需要调整 createLeaveInfo 应用服务代码，将原来微服务内的服务调用 personDomainService.findFirstApprover 修改为跨微服务的服务调用（personFeignService. findFirstApprover）即可，如代码清单 19-28 所示。

代码清单 19-28 跨微服务的服务调用

```
// PersonResponse 为调用微服务返回结果的封装
// 通过 personFeignService 调用 Person 微服务用户接口层的 findFirstApprover facade 接口
PersonResponse approverResponse = personFeignService. findFirstApprover(leave.
    getApplicant().getPersonId(), leaderMaxLevel);
Approver approver = ApproverAssembler.toDO(approverResponse);
```

分析代码可知，这里同时新增 ApproverAssembler 组装器和 PersonResponse 的 DTO 对象，以便将 person 微服务返回的 person DTO 对象转换为 Approver 值对象。

原来的 person 聚合中，由于 findFirstApprover 领域服务已经逐层封装为用户接口层的 facade 接口，所以 person 微服务不需要做任何代码调整，只需在 person 独立为微服务部署后，将 PersonApi 的 findFirstApprover 的 facade 接口服务重新发布到 API 网关即可。

如果拆分前 person 聚合的 findFirstApprover 领域服务没有被封装为 facade 接口。我们只需要在 person 微服务中按照以下步骤调整即可。

第一步，将 person 聚合 PersonDomainService 类中的领域服务 findFirstApprover 封装为应用服务 findFirstApprover，如代码清单 19-29 所示。

代码清单 19-29　从领域服务到应用服务的封装

```
@Service
public class PersonApplicationService {
    @Autowired
    PersonDomainService personDomainService;
    public Person findFirstApprover(String applicantId, int leaderMaxLevel) {
        return personDomainService.findFirstApprover(applicantId,
        leaderMaxLevel);
    }
}
```

第二步，将应用服务封装为 facade 服务，并发布到 API 网关，如代码清单 19-30 所示。

代码清单 19-30　从应用服务到 facade 服务的封装

```
@RestController
@RequestMapping("/person")
@Slf4j
public class PersonApi {
    @Autowired
    @GetMapping("/findFirstApprover")
    public Response findFirstApprover(@RequestParam String applicantId,
        @RequestParam int leaderMaxLevel) {
        Person person =
        personApplicationService.findFirstApprover(applicantId, leaderMaxLevel);
        return Response.ok(PersonAssembler.toDTO(person));
    }
}
```

19.8　服务接口的提供

用户接口层是前端应用与微服务应用层的桥梁，通过 facade 接口封装应用服务，利用组装器 assembler 实现 DTO 和 DO 的转换。这种方式可以很容易地适配前端并提供灵活的接口和数据服务，在保证核心业务逻辑稳定的同时，更容易地响应前端需求的变化，实现核心业务逻辑与前端应用的解耦。

19.8.1　facade 接口

facade 接口可以是一个门面接口实现类，也可以是门面接口加一个门面接口实现类，你可以根据前端的复杂度自主选择。

由于请假微服务前端功能相对简单，我们用一个门面接口实现类 LeaveApi 来实现，如代码清单 19-31 所示。

```
public class LeaveApi {
    @PostMapping
    public Response createLeaveInfo(LeaveDTO leaveDTO){
        Leave leave = LeaveAssembler.toDO(leaveDTO);
        leaveApplicationService.createLeaveInfo(leave);
        return Response.ok();
    }
    @PostMapping("/query/applicant/{applicantId}")
    public Response queryByApplicant(@PathVariable String applicantId){
        List<Leave> leaveList =
        leaveApplicationService.queryLeaveInfosByApplicant(applicantId);
        List<LeaveDTO> leaveDTOList = leaveList.stream().map(leave ->
        LeaveAssembler.toDTO(leave)).collect(Collectors.toList());
        return Response.ok(leaveDTOList);
    }
//
}
```

19.8.2　DTO 数据组装

组装类（Assembler）负责将应用服务返回的多个 DO 对象组装为一个 DTO 对象，返回给前端应用，或者将前端请求的 DTO 对象转换为多个 DO 对象，向后传递给应用服务或领域服务用于业务逻辑处理。Assembler 往往与 DTO 同时存在。

组装类 Assembler 中不应有业务逻辑，主要负责格式转换和字段映射等。

❑ 当应用服务接收到前端请求数据时，组装器会将 DTO 转换为 DO。

❑ 当应用服务向前端返回数据时，组装器会将 DO 转换为 DTO。

LeaveAssembler 完成请假 DO 和 DTO 数据相互转换，如代码清单 19-32 所示。

代码清单 19-32　LeaveAssembler 类

```
public class LeaveAssembler {
    // 完成 DO 到 DTO 的转换
public static LeaveDTO toDTO(Leave leave){
        LeaveDTO dto = new LeaveDTO();
        dto.setLeaveId(leave.getId());
        dto.setLeaveType(leave.getType().toString());
        dto.setStatus(leave.getStatus().toString());
        dto.setStartTime(DateUtil.formatDateTime(leave.getStartTime()));
        dto.setEndTime(DateUtil.formatDateTime(leave.getEndTime()));
        dto.setCurrentApprovalInfoDTO(ApprovalInfoAssembler.toDTO(leave.
            getCurrentApprovalInfo()));
        List<ApprovalInfoDTO> historyApprovalInfoDTOList =
        leave.getHistoryApprovalInfos()
            .stream()
            .map(historyApprovalInfo ->
        ApprovalInfoAssembler.toDTO(leave.getCurrentApprovalInfo()))
```

```
            .collect(Collectors.toList());
        dto.setHistoryApprovalInfoDTOList(historyApprovalInfoDTOList);
        dto.setDuration(leave.getDuration());
        return dto;
    }
    // 完成 DTO 到 DO 的转换
    public static Leave toDO(LeaveDTO dto){
        Leave leave = new Leave();
        leave.setId(dto.getLeaveId());
        leave.setApplicant(ApplicantAssembler.toDO(dto.getApplicantDTO()));
        leave.setApprover(ApproverAssembler.toDO(dto.getApproverDTO()));
        leave.setCurrentApprovalInfo(ApprovalInfoAssembler.toDO(dto.
            getCurrentApprovalInfoDTO()));
        List<ApprovalInfo> historyApprovalInfoDTOList =
        dto.getHistoryApprovalInfoDTOList()
            .stream()
            .map(historyApprovalInfoDTO ->
            ApprovalInfoAssembler.toDO(historyApprovalInfoDTO))
            .collect(Collectors.toList());
        leave.setHistoryApprovalInfos(historyApprovalInfoDTOList);
        return leave;
    }
}
```

DTO 类包括 requestDTO 和 responseDTO 两部分。由于请假微服务前端应用场景相对简单，我们用 leaveDTO 代码做个示例，如代码清单 19-33 所示。

代码清单 19-33　leaveDTO 代码

```
@Data
public class LeaveDTO {
    String leaveId;
    ApplicantDTO applicantDTO;
    ApproverDTO approverDTO;
    String leaveType;
    ApprovalInfoDTO currentApprovalInfoDTO;
    List<ApprovalInfoDTO> historyApprovalInfoDTOList;
    String startTime;
    String endTime;
    long duration;
    String status;
}
```

DTO 属性应尽量根据前端数据展示需求按需定义，避免 DTO 一次包含属性过多，暴露后端业务和数据逻辑。尤其对于多渠道应用场景，可以根据渠道属性和数据以及接口要求，按需为不同的渠道前端应用定义个性化的 DTO 和 facade 接口。

注意　对于同一段后端核心业务逻辑（如：同一个应用服务或领域服务），在面向多个不同渠道应用（如 PC 端应用和移动端应用）提供服务时，如果需要根据不同的前端应用需求，提供不同的接口和数据服务，我们可以根据不同前端的数据要求将 DO 转换为适配不同前端应用的 DTO，根据不同前端的接口需求将同一个应用服务封装成不同的 facade 服务。

这样，在不改变后端核心业务逻辑代码的情况下，就可以快速适配不同前端应用千变万化的个性接口和数据需求了，完成微服务与不同前端应用的接口和数据适配，同时也保证了核心领域逻辑的稳定。

19.9　微服务解耦策略小结

在使用 DDD 进行微服务设计时，用到了很多解耦策略来实现领域模型和微服务设计的"高内聚，低耦合"。下面我们一起来总结一下，看看用到了哪些解耦策略？

首先来看一下微服务或聚合之间的解耦策略。

❑ 限界上下文实现了不同业务领域边界的微服务物理边界的解耦。

❑ 聚合实现了微服务内不同聚合之间逻辑边界的解耦。

❑ 微服务之间通过领域事件和消息中间件，以数据最终一致性的策略，实现了微服务之间的异步调用和服务解耦。

❑ 通过适当的数据冗余设计，如值对象的业务快照数据设计，实现了跨微服务不同聚合之间的数据解耦。

再来看一下微服务内的解耦策略。

❑ DDD 分层架构，通过分层和不同层的职责边界定义，实现了微服务内各层职能和代码的解耦。

❑ 用户接口层通过 facade 接口和数据组装适配，实现了微服务核心业务逻辑与前端应用或用户解耦。

❑ 仓储模式通过依赖倒置策略，实现了核心领域逻辑与基础资源处理逻辑的解耦。

❑ 微服务代码目录通过聚合目录和分层目录代码边界，实现了不同职能代码边界的解耦，有利于微服务架构演进时代码的组合和拆分。

❑ 应用服务通过对不同聚合领域服务的组合和编排，实现了同一个微服务内不同聚合的解耦。

❑ 聚合之间通过聚合根 ID 引用，而不是对象引用方式，完成不同聚合领域对象之间的访问，实现了聚合之间不同领域对象的解耦。

❑ 微服务内聚合之间通过事件总线，采用数据最终一致性策略，实现了聚合之间服务同步调用的解耦。

19.10　本章小结

通过本章代码详解，我们了解了用 DDD 设计和开发的微服务代码到底是什么样子，也知道了在微服务设计和开发时需要重点关注哪些问题。

当一个微服务有多个聚合时，很多传统架构开发人员总是会下意识地引用其他聚合的实体或值对象，或者直接调用其他聚合的领域服务。由于这些聚合的代码在同一个微服务内，所以微服务运行时并不会有任何问题，开发效率似乎也更高，但这样会不自觉地增加聚合之间的耦合。

在微服务架构演进时，如果这些聚合被分别拆分到了不同的微服务，原来微服务内的调用关系就会变成跨微服务。这会导致原来微服务内的对象引用或服务调用失效。虽然前期领域模型和边界划分得很好，但如果开发人员稍不注意，就很容易导致很多解耦的工作前功尽弃，免不了要花大量的时间和精力去完成代码拆分和解耦工作。

所以，我还想再重点强调一点："微服务设计和开发时，要时时刻刻想着微服务的架构演进，与生俱来就需要考虑聚合的解耦和未来聚合的重组，做到未雨绸缪。"

解耦后，微服务的边界就会更加清晰，更容易适应业务的快速变化，轻松实现微服务架构演进，自然就可以更快地响应前台业务需求的变化了。

本章代码可以从 GitHub 上获取，地址为 https://github.com/ouchuangxin/leave-sample。

第四部分 *Part 4*

前 端 设 计

通过前面的学习，我们了解了如何用 DDD 完成业务中台领域建模和微服务设计。通过业务领域和微服务的拆分，让业务拥有了更强的复用能力和扩展能力，让微服务具有了高弹性伸缩和高可用能力，从而更好地完成应用上云。

业务领域和微服务的拆分在企业中台建设中是"分"的过程，通过"分"可以提升业务和应用的扩展能力。但"分"只是手段，企业最终目标是"合"，即实现业务的融合。

业务融合主要发生在前台，需要在前台应用中聚合各个业务中台能力，实现不同业务板块和公共能力的联通与融合，给前台一线用户提供企业级业务和流程的一体化体验。

但在业务中台完成微服务架构升级后，前端应用由于仍在采用大单体的建设方式，所以依然面临单体应用建设的窘境。因此前端团队在面对大量的业务中台和微服务时，其技术实现和集成复杂度会远远超过原来的集中式单体架构。

在这一部分我引入了微前端的设计思想，通过前端微服务化和单元化设计思想，解决业务中台建设完成后前端如何解耦和应用集成困难的问题。

本部分包括第 20 章和第 21 章，主要包括以下内容。

❑ 第 20 章 微前端架构理念与技术实践。

❑ 第 21 章 微前端：微服务的最佳搭档。

微前端架构理念与技术实践

在 2016 年年底，ThoughtWorks 技术雷达上出现了"微前端"（Micro Frontends）一词。相信读到这里，你已经可以根据前面了解到的微服务的概念，类推微前端的大概含义了。简单来说，这种架构模式是微服务架构理念在前端领域的延伸，旨在将单体前端应用分解为松耦合且独立的小应用后，再根据实际的业务场景将这些小应用组装成单个解决特定业务场景的应用。

本章将以目前行业中前端项目的现状以及痛点为入口，带你逐步了解微前端出现的原因和要解决的问题。同时从技术层面解析微前端架构的实施方案。当然目前微前端架构技术路线很多，还没有确定的最佳实践，在实施方案的选择策略上主要依赖于项目的目标、要求与方案本身的特性。最后通过讲解引入微前端架构关键技术、框架的示例工程，来进一步阐述项目微前端化的具体实施方式。

20.1 前端项目的困局

前面提到，随着架构转型的企业激增，越来越多的系统都采用微服务架构来规避单体系统日渐扩大带来的问题。从前端开发的角度来看，我们一直将开发前端应用当作一个整体来处理，可是随着项目需求实现数的提升，前端工程变得越来越大且越来越难以维护，于是基于组件化的思想对代码进行拆分，提炼出常用的公共组件封装 NPM 包或上传 GIT，以便在下一次开发过程中，遇到同样的业务场景时，可快速将之前已开发好的组件加载到项目中。

但仔细想想，这种分治的方式，只停留在开发层面，最终不管是从组件集成还是项目部署来看，我们构建的仍然是一个单体项目。

　　按照亚马逊提出的 Two Pizza Team 的团队建设原则，一个后端微服务的团队应不超过十几人，且拆分后的微服务本身研发工作量应与人力资源匹配。

　　图 20-1 是一个团队将项目微服务化后的架构示意图。

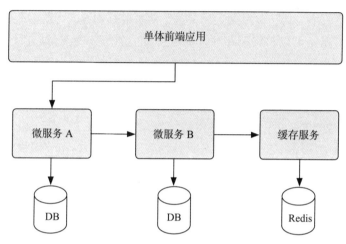

图 20-1　微服务化后的架构示意图

　　从图 20-1 中可以看出，后端应用被拆分成多个相对独立的微服务，但前端应用仍然是一个大型传统单体。这就导致了新的问题，在后端团队享受微服务架构的技术红利，并逐步开始扩大服务范围和规模时，前端团队开始越来越难受。因为从本质上来讲，他们面临的系统架构并没有做出任何改变，但前端应用逐渐开始制约整体研发进度，形成了这种体系结构的瓶颈。

　　通常来讲，采用微服务架构的团队在研发方面基于敏捷开发。在需求分析期，会将同一需求实现分为前端任务和后端任务。由于后端已微服务化，所以后端任务分散且由不同的微服务团队完成，但是前端任务会始终指向一个团队。从项目管理的角度来看，前后端任务难度和人力配比的权衡也是一道难题。

　　当然，从应用研发的角度来看问题还远不止于此。服务之间是完全独立的，配合挡板可实现服务的单独测试，特别是在复杂系统微服务化后，针对单一组件修改后的测试可以更充分地进行。随着 DevOps 的普及，项目在每次发布时，后端可以做到持续发布，微服务间的部署相对隔离，自然互不影响。

　　如果出现突发情况，服务的动态扩缩或者升降级也不会影响系统的整体运行状态。上述后端微服务架构天然的特性，与这种单体前端应用存在不可调和的矛盾，比如在服务更新后，前端测试边界不易划分，不能针对单一模块进行版本发布和动态扩缩。

　　为解决这些痛点，前端最终演变出了一种新的架构——微前端架构。

20.2 如何理解微前端

微前端最早出现在 ThoughtWorks 2016 年 11 月的技术雷达中，提出以后很快就被业界所接受，在各互联网大厂中得到推广和应用。经过几年的实践和发展后，2019 年在第 21 期的技术雷达中，微前端被纳入"采纳"清单。同期"Zhong Tai"也被纳入了"试验"清单。

在技术雷达报告中，将微前端纳入"采纳"清单的理由是："引入微服务令我们受益匪浅，使用微服务，团队可以扩展那些独立部署及维护的服务的交付。遗憾的是，我们也看到许多团队创建了单体前端——一个建立在后端服务之上的大而混乱的浏览器应用程序，这在很大程度上抵消了微服务带来的好处。自从问世以来，微前端持续变得流行。我们已经看到，许多团队采用这种架构的某种形式来管理多开发人员和多团队的复杂性，以提供相同的用户体验。2020 年 6 月，这项技术的发起人之一发表了一篇介绍性的文章，可以起到微前端参考文献的作用。它展示了这种设计是如何通过各种 Web 编程机制实现的，并使用 React.js 构建了一个示例应用程序。我们有理由相信，随着大型组织尝试在跨多团队中分解 UI 开发，这种风格将越来越流行。"

 提示　技术雷达是 ThoughtWorks 每半年发布一次的技术趋势报告，它持续关注技术的成熟度评估，并提供技术选型建议，迄今已经走过了 10 年。

技术成熟度包括采纳、试验、评估、暂缓四个象限。

❑ 采纳：强烈主张业界采用这些技术。

❑ 试验：值得追求。重要的是理解如何建立这种能力。企业应该在风险可控的项目中尝试此技术。

❑ 评估：为了确认此技术将如何影响你所在的企业，值得做一番探究。

❑ 暂缓：谨慎推行。

随着容器化技术、DevOps 等新技术及理念的落地，开发团队可以快速轻松地构建具有可伸缩性、高可用性、可扩展性的组件化复杂系统。与传统单体架构相反，微服务架构的所有组件和功能都分散在各个服务中，系统单点瓶颈和风险得到缓解。

当然在这里更需要说明下，微服务与微前端的目标是不同的，微服务专注于后端服务的解耦，而微前端则关注解耦后服务重新聚合的策略。

那么我们该如何理解微前端呢？

首先要强调一点，微服务架构模式带来的优势，微前端架构模式同样具备。微前端是类似于微服务的前端开发理念，它将微服务架构的设计思想由后端扩展到了前端，解决中台微服务化后由于前端仍为单体前端而存在的逻辑复杂和臃肿的问题，实现前端微服务化。

微前端与微服务一样，都是希望将单体应用根据一定的规则完成拆分，并重组为多个可以独立开发、独立测试、独立部署、独立运维、松耦合的微前端或微服务。它们都可以适应业务快速变化和分布式多团队并行开发的要求。

在前端设计时我们可以遵循单一职责和复用原则，按照领域模型和微服务边界，将前端页面拆分，同时构建多个可以独立部署、完全自治、松耦合的页面组合。其中每个页面组合只负责特定业务的 UI 元素和功能，这样的页面组合就是微前端。

微前端页面可以只包括领域模型前端操作必需的页面要素。它可以作为企业级完整业务流程中的一个业务页面拼图，不包含页面导航等内容。同时，它也可以快速发布为一个独立的微前端应用。

微前端除了可以实现前端页面的解耦外，还可以实现页面级复用。这也与中台服务复用的理念一脉相承。

这种前端架构模式，基于对前端项目的有效合理拆解，使得单体前端分解为可以独立运行、开发、部署及运维的"小而美"的前端应用程序。然后结合业务领域，对这些应用程序进行组合、编排，构建我们所需的企业级前端应用。

微前端越来越成为一种行业趋势，以避免构建庞大且难以运维的单体前端。其核心思想是按业务场景将前端项目拆分为若干独立组件，以便不同的团队可并行高效地实施其研发与维护工作。

20.3　微前端会带来哪些好处

任何优秀的前端团队时刻都在应对两个终极难题：不断变化的业务需求和永无止境的用户体验提升。针对单体前端应用来说，修改或新增功能都需要对巨型代码库产生影响，其衍生出来的风险正是前端团队极力规避的。

引入微前端架构，可能为解决上述问题带来新的思路。那么微前端到底会给项目带来哪些好处呢？

1. 技术融合

几乎每天都会有新的前端领域技术产生，新技术的增长速度快得惊人，但是我们精力有限，没法样样精通。不同的技术，其优缺点也不尽相同。项目初期开展技术选型时，团队会秉承最小风险和最大收益的原则，结合项目的实际需求评估后选择最合适的一些技术。

微前端的技术框架无关性，正好更精确地实现了不同的技术应用于不同的业务。同时项目团队也无须再烦恼到底应该选择 Angular、React 或者 Vue 等各类前端框架。

2. 易于扩展和自由升级

当系统业务量增长时，微前端天然模块化的结构，保证了前端应用的高度可扩展性。另外，针对不同的模块可自由进行技术或组件版本的升级。这样，新技术、更新库或高级扩展能力等的变更会将更加具有针对性，所有的变更都是真正需要调整的地方。

3. 快速开发和部署

微前端架构下，每个前端应用由不同的团队负责独立研发，所以相当于把原来的单体前端团队拆开，就像多线程模式，并行地开发、测试及部署前端应用，且应用间不会相互依赖和干扰，项目的研发速度便得到了有效提升。在整个用户旅程中，各业务板块团队职责分工明确，不必随时保持全局思维，设计、研发人员可更加专注深耕特定业务领域。

4. 弹性扩缩与隔离

在微服务架构、微前端架构共同作用下，应用完全以单元化的形式，按业务领域被垂直切分为小块的服务，从前端 UI 到微服务，再到其他中间件与数据库，都是相对独立的。所以即便出现单一应用的性能瓶颈时，影响范围也是有限的，不至于全面崩盘。更重要的是，基于这个特性我们可以更有针对性地对应用进行扩缩容。

5. 更好的代码维护

前端的代码库再也不是一个庞大的整体，而是根据业务功能和特性进行切分，每一块代码由特定团队维护。整体来看，这种分而治之的策略使得维护大型复杂业务系统变得容易。

20.4　微前端适合你的项目吗

前面聊了这么多，看上去好像微前端确实是前端团队面对单体前端架构问题的"灵丹妙药"。但是事物都有两面性，不管是在新应用的开发或是老应用的重构，微前端转型显然需要花费更多成本。

基于微前端架构必然导致应用的开发、测试、构建、发布乃至运维全生命周期的复杂性的增加。团队需额外投入精力应对不同微前端组件的版本控制。由于前端团队被独立拆分，团队间针对技术与框架的选择更加自由，导致重复代码和组件库的管理变得困难，浏览器的兼容性维护难度增加，用户体验一致性也难以保证。

在使用微前端之前，明智的做法是检查上述不利趋势发生的可能性，并研判对应解决方案的成熟度和技术的可行性。在权衡架构转型的投入产出比时，可以结合以下几点来考虑。

❏ 应用面对不断增长的用户群，且不同业务模块负载相差较大，针对性的局部应用扩容迫在眉睫。

❏ 前端应用越来越庞大、臃肿，不管是研发还是运维，都开始变得难以维护。

❏ 业务多样性、团队技术栈导致在前端应用中必须使用多种技术或框架。

❏ 应用规模正随着业务需求的实现而快速的扩张，代码管理也越来越混乱。

❏ 业务需求的变更集中在少数功能模块，其余部分呈现稳态，持续发布每次都要影响无变化的服务，降低了系统的可用性。

如果你的团队正在思考如何应对以上全部或者某几个场景，那么以微前端架构作为解决方案应该是一个不错的选择。

20.5　微前端的实施方案与实践

在前面章节已经讲解了如何利用DDD将单体应用拆分成微服务。同样，我们也可以将其用到前端应用的拆分上，以领域模型为基准将微前端与微服务组合为业务单元。假设我们只考虑垂直拆分，即从业务角度将整体应用划分为若干微前端，最终我们会得到一系列规模较小的、单元化的应用程序，显然仅有这些应用程序是不足以完成产品交付的。

为了有机整合这些小型前端应用，从架构来看需要在各微前端应用上层搭建一个"拼接层"作为应用的入口和门面，用户直接与这个门面进行交互，门面负责解析用户意图并路由至不同的微前端应用。从用户的角度来看，基于这样的架构，就实现了微前端的业务拆分与展现整合。

微前端架构示意图如图20-2所示。

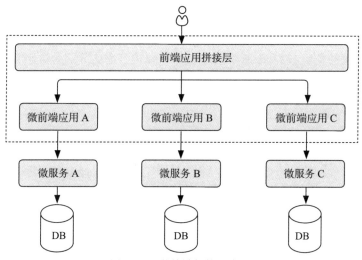

图20-2　微前端架构示意图

微前端作为一种架构模式，具体的技术实现思路存在多种。从落地案例和效果来看，常见的实践方案大致分为三大类。

1. 基于iframe实现

这应该是任何一个前端技术人员最容易想到的技术方案。按照前文所说，微前端改造首先需要对应用进行领域的识别和拆分，而iframe天然具备微前端的特征，应用隔离。所以只需将应用部署后，在页面特定的位置通过iframe动态加载即可。

2. 基于页面布局服务实现

通常来讲，该类方案的基本思路是由服务端根据路由动态渲染页面片段，支持片段的并发渲染以提升效率，同时具备一定的容错能力以防止片段渲染过程出现错误。例如，

Tailor 利用 Node.js 实现后端路由，组装微前端应用。

3. 基于微前端框架实现

结合微前端框架，构建包裹器应用。该应用首先实现微前端应用的注册，当 URL 命中微前端应用的路由时激活并挂载，反之若页面中微前端应用不处于激活状态时，则将其卸载移除。该类框架有 Single-SPA、frint 等。

由于利用 iframe 实现微前端这种方案相对比较简单，本书不再赘述。接下来将重点讨论基于服务端模板组合和微前端框架实现微前端架构的技术手段。

20.5.1　Tailor 实践

本节我们将首先简单介绍 Tailor 的概念、工作原理及其特性，然后列举两个实践案例来帮助读者加深理解，掌握其使用方法。

1.Tailor 是什么

首先，我们先从欧洲最大的电商平台 Zalando 发起的马赛克项目（Mosaic Project）讲起。

随着业务规模的发展，Zalando 的后端单体式架构已逐步分解为微服务，但是大多数前端解决方案仍停留在单体应用上。于是 Zalando 开展了马赛克项目，专用于支持大型网站微服务架构化的一组库和组件，其中 Tailor 便是马赛克项目的微前端构建中最重要的页面布局服务。

Tailor 作为一种布局服务，通过将各种页面片段（例如页眉，产品和页脚）组成一个完整网站。其核心思想与微服务完全一致，就是实现巨型单体应用的拆分。从技术层面来看，Tailor 异步获取多个片段并组合形成输出响应。从开发的角度来看，我们应首先编写布局，然后在布局中声明调用的微前端应用指向，并将它们作为单个读取流传输到前端。在 Tailor 中，可编写布局，以定义在每个视图上调用微前端。

为了便于理解，这里我们先来聊聊 Facebook 的 BigPipe。

在传统的前端应用请求中，因为很多操作是顺序的，并且相互不能重叠，所以衍生了很多优化类技术，比如 JavaScript 延迟加载、资源并行下载等。但这些优化都不涉及 Web 服务器和浏览器顺序执行而导致的瓶颈。比如从用户交互的两个阶段来看，在 Web 服务器忙于响应用户请求，组装数据生成页面时，浏览器处于闲置状态，这个阶段中 Web 服务器的性能成为性能瓶颈。当 Web 服务器将请求的页面和数据发送给浏览器后，这时浏览器进行页面解释和渲染，而 Web 服务器又处于闲置状态，浏览器成为这个阶段的瓶颈。

这是一种典型的串行模式导致的性能问题。优化方案也很容易想到，那就是尽量将 Web 服务器的数据生成与浏览器的页面渲染工作的执行时间重叠，做到并行化，从而减少用户能感知的应用延迟。

如果我们从页面分区的角度来讲，不同区域的展示方式、数据来源、数据加工等机制差异较大。比如常见的首页工作台可能会有待办事项、新闻列表、个人数据图表等，在传统前端应用中，用户必须等待这些查询都返回了数据，才能进行后续页面的渲染，这其中假如任一查询出现了效率问题，对于用户体验而言都是灾难性的。

讲了这么多痛点，BigPipe 到底是什么呢？

首先，它是一种页面的流式渲染机制。考虑 Web 服务器和浏览器之间的并行，BigPipe 将页面生成过程划分为若干关键阶段，并将网页进行分块，允许在不同阶段同时执行多个分块请求。

具体来讲，结合 BigPipe 技术，用户的页面请求流程如下：

1）浏览器发送 HTTP 请求至 Web 服务器；

2）Web 服务器对 HTTP 请求进行必要验证后，返回未闭合的 HTML 文档，其中包含 HTML 标签与 JS 库，并指定了页面的逻辑结构和 Pagelet 占位符；

3）Web 服务器逐个生成 Pagelet，每一个 Pagelet 生成后会将其关联资源 HTML 内容、CSS、JavaScript 传至浏览器；

4）浏览器根据接收的数据，同步渲染页面多个分区。

基于这样的机制，网页的性能指标（如白屏时间、首屏时间、整页时间）都得到大幅优化。从用户的角度来看，页面渐进式的加载过程无疑极大程度地提升了用户体验。但是如果我们再从搜索引擎的角度来看，动态的页面加载机制会阻碍搜索引擎的内容爬取。

当然，如果不考虑开发成本，可以进一步优化来弥补这个缺陷，根据 user-agent 判断请求端的类型，如果是爬虫，则不使用 BigPipe 的页面请求机制。当然你可能更关注企业级应用的开发，这个问题可忽略。但如果是做电商类，业务强依赖于搜索引擎，那这个限制便不可忍受了。

TailorJS 借鉴了 Facebook 的 BigPipe，同时避免了 BigPipe 在网站 SEO 方面的劣势。其显著特点如下：

1）生成预渲染标记，固定初始渲染，对于 SEO 更友好；

2）提升前端应用性能，Tailor 并行请求片段，并尽快将其流式传输，而不会阻塞页面的其余部分；

3）具备容错能力，呈现有意义的输出，即使页面片段失败或超时也是如此。

2. Tailor 的原理及特性

我们先来看看 Tailor 是如何工作的。服务请求抵达路由后，会匹配公共 URL 与模板路径，调用布局服务。为了优化首字节时间（注：首字节时间是指从客户端开始与服务端交互，到服务端开始向客户端浏览器传输数据的时间，包括 DNS、socket 连接和请求响应时间，它能够反映服务端响应速度的重要指标，获取在接收到响应的首字节前花费的毫秒数），Tailor 服务异步获取待加载片段，并对响应流进行组合，最终形成输出流。此过程基于 Node.js 的非阻塞 I/O 特性，并行处理以提升应用性能。Tailor 处理流程示意图如图 20-3 所示。

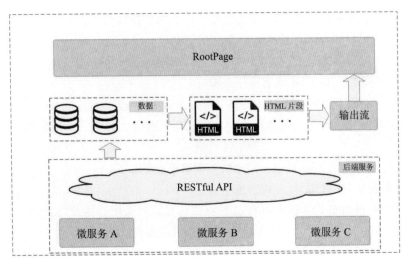

图 20-3 Tailor 处理流程示意图

Tailor 布局服务运作流程如下。

1）根据路径获取模板。

2）解析模板以获取占位符。

3）异步调用模板中的所有片段。

4）将多个片段流组合成一个输出流。

5）根据主要片段设置响应头并输出。

接下来，我们逐一分析 Tailor 本身的特性及其为微前端服务的工作原理。

（1）模板

Tailor 中模板包含两类，分别是基础模板与派生模板。

构造 Tailor 模板的主要目的是允许用户将页面共性的内容抽取出来，以形成基础模板，并在模板中定义插槽以作为派生模板内容的占位符。而派生模板只包含片段和标记，依据占位符插槽的位置将这些元素填充到输出页面上。

我们看一个简单的示例，基础模板内容如代码清单 20-1 所示。

代码清单 20-1　基础模板内容

```html
<!doctype html>
<html>
<head>
    <script type="slot" name="head"></script>
</head>
<body>
    <slot name="body-start"></slot>
    <div>Hello Domain Driven Design</div>
</body>
</html>
```

派生模板内容如代码清单 20-2 所示。

代码清单 20-2　派生模板内容

```
<meta slot="head" charset="utf-8">
<title slot="head">Domain Driven Design In Practice</title>
<script slot="body-start" src="http://DDD"></script>
```

浏览器渲染后的 HTML 输出如代码清单 20-3 所示。

代码清单 20-3　浏览器渲染后的 HTML 输出

```
<!doctype html>
<html>
<head>
    <meta charset="utf-8">
    <title>Domain Driven Design In Practice</title>
</head>
<body>
    <script src="http://DDD"></script>
    <div>Hello Domain Driven Design</div>
</body>
</html>
```

（2）事件

在 Tailor 事件监听的实现基于事件派发器（EventEmitter），相信大家应该都很熟悉，它是发布订阅的设计模式，专门用于监听已知的事件，并触发相应的回调方法。

在 Node.js 中，事件派发器作为 Node 事件流的核心，是内置模块 events 提供的一个类。在程序中订阅事件，我们可以这样来做，具体如代码清单 20-4 所示。

代码清单 20-4　事件订阅

```
tailor.on('eventName', callback)
```

Tailor 主要有两类事件类型，包括顶层事件和片段事件。

顶层事件偏向于监听更加全局的一些事件，其用到的主要方法说明如下所示。

❏ start(request)：收到服务请求时。

❏ response(request, status, headers)：开始响应时（刷新标题，并将流连接到输出）。

❏ end(request, contentSize)：响应结束时（带响应大小）。

❏ error(request, error)：产生错误时，如模板解析 / 获取失败、超时等。

❏ context:error(request, error)：获取上下文出错时。

片段事件倾向于处理页面中单个片段的事件响应处理，其用到的主要方法说明如下所示。

❏ fragment:start(request, fragment.attributes)：片段开始被处理时。

❏ fragment:response(request, fragment.attributes, status, headers)：响应开始，接收到响

应体头部时。

❏ fragment:end(request, fragment.attributes, contentSize)：响应结束时（带响应大小）。

❏ fragment:error(request, fragment.attributes, error)：产生错误时，如套接字错误、超时等。

❏ fragment:fallback(request, fragment.attributes, error)：当片段处理过程中，触发了超时或其他错误后，且指定了备选地址 (fallback-src)。

 说明 fragment:response，fragment:fallback 和 fragment:error 这三个事件是互斥的。fragment:end 仅在成功响应的情况下才会触发。

（3）钩子

Tailor 提供了四个钩子函数，可在页面渲染过程中的特殊时点触发各种任务，比如测量前端性能。这些钩子的设计并不基于发布订阅模式，通常一个前端文件往往有多个 JS 资源，如果采用这种设计模式会增大多个订阅者的标记难度。具体钩子函数及说明如下所示。

❏ Pipe.onStart(callback(attributes, index))：将来自片段的每个脚本加载至浏览器之前，触发回调方法。

❏ Pipe.onBeforeInit(callback(attributes, index))：将来自片段的每个脚本在页面或模板初始化之前，触发回调方法。

❏ Pipe.onAfterInit(callback(attributes, index))：将来自片段的每个脚本在页面或模板初始化之后，触发回调方法。

❏ Pipe.onDone(callback())：页面上的所有片段的脚本均已初始化完成时，触发回调方法。

回调函数入参说明如下所示。

❏ attributes：通常为 id，同时支持通过 pipeAttributes 自定义属性。

❏ index：每个片段对应脚本通过头部 Link 加载至浏览器的顺序。

结合上述介绍的 Tailor 的各种特性，接下来我们以页面性能监测为例，进一步展开介绍。

3. 实践案例一：性能监测

聊到页面的性能监测实例前，我们先引出用户计时接口（User Timing API），它专门用于帮助开发人员通过高精度的时间戳对页面特定阶段进行埋点标记，以评估应用性能。

计时事件类型包括标记事件和度量事件。兼容性方面，目前用户计时接口作为 W3C 的正式推荐标准，支持桌面端和移动端的主流浏览器。

关于 User Timing API 的详细内容，你可以自行查阅相关资料。

示例工程关键文件的结构如图 20-4 所示。

图 20-4 文件结构

1）index.js：应用主文件代码及解析，如代码清单 20-5 所示。它实现的具体功能包括：

❑ 引入相关依赖，声明所需变量；

❑ 创建多个 HTTP 服务，模拟微前端片段应用。

代码清单 20-5 index.js

```
'use strict';
const http = require('http');
const Tailor = require('../../index');
const serveFragment = require('./generateFragment.js');
// 声明 tailor 对象
const tailor = new Tailor({
    templatesPath: __dirname + '/pagetpl',
    pipeInstanceName: 'TailorPipe',
    maxAssetLinks: 3
});
// 在 8080 端口创建 tailor 主服务
const server = http.createServer((req, res) => {
    if (req.url === '/favicon.ico') {
        res.writeHead(200, { 'Content-Type': 'image/x-icon' });
        return res.end('');
    }
    return tailor.requestHandler(req, res);
}).listen(8080);
console.log('Tailor started at port 8080');
// 监听 tailor 服务创建故障
tailor.on('error', (request, err) => console.error(err));

// 在 8081 端口创建片段 1 服务，片段生成逻辑见：generateFragment.js
const fragment1 = http.createServer(
    serveFragment('Footer', 'http://localhost:8081', 1)
).listen(8081);
console.log('Fragment Header started at port 8081');

// 在 8082 端口创建片段 2 服务，片段生成逻辑见：generateFragment.js
const fragment2 = http.createServer(
    serveFragment('Content', 'http://localhost:8082', 1)
).listen(8082);
console.log('Fragment Content started at port 8082');
```

2）generateFragment.js：页面片段生成模块的代码及解析，如代码清单 20-6 所示。它实现的具体功能包括：

❑ 定义模块接口，定义不同片段依赖文件的生成规则；

❑ 针对不同片段输出对应的 HTML、CSS、JS 文件。

代码清单 20-6　generateFragment.js

```javascript
'use strict';
const url = require('url');
// 定义片段依赖的 JavaScript 文件的头部信息
const jsHeaders = {
    'Content-Type': 'application/javascript',
    'Access-Control-Allow-Origin': '*'
};
// 定义片段依赖的 JavaScript 文件的内容
const defineFn = (module, fragmentName) => {
    return `define (['${module}'], function (module) {
        return function initFragment (element) {
            element.className += ' fragment-${fragmentName}-${module}';
            element.innerHTML += '<br>' + '<b>这段内容是 JavaScript 代码产生的效果
                </b>';
        }
    })`;
};
// 定义模块接口
module.exports = (fragmentName, fragmentUrl, modules = 1, delay = false) => (
    request,
    response
) => {
    const pathname = url.parse(request.url).pathname;
    switch (pathname) {
    // 片段对应 JS 文件的生成
        case '/fragment.js':
            if (delay) {
                return setTimeout(() => {
                    response.writeHead(200, jsHeaders);
                    response.end(defineFn('js', fragmentName));
                }, 500);
            } else {
                response.writeHead(200, jsHeaders);
                response.end(defineFn('js', fragmentName));
            }
            break;
    // 片段对应 CSS 文件的生成
        case '/fragment.css':
            response.writeHead(200, { 'Content-Type': 'text/css' });
            response.end(`
                .fragment-${fragmentName} {
                    padding: 30px;
                    margin: 10px;
                    text-align: center;
```

```
        }
        .fragment-${fragmentName}-js {
            background-color: lightgrey;
        }
    `);
    break;
default:
    const scriptLinks = [];
    for (var i = 0; i < modules; i++) {
        scriptLinks[i] = `<${fragmentUrl}/fragment.js>; rel="fragment-
            script"`;
    }
    // serve fragment's body
    response.writeHead(200, {
        Link: `<${fragmentUrl}/fragment.css>;
            rel="stylesheet",${scriptLinks.join(',')}`,'Content-Type':
            'text/html'});
    response.end(`
        <div class="fragment-${fragmentName}">
            片段: ${fragmentName}
        </div>
    `);
    }
};
```

3）index.html：页面模板代码及解析，如代码清单 20-7 所示。它实现的具体功能包括：
❏ 基于 Tailor 预置钩子，埋点进行微前端片段的性能监测；
❏ 在对应的片段占位输出内容。

代码清单 20-7 index.html

```
<!doctype html>
<html>
<head>
    <meta name="viewport" content="width=device-width,initial-scale=1">
    <meta charset="utf-8">
    <script>
        (function (Pipe, perf) {
            if (Pipe === undefined) {
                return;
            }
            if (!('mark' in perf && 'measure' in perf)) {
                return;
            }

            // 在片段初始化前的钩子中进行标记
            Pipe.onBeforeInit(function (attributes) {
                var fragmentId = attributes.id;
                performance.mark(fragmentId);
            });
```

```
                    // 在片段初始化后的钩子中进行标记
                    Pipe.onAfterInit(function (attributes) {
                        var fragmentId = attributes.id;
                        performance.mark(fragmentId + 'end');
                        // Measure the time difference between mark start and mark end
                            to get the initialization cost
                        performance.measure('fragment-' + fragmentId, fragmentId,
                            fragmentId + 'end');
                    });
                // 在全部片段渲染完成后，度量相关性能指标，并输出日志
                    Pipe.onDone(() => {
                        var data = performance.getEntriesByType('measure');
                        console.log(data);
                        console.log("全部片段渲染完成");

                    });
                })(window.TailorPipe, window.performance);

    </script>
    <script>
        define('js', function () {
            return 'js';
        });
    </script>
</head>

<body>
    <div>
        <h2>页面头部区域 :</h2>
        <fragment id="footer" src="http://localhost:8081"></fragment>
        <h2>页面内容区域 :</h2>
        <fragment id="content" src="http://localhost:8082"></fragment>
    </div>
</body>
</html>
```

运行后的页面效果如图 20-5 所示。

打开浏览器 Console，我们可以看到页面中两个片段的渲染时长等信息，以此作为性能监测的依据，如图 20-6 所示。

当然这部分信息也可以输出到相应的日志文件或传入后端服务，进行持久化，以便后续开展性能数据分析。

4. 实践案例二：微前端架构初探

通过前面的示例工程，我们感受了基于 Tailor 的各种特性，可以方便快速地进行各微前端应用的性能监测。

在上面的例程中，我们使用 node.js 的 HTTP 创建服务，模拟同时运行的多个微前端，页面内容也是通过字符串直接输出的。

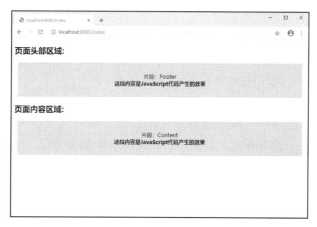

图 20-5 运行后的页面效果

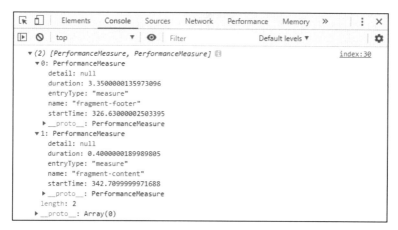

图 20-6 性能监测效果

当然，你可能会说实际的微前端工程并不是这样，在企业级的中台建设时一般会有多个项目组参加，且每个项目组负责不同的前端应用，项目之间的工程并没有交集。

接下来我们来实现一个基于 Tailor 的、最小化的微服务架构。工程关键文件结构如图 20-7 所示。

图 20-7 工程关键文件结构

在文件结构中，各自职责如下。

❑ index.js 是应用主文件，用于引入依赖、声明变量及启动 Tailor 服务。

❑ pagetpl 中的 index.html 作为微前端服务的页面入口，是各微前端应用的拼接层，负责页面内容的占位及位置编排。

❑ webapp1、webapp2 则是两个独立的前端应用，不管是开发技术栈，还是实际运行都毫无关联。此处作为待加载的微前端应用。

应用主文件 index.js 的具体代码及解析，如代码清单 20-8 所示。

代码清单 20-8　应用主文件 index.js

```
'use strict';
const http = require('http');
const Tailor = require('../../');
// 加载 tailor 服务的入口页面
const tailor = new Tailor({
    templatesPath: __dirname + '/pagetpl'
});
// 启动 tailor 服务
http
    .createServer((req, res) => {
        if (req.url === '/favicon.ico') {
            res.writeHead(200, { 'Content-Type': 'image/x-icon' });
            return res.end('');
        }
        tailor.requestHandler(req, res);
    })
    .listen(8080, function() {
        console.log('Tailor server listening on port 8080');
    });
```

应用页面入口 pagetpl/index.html 的具体代码及解析，如代码清单 20-9 所示。

代码清单 20-9　应用页面入口 pagetpl/index.html

```
<!DOCTYPE html>
<html>
<head>
    <meta http-equiv="Content-Type" content="text/html; charset=utf-8"/>
</head>
<body>
<!-- Tailor 服务的基础模板 -->
<h1>中台架构与实现：基于 DDD 和微服务 </h1>
<fragment id="webapp1"  src="http://localhost:8888" async primary ></fragment>
<fragment id="webapp2"  src="http://localhost:9999" async primary ></fragment>
</body>
</html>
```

微前端应用 webapp1/index.html 的具体代码及解析，如代码清单 20-10 所示。

代码清单 20-10　微前端应用 webapp1/index.html

```
<!DOCTYPE html>
<html>
<head>
    <meta http-equiv="Content-Type" content="text/html; charset=utf-8"/>
    <style>
        body {
            background: #303F9F;
            color: white
        }
    </style>
    <script>
        // 设置定时器,以计算应用的开启时间
        c= !setInterval('document.getElementById("c").innerHTML=c++;', 1e3)
    </script>
</head>
<!-- 页面内容 -->
<h2>这是 web1 的内容 </h2>
<div>web1 应用开启时间为 : <span id="c">0</span>s</div>
</html>
```

微前端应用 webapp2/index.html 的具体代码及解析,如代码清单 20-11 所示。

代码清单 20-11　微前端应用 webapp2/index.html

```
<!DOCTYPE html>
<html>
<head>
    <meta http-equiv="Content-Type" content="text/html; charset=utf-8"/>
</head>
<!-- 页面内容 -->
<h2>这是 web2 的内容 </h2>
<b>Hello DDD</b>
</html>
```

1)基于 node.js 启动 Tailor 的主服务 index.js。

2)利用 http-server 分别启动 webapp1(端口:8888)和 webapp2(端口:9999)。

浏览器访问 http://localhost:8080/index,便可看到页面实际运行效果,如图 20-8 所示。

结合实际代码不难看出,Tailor 的拼接层进行页面编排后,各片段会按部就班地加载到对应位置,而且各模块相对独立,无数据交互。即便要做数据交互,我们也可以轻松地把这部分逻辑搬到后端。

对于大部分前端应用场景的拆解来说,这样的模式是完全足够的。比如,常见的公司办公系统的用户面板,应该会有待办事项、个人信息展示、新闻列表等,基于 Tailor 我们可以很轻松地实现这些模块应用单元化的拆分和完全端到端的应用开发、运维等。

好了,关于 Tailor 微前端架构实践就先聊到这里。下一节,我们将继续探索微前端架构的另一种主流实现方式，Single-SPA。

图 20-8　运行效果

20.5.2　Single-SPA 实践

本节我们将简单介绍 Single-SPA 的基本概念、生命周期与应用架构，然后以一个微前端架构的实践案例帮助你加深理解，掌握其实践方法。

1.Single-SPA 是什么

Single-SPA 是一个 JavaScript 库，它是将若干小型前端应用集成在一起的微前端框架。其设计理念在于让独立的前端应用组成一个完整的页面。简单说来，Single-SPA 充当了前端的万能拼接层，不依赖于任何技术框架及其特性，如图 20-9 所示。

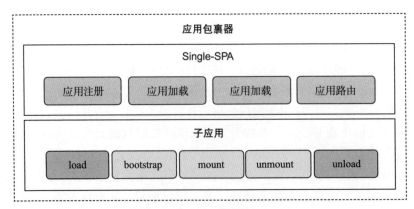

图 20-9　Single-SPA 架构框图示意

在项目开发初期，团队进行技术选型时，如果没有引入微前端的设计思想，针对前端应用进行拆分，并考虑在适当的位置将拆分后的单元进行拼接，那我们往往是在不同技术栈之间挣扎，纠结于业务场景与哪种前端框架的匹配度更高，另外还需要慎重考虑不同框架的生态是否能恰好满足应用需求。

但倘若我们一开始就决定采用微前端架构，且引入 Single-SPA 框架作为微前端的实施基础，那么上面的问题自然就迎刃而解了。

团队可在研发过程的不同阶段按需渐进式地引入不同技术栈，如 Vue、React、Angular等。各个技术栈之间也完全可以按团队职责拆分后同步开发。最终将各微前端应用与 Single-SPA 进行整合，即在框架内完成应用的注册与加载，并配置路由。

相比其他微前端架构的实施方案，Single-SPA 框架的优势如下。

1）兼容性强：允许微前端基于不同的技术框架，并将各前端应用放置在同一页面。

2）改造方便：利用其集成现有前端应用，已有项目中的代码无须重构。

3）性能强劲：可实现部分应用的懒加载，以缩短初始加载时间。

4）耦合度低：独立部署微前端应用。

2. 生命周期与应用架构

目前，各种主流的框架都提供了应用的生命周期钩子，以便在应用的不同生命阶段完成特定的处理。在 Single-SPA 中，包含许多注册应用，每个应用都有自己的框架和组件库，都有自己的路由机制。应用未被装载前，保持休眠状态。一旦应用被装载后，就完全以应用自身的方式去渲染页面。

Single-SPA 为注册应用提供了生命周期对应阶段的钩子，具体包含以下内容。

❏ load：首次加载已注册应用时触发。针对这个钩子，通常来讲，最佳的做法是在执行期间少执行或尽可能不执行任何操作，或者等到 bootstrap 触发时执行。

❏ bootstrap：首次安装已注册应用时触发。

❏ mount：当注册应用还未完全装载时触发，且其活动函数已返回 true 值。

❏ unmount：当卸载已注册应用时触发。通常来讲，调用此函数前，应清除所有在挂载已注册应用程序时创建的 DOM 元素、事件侦听器、内存泄漏、全局变量等。

❏ unload：当应用被删除前触发。完成删除后，应用的状态变为未加载，需重新安装。当然之所以有这样的机制，目的是实现子应用的热加载。

其中：一个标准的子应用，不论基于何种技术栈，需至少应实现 bootstrap、mount 和 unmount 共三个生命周期阶段的方法供 Single-SPA 调用；当然不同的框架对于这三个阶段在实现上也略有差异，这时就需要依赖引入额外的库，如 single-spa-angular、single-spa-vue 等。

Single-spa 的常见应用架构方案如图 20-10 所示。

结合图 20-10，Single-SPA 的常见应用架构主要需要了解以下几点内容：

1）RootApp、RouterApp、App1、App2、App3 都是独立的应用；

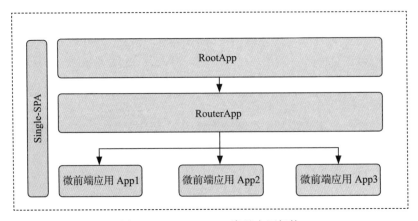

图 20-10　Single-SPA 常见应用架构

2）RootApp 作为应用包裹器，实现微前端应用的统一展示；

3）RouterApp 应用通过应用路由的方式，实现子应用的识别与跳转；

4）App1、App2、App3 这 3 个微前端的技术框架没有任何限制，完全可以做到独立并行的高效开发。

3. 实践案例：微前端架构

接下来，我们用一个示例来进一步阐明 Single-SPA 的用法。

本示例搭建了一个小型微前端框架，应用拼接层基于 Single-SPA，集成基于 Vue 和 React 框架的前端应用，同时为了解决基于不同技术框架前端应用的通信问题，引入事件总线以进行微前端应用间的数据交互。工程关键文件结构如图 20-11 所示。

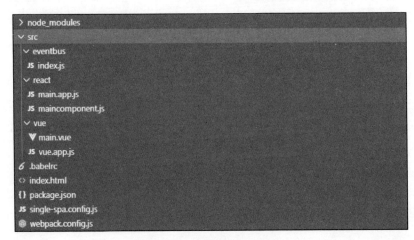

图 20-11　工程关键文件结构

接下来我们针对例程中的核心文件，逐一解析。

single-spa.config.js：Single-SPA 的核心配置文件。

该文件主要实现以下内容：

1）注册前端子应用，需调用 registerApplication 方法，该方法共含 3 个参数，分别为：应用名称、加载函数（加载应用的入口）、活动函数（用于反映应用的加载状态）；

2）启动 single-spa 服务，需调用 start 方法。

具体代码及解析如代码清单 20-12 所示。

代码清单 20-12　single-spa.config.js

```
// 引入 single-spa 关键函数
import { registerApplication, start } from 'single-spa'
//Vue 应用注册
registerApplication(
    ‹vue›,
    () => import(‹./src/vue/vue.app.js›),
    () => location.pathname === «/react» ? false : true
);
//React 应用注册
registerApplication(
    ‹react›,
    () => import(‹./src/react/main.app.js›),
    () => location.pathname === «/vue»  ? false : true
);
// 启动
start();
```

（1）事件总线

前面提到，微前端之间在某些业务场景确实存在数据交换的问题，通常各前端应用都是独立部署存在，要解决这个问题，需引入事件总线。

本例中选择引入 eev 事件总线，它是一个小型、快速且零依赖的事件发射器，使用方法也相对简单。

eventbus/index.js：实现 Event 事件总线的对象实例化，其代码及解析如代码清单 20-13 所示。

代码清单 20-13　eventbus/index.js

```
import Eev from 'eev'
export const e = new Eev()
export default e
```

（2）Vue 应用程序

vue/vue.app.js：Vue 的应用入口文件。在该文件内创建了 Single-SPA 的生命周期实例，并实现了关键的钩子函数。

这里的代码实现了 Single-SPA 子应用的安装、装载和卸载，前文提到对于生命周期的钩子，不同的技术框架处理略有差异，此处我们引用 'single-spa-vue' 模块来实现方法的导出。具体代码及解析如代码清单 20-14 所示。

代码清单 20-14 vue/vue.app.js

```
import Vue from 'vue';
import singleSpaVue from 'single-spa-vue';
import MainVue from './main.vue'

// 创建生命周期实例
const vueLifecycles = singleSpaVue({
    Vue,
    appOptions: {
        el: '#vue',
        render: r => r(MainVue)
    }
});

// 应用启动钩子
export const bootstrap = [
    vueLifecycles.bootstrap,
];

// 应用成功启动后的钩子
export const mount = [
    vueLifecycles.mount,
];

// 应用卸载后的钩子
export const unmount = [
    vueLifecycles.unmount,
];
```

vue/main.vue：Vue 应用的核心组件。实现页面内容渲染，并基于事件总线订阅和发布数据。该部分代码主要逻辑如下，其代码及解析如代码清单 20-15 所示。

1）页面渲染。包括一个 H1 元素、一个调用消息发布方法的按钮和一个用于显示订阅消息的变量。

2）组件中引入 EventBus 实例，并在 mounted 钩子函数中实现消息订阅，在 send-Message 中实现消息的发送。

3）当 Vue App 接收到 React App 发出消息时，会修改变量 messageStr，页面内容同时更新。

代码清单 20-15 vue/main.vue

```
<template>
    <div>
        <h1>这是 Vue App</h1>
            <button v-on:click="sendMessage()">发送消息给 React App</button>
            <p>
            <a>React App 的消息：</a><b>{{messageStr}}</b>
```

```
            </p>
        </div>
</template>
<script>
import e from "../eventbus";
export default {
    // 定义变量
    data() {
        return {
            messageStr: "暂未发送"
        };
    },
    // 渲染完成后，设置事件总线的监听
    mounted() {
        e.on("reactmessage", message => {
            this.messageStr = message.text;
        });
    },

    methods: {
        // 定义消息发送方法
        sendMessage() {
            e.emit("vuemessage", { text: "Hello React App -- 来自 Vue App 的问候." });
        }
    }
};
</script>
```

（3）React 应用程序

react/maincomponent.js：React 应用的核心组件。实现页面内容渲染，并基于事件总线订阅和发布数据。该部分代码主要逻辑如下，其代码及解析如代码清单 20-16 所示。

1）组件中只引入了 React 和 EventBus 实例，并在 componentDidMount 中实现消息订阅，在 sendMessage 中实现消息发布。

2）当 React App 接收到 Vue App 发出消息时，会调用 messageHandler 方法去更改变量 this.state.message。

3）在 render 方法中进行了页面元素的渲染，包括一个 H1 元素、一个调用消息发布方法的按钮和一个用于显示订阅消息的变量。

代码清单 20-16　react/maincomponent.js

```
import React from 'react'
import e from '../eventbus'
export default class Root extends React.Component {
    constructor(props) {
        super(props)
        this.state = {
            message: '暂未发送'
```

```
        }
        this.messageHandler = this.messageHandler.bind(this)
    }
    messageHandler(message) {
        this.setState({
            message: message.text
        })
    }
    // 组件渲染后，开启事件总线监听
    componentDidMount() {
        e.on('vuemessage', this.messageHandler)
    }
    // 发送消息方法
    sendMessage() {
        e.emit('reactmessage', { text: 'Hello Vue App -- 来自 React App 的问候 .'})
    }
    render() {
        return (
            <div style={{marginTop: '10px'}}>
                <h1>这是 React App</h1>
                <p>
                    <button onClick={this.sendMessage}>
                    发送消息给 Vue App
                    </button>
                </p>
                <p>
                    <a>Vue App 的消息: </a><b>{this.state.message}</b>
                </p>
            </div>
        )
    }
}
```

react/main.app.js：React 的应用入口文件。在该文件内创建了 Single-SPA 的生命周期实例，并实现了关键的钩子函数。

这里的代码实现了 Single-SPA 子应用的安装、装载和卸载，前文提到对于生命周期的钩子，不同的技术框架处理略有差异，此处我们引用 'single-spa-react' 模块来实现方法的导出。具体如代码清单 20-17 所示。

代码清单 20-17　react/main.app.js

```
import React from 'react';
import ReactDOM from 'react-dom';
import singleSpaReact from 'single-spa-react';
import Home from './maincomponent.js';
function domElementGetter() {
    return document.getElementById("react")
}
```

```
// 创建生命周期实例
const reactLifecycles = singleSpaReact({
    React,
    ReactDOM,
    rootComponent: Home,
    domElementGetter,
})
// 应用启动钩子
export const bootstrap = [
    reactLifecycles.bootstrap,
];
// 应用成功启动后的钩子
export const mount = [
    reactLifecycles.mount,
];
// 应用卸载后的钩子
export const unmount = [
    reactLifecycles.unmount,
];
```

示例运行后的效果，如图 20-12 所示。

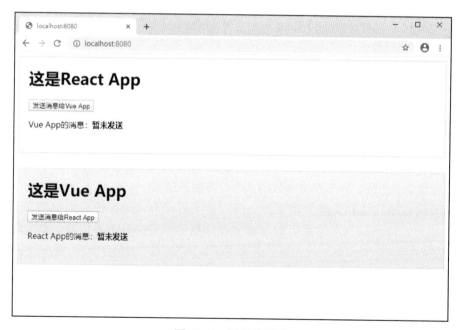

图 20-12　运行效果图

分别点击两个应用的发送按钮后，效果如图 20-13 所示。

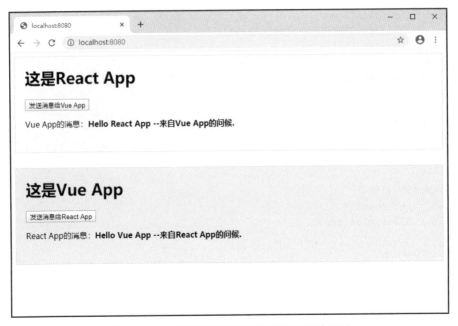

图 20-13　点击两个应用的发送按钮后的效果图

20.6　本章小结

微前端是近几年提出的前端设计思想。很多技术团队基于不同的前端技术体系，探索出了很多实践方案。微前端可以解决前后端分离后，前端开发、集成和版本发布等诸多难题。

现阶段微前端的技术路线非常多，实现手段也很多，有点"八仙过海，各显神通"的感觉。某些前端技术组件也还可以针对微前端推出加强版，以提高开发效率，比如，微前端注册、模块动态加载、动态路由和数据共享等方面的能力。

虽然目前技术路线和实现方案很多，但大乱之后必有大治！随着微前端在互联网大厂的大量应用，微前端技术体系会越来越完备，相信最终会有王者出现。这个时间不会太久！

微前端：微服务的最佳搭档

微服务架构通常采用前后端分离设计。作为企业级的业务中台，在完成单体应用拆分和微服务建设后，前端项目团队会同时面对多个中台微服务项目团队，犹如面对无数线头的维修电工一样。

当面对如此多的微服务暴露出来的 API 服务时，应该如何进行正确的连接和拼装，才能保证不出错？这显然不是一件很容易的事情。

而当服务出现变更时，如何通知所有受影响的项目团队，这里面的沟通成本相信也不小。要从一定程度上解决上述问题，我们是不是可以考虑，先有效降低前端应用集成的复杂度呢？这是一个很有意思的话题。

这一章我们一起来探讨一下完成业务中台微服务建设后，前端的设计方法和前后端的集成方式。

21.1　前端应用新趋势

相对互联网企业而言，传统企业的渠道应用更加多样化。有面向内部人员的门店类应用，有面向外部客户的互联网电商平台或移动 App，还有面向第三方的集成和最近非常流行的主应用加小程序的应用模式。

以保险为例，在面向复杂的销售场景和多渠道业务时，企业既要有"大而全"的适合军团级作战模式的重量级企业级 App，也要有"小快灵"的适合单兵作战的轻量级应用，能够让保险产品快速切入不同复杂环境下的场景化销售。

企业级 App 集成了企业大部分的业务能力，实现了企业级业务能力的融合，可以集中销售和运营所有保险商品，实现不同保险产品的组合或交叉销售。这种大块头、重量级的应用可以满足企业级集团化作战的要求，但企业级 App 集成的能力越多，应用建设的复杂度就会越高。

那是采用原来的单体前端设计模式，还是采用新的前端设计方法呢？

先别着急，我们再看一下前端应用的一个新趋势：场景化销售。

随着小程序以及面向特定场景的诸如拼团、分销、直播带货和社交媒体等新销售模式的出现，企业除了需要有这种大块头的企业级应用，还需要有面向个人的、分散的场景化销售能力。

一般来说，场景化销售的保险产品相对单一，一个场景可能只销售一类保险产品。比如面向车友圈销售的车险、面向宠物社交圈销售的宠物保险等。场景化销售可以是微信、论坛、微博、抖音或其他第三方应用，也可以是广场舞社交圈或者某一场足球比赛等线下场景，还可以是面向不同社交圈的多级分销场景。总之，只要有人存在的地方都可以进行场景化销售。

但很多场景化的销售来得快去得也快，一年甚至就用一次，用完即弃。一线销售人员需要的是一种可以单兵作战的能力和武器，是可以让产品能够快速友好地融入生活中线上或线下场景的能力。这样，销售人员可以利用自己的人脉或影响力完成产品销售。

场景化销售本质是一种化整为零的销售策略，虽然很分散，但是很灵活，且具有非常强的渗透力和杀伤力。显然，重量级的企业级 App 并不适合场景化销售。为了适应场景化销售，企业还要有"化整为零"的产品快速发布能力，以及极致的市场响应能力。这种能力主要集中在前端，所以我们需要有一种前端应用建设的新思维和新模式。

总体而言，企业级 App 集中了企业的所有能力，如果把它比作"大象"，那么场景化销售就是"蚂蚁"了。"蚂蚁"虽小，但它很灵活，借助互联网媒体的传播，可以很快渗透到传统销售不能到达的面向 C 端客户的分散型销售场景，发挥出意想不到的威力。

但是，集中式的、功能强大的企业级 App 会面临应用集成复杂的问题，而场景化销售又需要拥有"化整为零"的产品快速发布能力。那我们应该如何设计，才能调和两者的矛盾，让企业既具有集中的产品运营能力，又可以实现"化整为零"的产品快速发布能力，支持分散的场景化销售呢？

这对前端项目团队而言，相信是一个不小的挑战。

下面我们就一起来讨论一下微前端这个全新的设计方法，看看能否解决上面的问题。

21.2　业务单元设计

微前端提出之初也跟微服务一样，其主要目的是解决单体前端应用耦合度高、应用臃肿和集成复杂的问题。那微前端到底应该如何设计和拆分，如何进行前端解耦，降低前端集成复杂度呢？

DDD 可以指导微服务设计和拆分，那它是否同样可以用来指导微前端设计呢？我们再回看一下 DDD 的战略设计过程。

在 DDD 战略设计时，我们会根据限界上下文来划定领域模型的边界。在这个领域模型内，业务职责单一，业务功能自包含，业务边界非常清晰，所有领域对象都是为了完成这个领域内的业务功能而聚合在一起，所以用 DDD 构建出来的领域模型是一个天然独立的业务单元！

由于领域模型业务边界清晰，业务独立性强，微服务设计可以采用 DDD 的方法，微前端设计同样也可以使用。这里我们引入了业务单元的概念。

业务单元就是在进行微服务和微前端设计时，以领域模型为基准，向上通过微前端实现领域模型的页面逻辑，向下通过微服务实现领域模型的核心业务逻辑，将微前端与微服务组合成业务单元，每一个业务单元就是一个职责单一的业务组件。它们以组件化的方式，同时对外提供 API 接口级和页面级的服务复用能力。

业务单元包括微前端和微服务，它们可以分别独立开发、测试、部署和运维，分别从前端和后端自包含地完成领域模型的业务功能。

我们看一下图 21-1。图中的一个虚框就是一个业务单元，在业务单元内微前端和微服务分别独立开发和部署，且微前端和微服务在团队内已完成前后端集成。

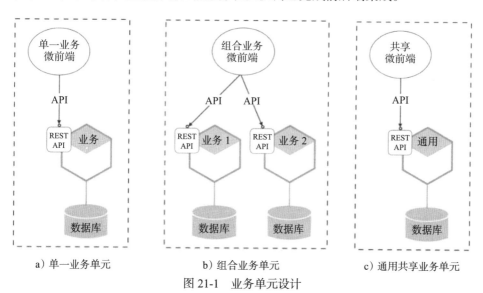

a）单一业务单元   b）组合业务单元   c）通用共享业务单元

图 21-1 业务单元设计

业务单元有多种组合方式，可以根据不同的需求实现不同的业务目标。

1. 单一业务单元

单一业务单元通常由一个微前端和一个微服务组成。

它们依托同一个领域模型，分别完成前端页面逻辑和后端业务逻辑能力，两者集成后对外提供服务。

2. 组合业务单元

一个微前端与多个微服务组成组合业务单元。

微前端实现多个微服务的前端功能，完成较为复杂的页面和操作。后端微服务实现各自领域模型的功能，向微前端提供可组合的服务。

如果业务中台有多个微服务，需要保证中台前端业务逻辑的完整性，你就可以采用组合业务单元的设计方式。

 注意 微前端不宜与过多的微服务组合，否则容易变成单体前端。

---

3. 通用业务单元

一个微前端与一个或多个通用中台微服务可以组合为可复用的通用业务单元。

通用微前端以共享页面的方式与其他微前端页面协作，完成企业级业务流程。

很多通用中台微服务的微前端是需要复用的，比如订单和支付等微服务对应的订单和收款微前端界面，它们需要面向企业内所有领域提供订单和收款的页面级服务，一般有常驻前台主页面的入口。

综上，业务单元是以领域模型为基准，它们边界清晰，具有功能自包含的特点，可以在单元内独立完成从前端页面到后端业务逻辑的全流程。

业务单元之间要避免功能交叉而出现耦合，这样容易影响项目团队的职责边界，进而影响到业务单元的独立开发、测试、部署和运维等。

21.3　微前端的集成

采用微前端和单元化设计后，企业内将会有企业级前端主页面和业务单元级微前端页面两类不同的前端页面。它们的职责和分工不同：

❑ 企业级前端主页面组合多个微前端页面一起实现**企业级**前端页面和业务流转；
❑ 业务单元微前端页面与微服务集成完成**领域级**前端页面逻辑。

我们可以针对不同业务场景的需要，灵活地实现微前端与不同应用的集成，满足不同业务场景的前端建设需要。比如，与企业级前台主应用集成发布成重量级的企业级 App，与微前端容器集成发布成面向场景化销售的轻量级微前端应用等。

1. 企业级 App 集成

企业级 App 采用"主应用 + 微前端小应用"的设计方式。"大块头"的企业级 App 应用是企业级入口应用，它可以整合和联通企业内各种能力和资源实现业务融合。企业级主应用组合和编排各个业务单元微前端页面，实现企业级业务流程。企业级 App 与微前端集成主要发生在前端主页面，该页面位于企业级前台应用内，是前台 Base 主页面，如图 21-2

所示。微前端是业务单元的前端页面。

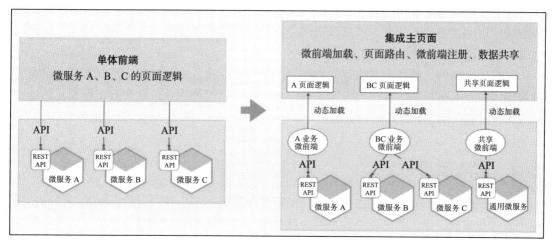

图 21-2　从单体前端到微前端

用户在前端主页面操作时，微前端会通过主页面的微前端模块加载器，利用页面路由和动态加载等技术，将特定业务单元的微前端页面动态加载到前端主页面，按照企业业务流程组合多个微前端一起协作完成企业级业务流程，实现前端主页面与微前端页面的动态"拼图式"集成和运行。

微前端与微服务完成开发、集成和部署后，在前端主页面完成微前端注册以及页面路由配置，即可动态根据企业业务流程加载微前端页面。

企业级集成主页面与所有微前端页面完成集成后，就可以发布为企业级 App。由于这一步主要是前端与前端之间的集成，基本与技术栈无关，所以可以降低技术实现复杂度，解决企业级前端应用集成复杂和困难的问题。

2. 微前端与微服务的集成

微前端与微服务采用前后端分离设计，各自独立开发，独立部署。微前端与微服务的集成与传统前后端分离的集成方式没有差异。微服务将服务发布到 API 网关，微前端调用发布在 API 网关中的服务，即完成业务单元内的前后端集成。同一个领域模型的微前端与微服务完成集成，即组合为业务单元。为了降低应用集成和沟通成本，建议一个业务单元由同一个团队完成。

3. 微前端应用

微前端应用类似小程序，它是一种可以相对容易地适配多种业务场景发布要求，实现灵活快速发布的轻应用模式。在不同的业务场景下，用户可以通过扫描二维码或网页链接等多种方式实现微前端应用访问。由于业务单元的领域模型具有"高内聚，松耦合"，并且功能自包含的特点，所以微前端内的页面组合，覆盖了特定业务单元内部的全部业务流程。

我们可以针对业务单元，创建与之匹配的微前端应用，持续迭代、单独打包以快速发布，最终将各微前端应用与第三方容器框架进行集成，实现应用整合。前端容器框架实现微前端应用的按需动态装载，微前端应用之间的运行维护也完全独立，天生单元化的属性对于应用实现灰度发布也有较好的支持。

微前端应用的这种灵活和快速发布能力，提升了应用页面加载效率的同时，也实现了故障隔离。企业可以基于微前端应用实现中台产品化研发和运营，让企业在场景化销售时具有更快的响应能力和更高的稳定性。

21.4 团队职责边界

单元化设计的本质就是现在非常流行的模块化设计思想。这种设计方法在中国路桥建设中发挥得淋漓尽致。将路桥分段后各个模块就可以在不同的厂房独自建设，待各模块独立建设完成后，在现场直接拼装就可以了，非常简单、高效和省时。

采用单元化设计后，前后端项目团队的职责和应用建设边界会更加清晰。由于业务边界、团队边界和故障边界等隔离性非常好，单元化设计非常适合分布式架构下，大规模多团队并行开发的项目管理模式。多个项目团队可以基于业务单元互不干扰地完成应用建设，企业 PMO 只需协调各个业务单元的整体进度，而业务单元内部的进度则可由团队自行控制。这样可以降低开发、沟通和集成成本，提高产品复用能力，达到提速增效的目的。

接下来我们一起来看一下采用单元化设计后，前中台项目团队的职责分工。

在组建中台项目团队时，我们可以按照中台领域模型的边界来组建。他们同时完成业务单元的微服务和微前端的开发、测试、集成和部署，确保业务单元内的业务逻辑、页面和流程正确。

中台项目团队最终交付的产品是包含前端页面逻辑（微前端）和后端业务逻辑（微服务）的业务单元组件。这样，中台项目团队会更加关注业务单元内前后端功能的完整性和正确性，对业务单元这个产品的整体交付质量和工程进度负责。

由于微前端与微服务的集成在同一个团队完成，团队内部人员之间的沟通，对技术实现的理解以及项目进度的协同方面，都会相对容易得多。这样可以降低应用集成时的人员沟通成本和集成的技术难度，加快开发和集成效率，提高应用的开发质量，降低前后端应用集成出错的概率。

在组建项目团队时，我们可以坚持一个基本的原则："掌握好项目和技术复杂度边界，将沟通边界尽量控制在小团队内部。让熟悉的人干熟悉的事，让专业的人做专业的事，避免增加不必要的沟通和技术成本。"

当我们将业务单元前端功能交给中台项目团队后，企业级前端项目团队就只需要专注于前端技术和企业级前端与微前端的集成，而不必关心后端微服务到底采用了何种技术、所提供的服务接口和参数到底是什么样子。这是因为基于 API 的前后端集成工作，早已经由中台项目团队在业务单元内的微前端和微服务之间完成了。

接着我们来看一下有了这样的职责分工后，企业级前端项目团队需要完成哪些工作。

❏ 首先，完成企业级前端 Base 主页面与微前端页面的集成，通过对微前端页面的组合和编排，在前端主页面实现企业级主流程的页面和流程流转，确保主流程业务逻辑和流程正确。

❏ 其次，制定企业级前端集成技术标准和规范，统一企业级前端页面风格。

❏ 最后，建立微前端技术体系，如：微前端配置和注册管理能力、微前端模块加载能力、路由分发能力、全局数据分发能力和数据通信能力等基础能力。

综上，有了这样的团队和职责边界后，中台项目团队可以更专注于业务单元的内部功能。业务单元内这种小团队的沟通和集成成本，会比各自独立的前、中台团队之间的成本小很多。而且由于团队内部彼此熟悉技术实现方式，所以集成难度和业务逻辑处理出错的概率也会小很多。

从研发层面来看，微前端架构有助于实现自治的研发团队，各子应用具备独立迭代的能力，在新技术的引进和创新的能力上会更加灵活。更重要的是，企业能够围绕业务部门或产品的需求有针对性地持续打造专一功能的团队，团队也能更加精确深入地专注于特定业务领域的问题。中台项目团队也可以参与到中台产品的运营团队，完成微前端应用的场景化销售运营。

微前端架构对研发团队的影响如图 21-3 所示。从图中可以看出，在单体前端架构的组织研发过程中，后端服务的研发人员需对接统一的前端团队。在研发节奏较快的时期，前端团队的人员势必会因为应对太多后端团队的请求而导致精力分散，无法更好地实现前端应用的研发。

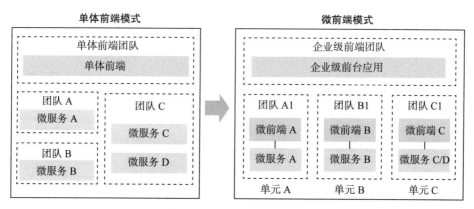

图 21-3　单体前端和微前端模式项目团队结构组成

如果仍然沿用单体前端的设计模式，前端项目团队将会同时面对多个中台微服务团队，需要集成成千上万的 API 服务，这就需要相当高的沟通成本和技术能力要求了。

微前端化后，应用就完全以单元化的形式存在，前端团队依附后端应用，分散在不同的团队，人员专注度和团队计划统筹的能力自然得以提升。这样的模式可以使团队在业务的某一精细领域持续深耕、沉淀经验，实现产品和团队的持续迭代，帮助企业打造"小而精"且独立自治的研发和运营团队，有利于中台产品化的运营。

同时企业级前端团队只需要关注企业级前端与不同业务单元的微前端集成。在实现应用集成时，前端团队不再是基于微服务 API 的接口集成，而是变成了企业级前端与业务单元微前端的集成，这样就可以做到技术栈无关性，降低技术敏感性和前后端集成的难度。

综上，相比单体前端模式，微前端模式既降低了技术实现的难度，又减少了团队之间的沟通成本，提高了应用的质量。

21.5 本章小结

本章我们主要探讨了微前端和单元化的设计方法。通过微前端和业务单元化设计，既可以降低企业级前台应用集成的复杂度，支持重量级的企业级 App 建设，又可以让企业具有了更强的产品快速发布和业务响应能力，支持场景化销售的轻量级应用的快速发布和产品销售。这种能力对我们的团队组建、研发模式和业务能力发布等都会带来巨大的价值。

中台设计案例

前面我用四个部分的内容讲解了中台设计的基本理念、DDD 基础理论知识、微服务的拆分和设计方法以及微前端和单元化设计方法。这些方法涵盖了企业中台建设的方方面面，将它们组合在一起就是企业级中台建设的完整知识和方法体系。

本部分我会用一个保险订单化设计的案例，采用自顶向下的领域建模策略，带你走一遍中台设计的完整流程。希望能够通过这个中台案例设计，帮助你加深对前面所学知识的体系化理解，更好地投入 DDD、中台和微服务实践。

本案例涵盖了业务领域的分解、中台领域建模、微服务和微前端设计、业务单元设计以及如何实现业务和数据融合等内容，本书第 1 章中的很多设计思想和建设策略在本部分将会有所体现。

本部分只有一章，即第 22 章：中台战略下的保险订单化设计。虽然只有一个章，但它串联了本书所有的知识点，所以内容非常丰富。

第 22 章

中台战略下的保险订单化设计

通过前面的学习，相信你已经熟悉了 DDD 的整个知识体系。在中台微服务化后，我们还可以用微前端的设计思想来实现前端应用解耦和业务单元化、页面级的应用集成和微前端应用的快速发布。这些设计方法和技术组合起来使用，就可以构建出 "中台解耦，前台融合" 的可复用的企业级中台应用。

那中台的设计流程是什么样的呢？如何组合它们才能发挥最大的效能呢？

本章我就用一个保险订单化设计案例，帮你加深对中台建设的认识，深刻理解基于 DDD 的中台建设核心知识体系和设计思想。

作为企业级的整体解决方案，我还会帮你进一步体系化地了解前台、中台和后台，看看它们之间是如何协同设计的。

这里提前说明一下，之所以选择保险订单化作为中台设计的案例，是因为保险电商业务复杂性要超过一般电商业务，所以保险中台建设也会比一般电商应用建设更复杂。如果你能解决保险订单化建设过程中的各种复杂问题，相信大多数业务场景下的问题也能迎刃而解。

22.1 保险为什么要订单化销售

传统保险承保核心业务系统大多是分产品线建设的，同类保险产品在一个系统中完成从前端到后端的业务流程。比如在产险业，大多是按照车和非车两大类保险产品来进行应用建设的（注意：非车是指车险以外的保险产品，如财产险、意外险、工程险等产品）。

两类应用从前端页面逻辑到业务逻辑完全独立。如果客户需要同时购买车和非车两类不同的保险产品，则需要分别在车和非车两个前端操作两个系统。这是一种烟囱式的应用建设模式，用户在前端缺少一体化体验。

在移动互联应用流行的时代，有不少企业早前是这样建设企业 App 的。企业为不同的业务领域开发了诸多 App，为了运营这些 App 需要投入大量的人力物力，但用户却并不想装这么多 App。同时，这类 App 大多会因为"部门墙"的存在，很难在企业发挥合力，不利于企业的统一运营和商业模式创新。

因此，很多保险集团开始尝试缩减 App 的数量，将所有产品的前台销售界面集成到一个 App 中，实现所有产品无差异的一体化运营和销售，例如很多名为"某某通"的 App。

随着淘宝、京东等电商模式的快速兴起，移动线上化的销售模型已经改变了很多人的消费习惯，客户消费方式已悄然向移动化和线上化转变，电商已经成为主流的销售模式，这已经成为一种不可逆的历史潮流。

保险既然是一种商品，也应顺应用户使用习惯和客户消费习惯，实现订单化销售。在电子保单出现后，免除了保险公司向客户线下寄送纸质保单的过程，保险公司与客户之间交互的环节变得更加简单。电子保单的出现，既降低了保险公司的运营成本，也有利于保险的移动线上化销售。

在电商交易中，维系买卖双方契约的最重要的凭据就是订单。在保险电商设计中引入订单，既是为了解决保险集团产品无差异订单化销售的问题，也是为了降低企业应用集成复杂度，更是为了实现用户线上一体化体验。

订单可以抽象并屏蔽不同保险产品领域模型之间的差异，实现不同保险产品的组合订单化销售。通过商品、购物车、订单和支付等通用中台能力，建立客户一体化销售和接触界面。

但在整合集团所有保险商品进行订单化设计时，我们会面临很多的挑战。试想如果把寿险和产险等多个子公司几千种保险产品集成到一个 App 中，如何解决数量如此之多，领域模型差异如此之大的产品应用开发和集成？如何实现所有产品无差异的订单销售？如何快速集成新产品和新应用？如何降低不同公司因为技术栈差异而增加的应用集成复杂度？这些都是需要仔细思考的问题。

22.2　保险业务的复杂性

保险业务的复杂性是跟保险商品的特殊性相关的。保险不是实物商品，客户购买的是保障，保单是保险商品的非实物载体。由于保险商品的特殊性，在进行保险商品订单化设计时，它与普通商品订单化销售存在较大的差异。

下面我们来分析一下保险业务的复杂性到底体现在什么地方？

22.2.1　保险与普通商品差异分析

我们在购买普通实物商品时，电商的业务流程一般是这样的。

1）选择商品。客户登录 App，选择**一个或多个**商品，加入购物车或直接下单。

2）生成订单。根据商品类别、数量和单价，生成订单，计算总支付金额。

3）订单支付。客户根据订单总金额，完成订单支付。

4）商家发货，快递运输。

5）客户收货，完成商品评价。

6）交易完成。

传统保险商品销售，在保险术语里是"承保出单"，它的业务流程一般是这样的。

1）保险产品选择。用户登录保险业务系统，选择**一个**保险产品。

2）保单录入。保险产品不同页面的录入要素会不同，一般需要录入投保人、被保人和标的等若干信息。

3）保费计算。除少量定额保单不需计算外，多数保险产品需进行保费计算，保费计算过程需考虑若干保费因子，如：险种、被保人、标的、历年理赔记录等。保费计算因子多，计算规则比较复杂。

4）投保单生成。客户确认投保后，生成投保单。

5）核保。多数保险产品会自动核保，高风险保单需提交人工核保。

6）保费支付。核保通过后，客户完成保费支付。

7）保单生成。投保单转保单，生成电子保单，将电子保单信息发送到客户手机中。

8）客户线上交易完成。

9）在保险公司内部，继续完成后台业务流程，如佣金结算、再保和财务等流程。

如果你购买的保险商品不巧分布在两个不同的系统中。那么对不起，请你登录另一个系统再重复 1~8 操作，完成承保出单。

下面我们来分析一下普通实物商品和保险商品的销售过程，看一看它们的差异，如表 22-1 示。

表 22-1　保险商品和普通商品流程差异

	普通商品	保险商品
商品	实物商品	投保单或保单（纸质或电子保单）
一次交易可选商品种类	多种	一类保险产品（组合产品可能包含多个险种）
商品信息录入	无	险种不同出单页面要素不同，信息多且复杂
订单金额	计算规则固定，商品数量乘以单价累加即得订单金额	大多需要根据承保录入信息计算保费，保费金额不固定，险种不同保费计算因子和计算规则不同
订单	有	无
支付	一次支付一个订单，一个订单可包含多类商品	一类产品一个保单，一个保单一个缴费通知单，一次支付一个保单
核保	无	险种不同，核保规则不同
物流	发货、收货、退货、换货	电子保单，无物流
后台流程	无	佣金、再保等后台业务流程，险种不同佣金和再保规则不同

结合表 22-1 中的对比结果，不难看出普通商品电商流程相对简洁，虽然商品种类多、差异大，但前台页面流程统一，实行一体化订单销售，用户体验好。而保险商品在销售过程中，会随险种的不同而产生前台、中台和后台处理逻辑上的差异，如前台页面要素、中台领域逻辑和后台业务规则等不同。同时由于保险产品保费计算过程复杂，高风险保单还需要人工核保，产品线上销售完成后，还有诸多后台业务处理流程等。

这一系列有别于普通电商的业务流程，会增加保险中台建设的复杂度。保险中台建设的复杂性有业务的复杂性，也有技术实现的复杂性。

22.2.2　业务复杂性分析

我们先来看一下保险商品承保业务的复杂性到底在哪里？

1）产品承保信息录入多，不同产品之间差异大。保险商品在销售过程中需要完成大量承保相关信息的录入，如被保人、标的等，不同险种承保录入信息不一样。

2）保险商品无固定单价，因此保费不固定（定额单除外），需要根据录入的承保信息，计算后才能得到最终保费。有的产品保费计算过程复杂，需综合多种保费计算因子，才能算出最终保费。

3）保障标的种类多，产品领域模型差异大，不太容易统一领域模型和业务逻辑。标的不同会导致产品领域模型和业务处理逻辑差异大，对前台设计和领域模型设计会产生较大影响。

4）不同类产品销售界面难统一，一体化体验不佳。普通电商一笔交易可以生成一个订单，一个订单可以销售多类不同商品，而保险销售由于保险业务的复杂性，缺少订单处理逻辑，在一笔交易中无法完成多类保险产品销售。

我们还是以产险业为例。产险主要有车险和非车险两大类产品。非车险除了大量传统非车保险产品，如家财、意外等，还有大量面向互联网生态圈的新型保险产品。

这些产品不仅在前台页面要素和流程方面存在差异，同时由于保障的标的不同，其中台领域模型也会存在较大差异。如果将这些领域模型迥异的上千种产品硬凑在一起，将会需要考虑大量产品兼容性的逻辑处理，因此会大量增加基于不同产品条件判断的逻辑代码，导致 if-else 语句泛滥成灾，而数据库内的数据表关联也是盘根错节，不利于软件产品的长期开发和维护。过多的不同产品的兼容性设计，也会增加业务分析和应用建设的复杂度，不利于边界清晰的产品化中台运营。

22.2.3　技术复杂性分析

传统大单体将企业能力集中在一个单体巨石应用中。单体应用的好处就是所有的数据和服务都在一个应用中，所以不需要考虑太多的服务和数据集成，但由于单体不容易上云，扩展能力差，无法满足业务发展的要求。

随着企业中台战略的实施，传统的单体应用会根据业务领域边界拆分为多个中台和微服务，企业的能力会由许许多多的中台和前台能力构成。但业务领域和应用的拆分，会导致应用的数量出现爆炸式增长，加剧应用集成的复杂度。

中台建设时，我们需要考虑微服务建设时的"拆"的问题，更需要考虑中台企业级能力的"合"的问题。业务领域和微服务的"拆"的过程，是企业能力从面到点逐步细化的设计过程，而"合"的过程则是将拆分后各个点的能力，由点到面逐步实现企业级能力融合的过程。"合"的过程是形成企业级能力和实现中台战略目标的重要过程。

我们要站在企业高度，整体考虑如何"拆"和"合"的问题，形成企业级整体解决方案。

保险订单化设计的技术复杂性在"拆"和"合"的过程中都有体现。主要体现为：如何划分保险业务领域构建领域模型？如何为不同的保险产品构建中台领域模型？如何实现前台、中台和后台协同设计和降低集成的复杂度？

保险产品由于保障标的不同，它们的前台页面逻辑和产品领域模型会存在差异。面对种类繁多各具特色的上千种产品，是否可以用一套页面模型来实现所有产品的前台逻辑，或者用一套领域模型来实现所有产品的领域逻辑呢？

这显然是不现实的！因为这样会制造出一个耦合度极高的大单体。

那是否可以为每一类产品构建独立的领域模型呢？

这也是不现实的！这样会导致领域模型泛滥，出现微服务过度拆分的问题。

那如何解决上千种产品的领域建模问题呢？不要着急，22.4 节会有详细介绍。

前后端分离后，技术实现的复杂性不仅仅体现在前台页面逻辑设计和集成的复杂性，更体现在前台、中台和后台集成的复杂性。

如果将集团上千种保险产品放在一个 App 中销售和运营，前台 App 团队不仅需要熟悉并掌握所有产品中台微服务的 API 参数和服务规约等信息，还需要理解所有产品的前台页面逻辑和承保业务流程。当前台 App 团队面对大量的微服务 API 接口时，应用集成的复杂度和出错的概率也会大大增加，这种前中台的集成复杂度就可想而知了。

另外，不同子公司在微服务建设时，如果采用了不同的技术栈，由于技术异构所带来的集成的技术复杂度，也会被直接传导到前台 App 项目团队，对前台 App 团队的技能也会提出更高的要求，进而增加技术实现的难度。

分布式架构下的前后端分离设计和微服务的拆分，会导致企业内应用之间集成的工作量猛增。面对如此多保险产品的统一运营和订单化销售，中台的领域建模、前台页面设计和开发，还有前台与中台、中台与中台、中台与后台之间的集成，都会给项目团队带来前所未有的挑战。另外，除了技术实现，我们还需要考虑应该如何组建项目团队才能降低项目之间沟通成本和集成复杂度的问题。

面临如此多棘手的复杂问题，是不是有点慌？其实无须紧张！*DDD、微服务和微前端就是为了降低软件产品复杂度而生的！*

下面我们来思考一下，到底应该如何设计，才能降低企业级中台建设的复杂度？

22.3　设计目标、思路和原则

我们先来了解一下保险订单化销售设计的业务目标、设计思路以及设计原则等内容。

1. 业务目标

保险订单化设计的整体业务目标是："通过DDD、微服务、微前端和单元化设计，降低业务分析和应用建设复杂度，建设支持保险订单化销售的企业级中台，解决复杂业务和技术背景下保险集团跨子公司产品组合和交叉销售集成复杂度高的问题，在统一的前台App建立用户一体化体验的销售界面，实现集团所有保险商品无差异的订单化销售。建立一体化的企业级保险订单化销售解决方案，既可以实现灵活的、适配不同渠道的核心能力，又可以建立标准的、适配能力极强的订单销售通用能力。"

2. 设计思路

前面我用大量的章节讲解了DDD战略和战术设计方法、微服务拆分和设计方法、微前端的设计方法以及业务单元化的设计思想和方法。这些方法不是相互隔裂的，将它们组合在一起就是一套全面的、体系化的企业中台设计和实践方法。

在保险订单化设计这个案例中，我会灵活使用这些设计方法，从建设企业级可复用的中台能力和优化企业级总体架构入手，降低项目团队沟通成本和应用集成的复杂度，实现"中台解耦，前台融合"。

具体设计思路是："用DDD设计方法完成业务领域边界划分，完成通用能力中台和核心能力中台领域建模。在中台设计时，采用单元化的设计思想，以领域模型为基准，向上构建微前端实现领域模型前端页面功能和流程，向下构建微服务实现领域模型核心业务逻辑。将微服务和微前端集成组合为业务单元，按照业务单元来组建中台项目团队。在企业级前台App设计时，采用微前端设计方法和技术，实现微前端页面和流程的组合和编排，建立企业级的订单化销售流程，在一个企业级App中实现集团所有保险产品无差异的统一运营和订单化销售。在后台设计时，采用领域事件驱动异步化的设计方式，实现中台与后台的业务和数据解耦。"

3. 设计原则

在保险订单化案例设计时，会遵循以下原则。

1）运用DDD、微服务、微前端和单元化等架构设计思想。

2）不改变现有保险业务管理要求和基本的承保出单核心业务流程。

3）作为保险集团订单化销售的企业级通用解决方案，可以复用到所有前台渠道应用，实现产品无差异化订单化销售。

4）重点从架构上进行解耦和分层优化，降低应用集成复杂度。

5）区分保险产品核心能力和可复用的通用能力，分别构建领域模型。

6）采用业务单元化设计思想，按业务单元组建项目团队，降低前台与中台的集成复杂度和技术敏感性。

7）采用领域事件驱动机制，降低中台之间以及中台与后台的集成复杂度。

8）同时考虑业务单元的微前端页面级功能复用和微服务的 API 接口级功能复用。

9）前台、中台和后台协同设计，实现"中台解耦，前台融合"。

在案例中，我会重点体现以下设计方法：DDD、微服务、微前端、业务单元和领域事件驱动等。

22.4　业务中台领域建模

业务中台领域建模的主要工作是完成业务领域划分，找出核心能力中台和通用能力中台，根据业务语义和上下文边界确定限界上下文边界，完成中台领域建模设计。

我们可以采用自顶向下或自底向上策略（具体参见第 13 章），完成业务领域分解和领域建模。

自顶向下策略是结合企业业务现状或未来业务战略发展，站在企业高度将业务领域由大到小逐级分解，分别对不同的业务子域完成领域建模，建模过程中不会过多考虑系统建设现状。

自底向上策略是从业务和应用建设现状出发，先分别针对应用所在的业务子域建模，然后找出基准子域，站在企业高度对各个子域的领域模型进行合并或者重构，最终形成企业级中台领域模型。

由于每个企业应用建设的情况不一样，下文会用相对容易理解的自顶向下的建模策略，带你了解业务中台领域建模的过程。另外，领域建模时会用到事件风暴方法（详见第 12 章），本章不再赘述。

22.4.1　分解业务领域

在保险业务流程中有很多业务对象，诸如：投保单、保单、批改单、缴费通知单和理赔单等。这些业务对象分布在不同的业务流程和环节中，它们会和很多其他业务对象建立关联，一起完成所在业务领域边界内的核心业务逻辑。

很明显，这些业务对象具有很典型的聚合根的特征，因此我们可以确认保险业务领域是具有富领域模型特征的。既然保险业务是富领域模型，那么用 DDD 来指导业务中台领域建模和微服务设计就是最合适不过了。

由于保险承保领域相对较大，业务流程较长，领域逻辑复杂。为了降低领域建模的复杂度，我们先将保险业务领域分解为若干子域，再针对子域用事件风暴方法构建领域模型。

那应该如何完成保险业务领域的子域分解呢？

我们从前面的保险业务流程了解到，虽然不同保险产品的前台页面逻辑和中台领域逻辑存在差异，但基本上所有保险产品的承保流程大体是相似的。它们一般都会有录单、报价、生成投保单、核保、缴费和生成保单等关键业务流程，这些流程在各业务阶段的边界相对清晰。因此在分解保险业务子域时，我们可以参考流程和功能两个维度的边界。

如果企业业务流程是由若干个关键业务流程组成，每一个关键业务流程节点内都有自己的核心领域逻辑，而不同业务流程节点之间相互独立，存在清晰的边界，那么我们可以按照流程节点边界来划分业务子域。

在按照流程节点边界划分子域时，我们一般会遇到领域事件，也就是说，上一业务流程节点产生的领域事件会触发下一个业务流程的进一步业务动作。在保险业务中，生成投保单后会触发缴费通知，缴费完成后会触发投保单转保单的动作等。在领域建模时，我们需要捕捉这些领域事件，并用到微服务的设计中，实现微服务的解耦。

按照业务流程节点边界划分子域，我们初步可以将保险承保业务领域分解为：投保、报价、核保和收款等业务子域。

除了按照业务流程节点边界，在业务领域内一般还会有很多功能集合，你也可称之为功能模块。这些功能模块主要作为企业支撑能力，完成某一特定领域的功能，并不直接参与核心业务流程环节，是很多业务流程必不可少的能力。它们一般作为通用子域或者支撑子域而存在。所以你也可以按照功能集合边界来划分子域，如划分为用户认证、权限管理或基础数据服务等子域。

在分解完所有业务子域后，我们就可以将这些子域进行整理，并按照属性和重要性进行归类。比如，将保险产品承保核心业务逻辑相关的子域划分为核心子域，如投保、报价和保单管理等；将公共的、可复用的子域划分为通用子域或支撑子域，如权限管理和客户等子域。

我们也将业务中台分为两类：核心能力中台和通用能力中台。核心能力中台主要面向不同渠道，实现核心业务能力复用，我们将核心子域归到核心能力中台。通用能力中台主要面向企业所有业务领域，提供可复用的通用能力支撑，我们将通用子域或支撑子域归到通用能力中台。

将通用子域归类到通用能力中台，主要是考虑它的企业级复用能力，强调它可复用的属性。但有的通用子域同时也可以作为核心子域，是企业的核心竞争力。在保险订单化场景下，订单可以被所有前台销售渠道应用复用，从复用的角度它属于通用能力中台。但在电商订单销售应用体系中，订单却处于业务的最核心位置。虽然它属于通用能力中台，但毋庸置疑它也属于核心子域。所以我们也需要按照核心子域的人力和资源投入标准来完成订单中心的建设。

22.4.2　核心能力中台

虽然跨集团保险业务领域的产品众多，但是大多数产品承保流程基本是相似的。

这些保险产品的承保过程相互独立，出单过程中业务无交叉，彼此无影响。就像流水线一样，不同保险产品以相同的流程，在不同的流水线通道内互不影响地完成各自的业务流程，如图22-1所示。

过去，这种流水线式的业务处理模式很容易被设计为一个个烟囱式应用。

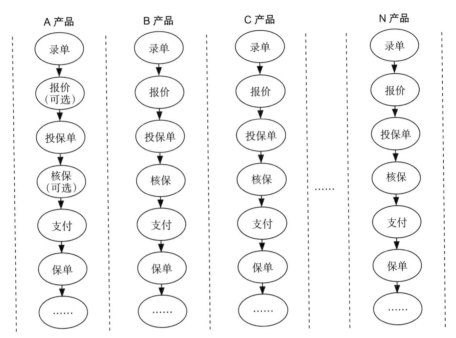

图 22-1　业务边界相互隔离的保险业务流程

虽然保险产品的承保销售流程大体相同，但由于不同产品保障标的和业务场景不一，因此它们从前台页面逻辑，到中台领域模型的业务逻辑，以至于后台业务处理规则都会存在差异。

保险集团产品少则以千计，我们不可能为每个产品构建独立的领域模型，也不可能将所有产品的领域逻辑放在一个领域模型。那如何给如此多的产品构建领域模型呢？

我们再回顾一下，在第 5 章中讲解领域边界时，提到了如何给桃树建立知识体系的案例，但这个案例中的桃树只是一个非常小的个体，植物界还有李树、苹果树、梨树、香蕉树、芭蕉树……

那如何给如此纷繁复杂的植物界建立庞大的知识体系呢？

生物学里有一门非常重要的学科，那就是生物分类学。它对生物的各种类群进行命名和等级划分，以便弄清不同类群之间的亲缘关系和进化关系。具体到植物，就是把植物界分门别类，一直鉴别到种，并按系统排列起来，为不同的类群建立知识体系。

桃树、梨树和苹果树等植物都有根、茎、叶、花、果实和种子，这说明它们的知识体系的内部结构基本是一致的。但虽然它们都叫根、茎、叶、花、果实和种子，具体到桃树或李树，它们同一个子域的内部知识体系却是不同的。用 DDD 的概念来说，这几种植物领域模型内的基本结构和要素是一样的，但是模型内部具体到实体属性和领域逻辑却是不同的。这与我们的保险领域非常相似，保险产品都有投保单、保单等业务对象以及录单、报价、核保等业务流程，但不同产品的属性和领域逻辑却是有差异的。

回到保险的产品领域建模。我们仍然可以参考生物分类学的方法，为纷繁复杂的保险产品完成领域建模。我们可以对不同的保险产品进行聚类分析，分两步来构建保险产品的承保业务中台领域模型。

虽然不同行业的业务领域差异相差比较大，但是领域建模的方法是相通的。如果你也面临多产品复杂领域建模的场景，其实你也可以考虑参考以下几个步骤。

第一步，对产品进行聚类分析，找出领域模型相似的产品集。

虽然保险产品领域逻辑之间存在差异，不太容易整合到一个领域模型中。但我们还是可以按照一定的规则，比如参考产品类别、适用场景、保障标的、产品属性和业务逻辑等多个维度的相似性进行产品聚类分析，将具有相似领域模型的产品聚类，组合出若干类别的产品集合，然后以产品集合为单位分别构建领域模型。

产品集合中的不同产品在前台页面逻辑、领域模型和后台业务规则方面基本相似。因此在构建领域模型和进行微服务设计时，不需要过多考虑产品之间的兼容性设计。

这样，领域模型和微服务也会相对稳定，不太容易受其他产品变化的影响。在兼顾不同产品领域模型差异的同时，又可以根据业务领域的相似性而控制领域模型的数量，不至于出现微服务过度拆分的问题。当然，产品集合的大小和产品数量，需要根据企业具体情况来权衡。

第二步，以产品集合为单位构建领域模型。

在完成产品集合的聚类后，我们就可以以这些产品集合为单位构建领域模型了。

在领域建模的过程中，我们会综合考虑产品集合内所有产品的业务场景和业务流程。提取共同的业务实体等领域对象，找出聚合，划分限界上下文边界，抽象并兼容产品集合所有产品的领域逻辑，进行标准化和抽象化处理设计，完成领域模型的构建。

经过聚类分析后构建出的保险产品领域模型业务职责单一，更容易满足"高内聚，低耦合"的设计原则，也有利于按照同类保险产品边界进行产品化的中台运营，实现场景化销售。

保险产品的承保业务领域，一般都会有投保和保单管理两个核心业务流程节点。投保主要完成投保单生命周期管理。保单管理主要负责保单生命周期管理。它们是投保单和保单两个不同流程节点的业务上下文环境。

如果按照流程节点来分解子域，那么我们就可以得到投保和保单管理两个子域，在这两个子域内正好可以划分出投保和保单管理两个限界上下文边界，构建出投保和保单管理两个领域模型。

虽然不同的产品集合都有投保和保单管理这两个领域模型，但由于这些领域模型的领域对象属性和领域逻辑之间存在差异，所以它们的领域模型本质上是完全不同且相互独立的。放到整个企业来说，有多少个产品集合就会有多少个承保业务中台，每个承保业务中台一般都会有投保和保单管理两个领域模型，如图22-2示。

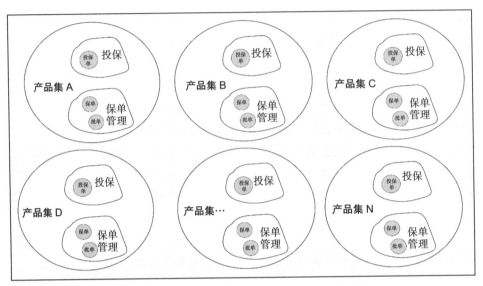

图 22-2　按产品集合进行领域建模的承保业务中台

22.4.3　通用能力中台

通用能力中台通常会以企业级解决方案的方式，经过抽象和标准化处理后，面向企业提供可复用的通用能力。它们往往以点的形式参与到企业级业务流，联通和支撑核心业务流程的运行。

在第 13 章中，我们已经用互联网电商和传统核心应用重复建设的案例，重构了保险领域的用户、客户和收付等通用子域的领域模型。

为了在前台 App 建立统一的保险订单销售接触界面，建立企业级保险订单化流程，除了原来这几个保险业务领域的通用能力中台外，我们还需要引入电商领域的几个关键通用能力中台：商品中心、购物车、订单中心和支付中心等。

在进行保险订单化设计时，我们会借鉴电商领域的订单销售业务模式，也会参考电商领域商品中心、购物车、订单中心和支付中心等几个关键领域模型的设计。但由于保险商品和业务的特殊性，它们之间的领域模型差异会很大，在设计时会有所区分。

下面我们一起来看看在保险订单化设计时，这几个通用能力中台各自承担什么样的职责？有着什么样的领域模型？

1. 商品中心

商品是电商订单化销售的一个非常重要的概念。在保险订单化案例中，商品中心的职能是在前台面向客户完成保险商品展示。但保险商品与普通商品之间的差异很大，普通商品一般都是实物，有着固定的价格。而在保险领域，客户花钱买的是保障，保险商品没有实物形态。在没有生成保单之前，保险商品的载体是投保单，完成缴费后保险商品的载体就变成了保单。

　　用户在保险销售前台看到的保险商品，更多体现出来的是商品清单和目录的概念，用于展示正在销售的保险产品。由于保险商品的特殊性，它不会有实物商品的库存和商品数量等概念，也就没有了商品入库、库存销减等这些存在于普通电商实物销售的业务过程。与普通电商相比，保险商品中心设计起来会更简单一些，保险商品主要有商品查询、商品展示、商品上架和下架等领域逻辑。

　　保险商品的基础数据大多来源于保险公司后台的产品管理中心。为了方便在销售前端展示，通常会将这些产品的基础数据从后台产品管理中心前置到商品中心。

　　作为企业级可复用的商品中心，在构建领域模型时，需要考虑对大多数保险商品的支持能力和对所有销售渠道的复用能力。因此，在构建商品领域模型时，需提取所有保险产品的公共属性，进行抽象和标准化处理，建立统一的保险商品属性集。商品中心也应该具有配置能力，可根据销售渠道的不同而展示不同的商品清单。

　　商品中心的领域模型一般会有商品聚合，如图 22-3 所示。商品聚合的聚合根是产品，产品会关联若干用于描述产品的实体，如条款、责任等。

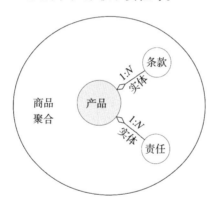

图 22-3　商品聚合中的领域对象

2. 购物车

　　购物车是电商实现订单化销售的关键能力，用于保存用户挑选的商品，方便将多个商品组合起来销售。在保险订单化设计时，为了在一个订单中销售多个不同的保险商品，我们也需要引入购物车的概念。

　　保险与普通电商购物车的业务逻辑有着很大的差异，它们的业务逻辑都比较复杂，但复杂的原因各不相同。普通电商购物车需要区分店铺、商品类目等逻辑，还需要关联商品库存等后台复杂业务逻辑。而保险商品不是实物，所以保险购物车不需要考虑库存管理这些复杂的后台业务逻辑，它的复杂性是因为商品加入购物车之前，存在录单和投保等这些复杂的业务流程所导致。

　　在订单化设计时我们会采用业务单元化设计。即以保险产品领域模型为基准，将投保微服务和录单微前端组合为可以独立部署、功能自包含的投保业务单元。用户在前台 App 选择多个产品投保时，会生成多笔投保业务数据，这些数据会因为产品类型的不同，而被分散到不同产品业务单元的投保微服务数据库中。

单元化设计有利于微服务和微前端拆分，建立边界清晰的项目团队，降低团队沟通成本。但带来好处的同时，也带来了数据分散的问题。数据分散是不利于建立统一的销售界面和客户一体化体验的。

在保险购物车设计时，我们可以用领域事件驱动机制，将这些分散的投保单数据加载到购物车中，解决投保单数据加载到购物车的问题，实现所有销售渠道投保单概要数据的集中和共享。

下面一起来看看用户投保和购物车的主要业务流程。

1）用户选取准备购买的保险产品后，前台加载产品录单微前端页面，完成保单录入和保费计算，生成投保单。

2）在投保微服务生成投保单时，产生投保单已生成的领域事件，通过消息中间件将投保单事件的概要数据异步发送到购物车。通过这一步，就完成了将投保数据加载到购物车的操作。这一步是发生在投保微服务和购物车微服务之间的后端异步操作，前端用户无感知。

3）如果投保单需要人工核保，则可以异步提交核保。核保通过后会产生核保已通过的领域事件，异步通知投保微服务，修改投保单核保状态。这一步是核保微服务和投保微服务之间的后端异步操作，前端用户无感知。

4）如果用户还需要购买其他保险产品，重复 1~3 操作即可。

5）如果用户已完成所有投保单的录入，则可以进行结算。在前台应用打开购物车微前端，从购物车中选取若干投保单生成购物结算单。在生成购物结算单时，会校验购物结算单下的每一个投保单是否符合出单业务规则，如校验核保是否已通过等状态。

6）当购物结算单下所有投保单业务规则校验通过后，如果客户确认生成订单，则将购物结算单以及与它关联的投保单数据提交到订单中心。在订单中心生成订单，完成后续缴费流程。

在上述业务流程的第 2 步，我们用领域事件驱动机制解决了投保业务数据加载到购物车的问题。不过投保单数据加载到购物车是通过后端异步自动完成的，它不同于普通电商用户在前端手动添加购物车的方式，这个过程用户在前端无感知。购物车中只获取投保单领域事件相关的少量关键业务数据，投保单的所有业务明细数据仍然在投保微服务中。

由于购物车需要面向企业所有销售前端复用，因此在构建购物车领域模型时，我们要提取投保单必需的公共属性，如投保单 ID，产品 ID、产品名称、投保单状态和保费等关键属性，面向所有保险产品进行抽象和标准化处理，建立标准的领域对象和领域逻辑，以达到支持所有产品和渠道复用的目的。

购物车领域模型主要有购物车聚合和购物结算聚合，如图 22-4 所示。

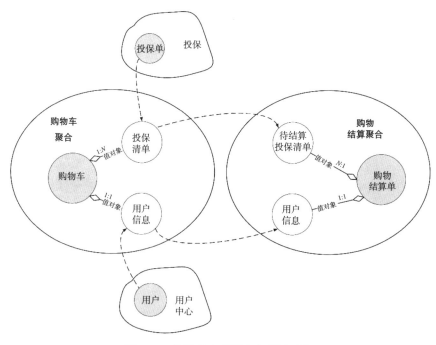

图 22-4　购物车中的聚合和领域对象

　　购物车聚合的聚合根是购物车。购物车主要存储和处理未结算的投保单。购物车聚合根主要有投保单和用户信息两个值对象。投保单值对象的数据是在上述第 2 步，从投保微服务异步发送到购物车的。用户值对象的数据来源于用户中心，购物车引用用户 ID，这是一种聚合根之间的 ID 关联，可保证每个用户购物车的唯一性。

　　购物结算聚合主要处理待结算的投保单数据。购物结算聚合的聚合根是购物结算单。购物结算单同样会有待结算投保单清单和用户信息两个值对象，它们的数据是在生成购物结算单时从购物车聚合复制过来的。

　　购物车只存储投保单清单数据，只处理投保单与购物车业务相关的业务逻辑，如购物结算、生成订单等。投保单生命周期管理，如生成投保单、投保单修改和投保单转保单等业务逻辑，仍然在投保微服务内完成。

　　购物车作为企业级的通用中台，需要面向所有销售渠道实现能力复用，集中管理客户所有渠道的所有未结算的投保单数据。在跨渠道出单时，可以从购物车找出客户未结算的投保单，在任意渠道继续完成出单，实现保险全渠道销售的一致性客户体验。

3. 订单中心

　　订单中心是保险订单化销售设计中非常核心的通用能力中台。它连接核心能力中台和通用能力中台，组织并协调各业务中台的实体对象，将保险销售业务流程串联起来，向用户提供统一的销售接触界面。

订单中心是普通电商后端订单逻辑处理的核心。一般订单生命周期长，关联的领域对象多，有付款、发货、收货、退货和换货等关键流程。由于订单业务的复杂性，订单中心的数据和业务逻辑处理一般都会比较复杂。普通电商的订单中心一般会有用户信息、订单基本信息、收货信息、商品信息、优惠信息、支付信息以及物流信息等数据。在销售过程会有付款、发货和收货等业务处理流程，售后过程会有退货、换货等业务流程。部分订单可能还会根据商铺或发货地址的不同，进行订单拆分等业务逻辑处理。

保险订单与普通电商订单有着比较大的差异。早些年，保险商品的载体是纸质保单，保险公司与客户之间是传统的钱物交易方式，或采用柜台出单方式，或采用邮寄保单方式。而近几年随着电子保单的推广，保险交易慢慢摆脱了纸质保单的空间限制。对保险公司而言，省去了给客户打印和邮寄纸质保单的过程，简化了保险公司与客户交互的业务流程，有利于保险商品的移动线上化和订单化销售。由于保险商品不是实物这种特殊性，所以在保险订单领域模型里，不会有发货、收货、退货和换货等复杂后端业务处理逻辑，也不会有订单拆分这样的业务逻辑。

我们一起来分析一下，在保险订单化销售业务流程中，订单中心是如何工作的？

1）用户在 App 选定若干保险产品，分别完成投保单录入，生成投保单。投保单被加载到购物车。

2）用户从购物车中选择若干投保单，生成购物结算单。客户提交订单后，会将购物结算单和投保单清单数据，随着领域事件异步提交到订单中心。

3）订单中心订阅购物结算单数据，生成订单。如果客户确认支付，则生成订单缴费通知单。通过领域事件机制将订单缴费通知单数据异步提交到支付中心。

4）支付中心订阅缴费通知单数据，在支付前台完成订单缴费操作。

5）订单缴费完成后，支付中心采用领域事件机制将订单缴费凭证记录异步返回订单中心。

6）订单中心确认缴费凭证数据后，修改投保单状态和订单状态。

7）订单中心发布缴费已完成事件，将缴费已完成事件数据异步通知订单下所有产品的投保微服务。

8）投保微服务订阅到缴费已完成通知后，分别异步完成投保单转保单操作。

9）保单生成后将保单基本数据传送到订单中心，关联到订单实体。

上面的这些流程和操作，既有在前台对各业务单元微前端页面的编排和流转，也有微服务之间采用领域事件驱动完成的异步数据传输。

订单中心在保险订单化业务链路中处于核心和枢纽位置，它既承担和过渡业务流程，也会触发新的业务流程。业务流程的复杂性会增加领域逻辑处理的复杂性。同时，订单实体在进行业务和流程串联时，会与其他中台的许多领域对象发生关联，因此订单中心的领域模型设计也会比较复杂。

订单领域模型中最关键的聚合是订单聚合，如图 22-5 所示。

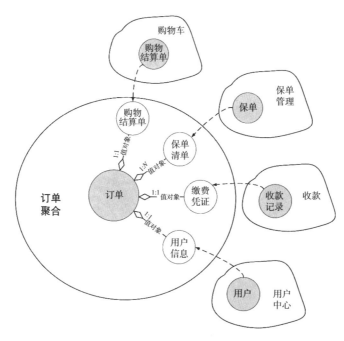

图 22-5　订单聚合中的领域对象

　　订单聚合的聚合根是订单实体，除了订单基本属性外，它还有用户信息、购物结算单、保单清单和缴费凭证等值对象。这些值对象被订单聚合根引用，它们的数据来源于其他中台的聚合。

　　其中，购物结算单数据来源于购物车的购物结算单聚合，购物结算单下还会有投保单值对象，一个购物结算单会有多个投保单。保单值对象数据来源于保单管理微服务。一个订单可以有多个保单，保单是由购物结算单下的投保单转换而来，因此订单下的保单与购物结算单下的投保单有前后序的业务关联。

　　另外，用户信息值对象的数据来源于用户中心，缴费凭证值对象的数据来源于支付中心的收款微服务。

　　用户、保单、购物结算单等这些领域对象在订单聚合中以值对象形式存在。但它们在其他聚合中可能是聚合根或实体，这些聚合负责它们的新增和修改等生命周期管理，并记录它们的全部明细业务数据。

　　比如：保单在订单聚合中是值对象，但保单实体的生命周期管理却是在保单管理微服务，它是保单聚合的聚合根。用户信息在订单聚合是值对象，但用户实体的生命周期管理却是在用户中心。

　　作为企业级可复用的订单中心，它需要兼容所有场景和产品。因此，需要对订单聚合中的领域对象和领域逻辑进行抽象和标准化处理，建立标准的订单领域模型。比如，订单领域模型中的保单值对象，在领域建模时，我们需要提取所有产品保单必需的公共属性，如保单 ID、投保单 ID、产品 ID、产品名称、保费等关键属性。然后进行抽象和标准化处理，将这些保单相关的属性集组合为保单值对象，以适配所有保险产品的订单化销售。

由于保单值对象只提取了部分必需的保单公共属性，所以在订单聚合中只能看到保单的概要信息。如果你希望进一步了解保单明细数据，可以进入保单管理微前端页面查看，或者调用保单管理微服务 API 获取明细数据。

通过值对象数据冗余设计，可以带来以下好处：降低跨微服务之间的服务频繁调用；当保单管理微服务无法提供服务时，订单中心保单相关的业务逻辑依然可以正常运行；记录业务快照数据，便于对账和审计。

4. 支付中心

支付中心是企业完成收款和付款的基础通用业务中台。除了面向前台销售完成业务收款，同时它也可以面向企业内部运营完成资金的收入和支出。在保险订单化销售业务场景中，支付中心主要参与订单收款的业务流程。因此，这一节我们主要讨论收款管理领域模型。

用户从购物车选取若干投保单生成购物结算单和订单后，就可以基于订单开始支付流程了。用户的支付行为对应企业的收款业务。

我们一起来看一下企业收款的关键业务场景和流程。

1）当用户选择订单支付时，订单中心会根据订单数据，生成订单缴费通知单，采用领域事件驱动机制异步将缴费通知单数据送收款管理。

2）收款管理收到订单缴费通知单后，生成应收实体。

3）用户选择支付渠道完成订单支付后，应收转实收，生成实收实体。

4）收款管理收集支付过程中的数据，如：应收、实收、订单缴费通知单、账户等实体，形成订单收款记录。

5）收款管理将订单收款记录的基本信息，如缴费凭证 ID、支付渠道、缴费金额等信息形成订单缴费凭证，采用领域事件机制将订单缴费凭证异步发送给订单中心。

6）订单中心收到订单缴费凭证后，修改订单状态和订单关联的投保单状态。

支付中心通常会有收款和付款两个主要领域模型，分别完成企业的收款和支付业务。参与保险订单化销售的主要领域模型是收款。收款模型的主要聚合是收款记录聚合，如图 22-6 所示。

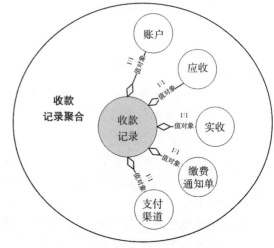

图 22-6　收款记录聚合中的领域对象

收款记录聚合的聚合根是收款记录，收款记录聚合根有应收、实收、缴费通知单、支付渠道、账户等值对象。这些值对象的数据一部分来源于收款领域模型中的其他聚合，如应收聚合、实收聚合和账户聚合等，一部分来源于其他中台领域模型的聚合，如缴费通知单的数据来源于订单中心。

5. 小结

商品、购物车、订单和支付是实现保险订单化销售的关键核心通用能力。它们可以串联保险订单化销售过程中的所有业务流程，实现所有产品无差异的订单化销售，在统一的前台为用户提供一体化的销售体验。

虽然各个通用能力中台彼此独立，但它们能与核心能力中台协同面向所有销售渠道应用，提供保险订单化销售的企业级整体解决方案。这也是平台与中台的关键差异。

你可能会问，商品、购物车、订单和支付等这些中台这么重要，为什么要将它们放在通用能力中台，而不是核心能力中台呢？

将它们放在通用能力中台，主要是想提醒你，在领域建模和微服务设计时，要进行抽象和标准化处理，要站在企业高度全盘考虑它们的能力复用，建立可复用的企业级领域模型。它们既属于通用子域，也属于核心子域，所以在进行战略资源投入时，也需要与核心能力中台保持同等标准。

22.5　业务单元化设计

在分布式架构下，为了解耦后端业务逻辑，提升应用的扩展能力和弹性伸缩能力，于是就有了微服务架构。而为了降低前端集成复杂度，实现前端的解耦，有人提出将前端也微服务化，于是也就有了微前端。但微前端到底该如何设计？微前端与微服务的关系是什么？一直以来也没有人能说清楚。

其实很早以前，在单体应用流行的时候，也没有进行前后端分离设计。单体应用的前端页面逻辑和后端业务逻辑混杂在一起，共同对外提供服务。在分布式架构下，虽然单体应用完成了前后端分离改造，前端页面逻辑变成了微前端，后端业务逻辑变成了微服务，两者独立部署、独立运行。但这些只是技术实现手段和架构实现方式的变化，一切都是为了满足业务需求和提高系统应对外部变化的响应能力。不管技术手段和架构形式如何先进，如何变化，业务终归还是原来的业务，业务流程和功能没有变，业务模型也没有变。如果只是单纯从业务视角考虑，我们将这些前后端分离后的微服务和微前端功能组合在一起，它是不是就能实现原来单体应用的全部业务功能呢？

这一点是毋庸置疑的，因为业务没有变，变的只是技术和架构实现方式。顺着这个思路，我们来看 DDD 的解决之道。

DDD 从业务视角出发，将业务领域分解为子域，然后分别对子域完成领域建模，构建领域模型。其实你也可以认为这些领域模型就是原来单体应用的子业务模块。只不过经过 DDD 方法构建后，这些领域模型有了"高内聚，低耦合"和功能自包含的特点。

这些领域模型在应用落地时，也离不开前端页面逻辑和后端领域逻辑。现在后端领域逻辑落地后变成了微服务，那前端页面逻辑就可以顺理成章地用微前端来实现了。由于领域模型具有功能自包含的特点，所以微服务和微前端的组合体就可以不依赖外部服务，完成从前端到后端的全部业务逻辑了。

业务单元化设计就是在领域模型的限界上下文边界内，向上构建微前端以实现领域模型前端页面功能和流程，向下构建微服务以实现领域模型的核心领域逻辑，将微服务和微前端集成组合为业务单元，对外提供从前端页面逻辑到后端领域逻辑组件级业务单元服务的一种设计方式。

基于领域模型的单元化设计，不仅是微服务拆分的手段，也是一种行之有效的微前端设计方法。当然，在微前端的拆分和设计时，还需要考虑具体的业务场景和业务需求。

那在订单化的业务场景中，我们该如何进行单元化设计？单元化设计的价值到底在什么地方呢？

22.5.1　单元化设计的前提

在单元化设计时，领域模型需满足"高内聚，低耦合"和功能自包含的特点。

而单元化设计的基本前提就是："当微前端和微服务组合成业务单元后，在单元内基本可以自包含地完成领域模型的前端页面逻辑、领域内的业务流程和后端领域逻辑处理。"

如果你的业务场景和领域模型符合这个特点，那么你就可以采用单元化的设计方式。

在前面，我们用 DDD 战略设计方法，完成了业务领域建模。投保、商品、购物车和订单等领域模型，它们的内部业务逻辑独立性很强，在领域模型内可以自包含地完成单元内前端页面处理逻辑和后端业务逻辑处理。这些领域模型的独立性主要体现在以下两个方面。

1. 保险产品领域模型的独立性

在进行产品聚合分析后，不同类保险产品都有自己独立的前端页面和后端核心业务逻辑。产品之间的边界非常清晰，承保业务流程相似但相互无交叉，业务流程相互独立。

产品领域模型之间的差异不是业务流程上的差异，而是因为标的或业务场景不同，导致领域对象属性、业务行为和领域逻辑处理上出现的差异。这种差异使得这些产品分别归属于不同的产品领域模型，各自在自己的领域模型内，按照自己的业务处理逻辑，互不影响地完成承保业务和流程。

2. 中台领域模型之间的独立性

在保险订单化销售场景中，核心能力中台与通用能力中台领域模型业务职责单一，不同领域模型之间松耦合，基本无依赖，所以它们的独立性很强。

在保险订单化业务场景中，不同领域模型之间数据交互的流程是这样的。

1）用户完成产品保单录入和投保单保存后，投保数据就会流转到购物车。

2）从购物车选取若干投保单，生成购物结算单，这时投保单数据就会随着购物结算单流转到订单中心。

3）在订单支付时，订单的缴费通知数据就会流转到支付中心。

4）在支付中心完成缴费后，支付中心的缴费凭证结果会流转到订单中心。

我们观察一下，这些数据交互大多发生在上下游业务上下文的领域模型之间。它们的数据交互方式非常简单，大多采用链条式的数据交互方式。

A 领域模型：输出 a。

B 领域模型：a 输入 - > 业务处理 - > 输出 b。

C 领域模型：b 输入 - > 业务处理 - > 输出 c。

换句话说，就是上一个领域模型的输出往往作为下一个领域模型的输入。

这种场景很适合采用领域事件驱动的异步方式。不同中台领域模型之间的数据交互都在后端进行。这样，领域模型之间就不会产生强依赖关系，因此也就实现了中台的解耦。

综上，保险领域模型既有很强的独立性，又有功能自包含的特点。所以，保险订单化销售适合采用单元化的设计方式。

22.5.2　如何进行单元化设计

业务单元以领域模型为基准，由微服务和微前端两者集合并组合而成。

领域模型是业务单元的核心。领域模型的限界上下文边界，可以确定业务领域的边界和前后端业务的功能范围，所以领域模型是业务单元的功能基准。

微服务完成领域模型后端核心领域逻辑，将服务发布到 API 网关，适配不同的外部使用方，如微前端、其他微服务、批处理以及自动化测试等，对外提供 API 服务。

微前端完成领域模型的前端页面逻辑，完成领域模型所在业务单元内部的流程流转和编排，对外提供页面级服务。它可以被集成到企业级前台 App，也可以被快速发布为独立的微前端应用，或直接嵌入第三方应用。

单元化设计的主要工作内容有领域建模、微服务和微前端的设计、开发和集成。在前面的章节里，我们已经完成了各个业务中台领域建模的工作。下面我们一起来看看，在保险订单化销售业务场景中，如何进行微服务、微前端和业务单元设计？

1. 微服务

在 22.4 节，我们已经按照业务流程和功能边界，将保险业务领域分解为多个核心子域和通用子域，然后用 DDD 战略设计方法在这些子域内划分限界上下文边界，完成了领域建模。

在领域建模时，我们会用事件风暴方法，找出业务领域中的实体、值对象、聚合、聚合根、领域事件等领域对象，并梳理它们的依赖关系，构建领域模型。在微服务拆分和设计时，我们会将这些领域模型作为微服务设计的输入，进而完成微服务的详细设计。

在微服务详细设计时，我们会明确实体和值对象的属性和方法，以及领域服务和应用服务的服务参数规约等内容。将这些领域对象映射到微服务的代码模型和分层架构，就可以完成微服务的设计和开发了。

在完成微服务设计后，你会发现有的业务中台会有多个微服务，有的则只有一个微服务。这是因为在子域构建领域模型时，有的子域会有多个限界上下文边界，所以它就有多个领域模型，进而对应多个微服务。比如，支付中心有收款和付款两个不同的限界上下文边界，因此就可以构建出收款和付款两个领域模型。而一个领域模型可以设计为一个微服务，所以支付中心就会有收款和付款两个微服务了。

我们也按照微服务所在的业务中台对它们进行定义和分类，就可以得到对应的核心能力微服务和通用能力微服务。

核心能力微服务属于核心能力中台。在保险订单化销售业务中，它们主要实现保险商品的承保核心业务能力。每一类保险产品会有投保和保单管理两个领域模型，因此就会设计投保和保单管理两个微服务。投保微服务主要实现投保过程的业务逻辑，完成投保单转保单等业务操作。保单管理微服务主要负责保单生命周期管理。

通用能力微服务属于通用能力中台。它们主要实现通用的、可复用的业务能力，对外提供通用能力服务。在保险订单化销售业务中，主要有商品、购物车、订单和收款等通用能力微服务。

在完成微服务开发后，我们就可以将这些微服务的服务发布到 API 网关，提供 API 服务了，如图 22-7 所示。

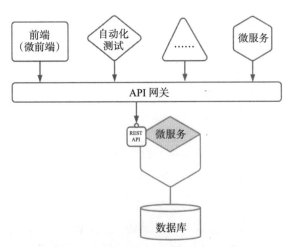

图 22-7　微服务对外的服务方式

发布在 API 网关上的这些服务可以面向自动化的测试工具，完成自动化的接口测试，也可以面向批处理工具，或者面向其他微服务提供服务调用。

除了上述场景，微服务更重要的是面向前端应用提供领域模型的核心业务逻辑服务。从产品角度来看，前端可以是 PC 端或移动端等前端应用；从架构角度来看，前端可以是单体前端或微前端应用。

另外，作为完整的企业应用体系，企业除了上述面向前台业务的业务中台微服务外，还会有一些后台应用，它们一般不直接面向客户，主要完成企业内部的日常运营、数据核算等后台业务逻辑。企业可根据业务需要和技术实现复杂度，选用集中式架构或者分布式微服务架构来实现。

2. 微前端

前端直接面向用户，所以在前端设计时用户体验是首先要考虑的。因为不管技术多先进，架构设计多精妙，如果用户体验不好，站在设计和开发人员的角度，不会有人说产品设计得有多好。而站在企业的角度，那就不是应用设计得好不好的问题了，而是会面临客户流失的问题。

虽然微前端提出的主要目的是前端解耦，但我认为那些与业务操作和流程完整性以及用户使用便利性相关的用户体验设计，会比前端页面逻辑解耦更为重要。

所以在前端设计时，我们先定下一个原则："当前端架构设计和用户体验两者发生冲突时，应该毫不犹豫地选择用户体验。"

在微前端设计时，到底是选择单一领域模型来构建微前端，还是选择中台所有领域模型作为整体来构建微前端呢？

我们需要根据具体的业务领域和场景来分析。

如果单一领域模型具有前端独立性强、功能完全自包含的特点，那么我们就可以选择单一领域模型来构建微前端，此时一个微前端与一个微服务组合为一个业务单元。

有些业务领域需要考虑整个中台或子域的前端页面逻辑的完整性。这时，即使业务中台有多个独立自包含的领域模型，我们也还是优先考虑前台业务完整性和用户体验。这样可以基于中台的多个领域模型来构建微前端，此时一个微前端与多个微服务组合为一个业务单元。

另外，有些业务中台虽然有多个领域模型，但这些领域模型之间业务差异非常大，面向的业务场景完全不同。比如，在支付中心有收款和付款两个领域模型，但这两个领域模型一个面向收款场景，一个面向付款场景，两者业务完全凑不到一起。所以即使它们同属于支付中心，我们也会选择为它们分别设计微前端，组合成不同的业务单元。

在保险订单销售领域，不管是核心能力中台的投保和保单管理领域模型，还是通用能力中台的商品、购物车、订单和收款等领域模型，它们都有很强的业务独立性和功能自包含特点。所以，我们选择单一领域模型来为它们分别设计微前端。

对于核心能力中台，我们会根据保险产品前端页面要素和页面流程，构建核心能力微前端，因此会有录单微前端和保单管理微前端，它们分别完成投保单录入和保单管理前端页面逻辑。

对于通用能力中台，我们根据领域模型分别构建商品微前端、购物车微前端、订单微前端、收款和付款微前端等，分别完成各自领域模型的前端页面逻辑。

商品、购物车和订单等这些复用能力强的微前端，在企业级 App 中大多会有常驻入口，它们联通核心能力中台和通用能力中台的微前端页面，完成企业级业务操作和流转。

微前端具有功能自包含和小快灵的特点，你也可以基于微前端实现轻量级的快速部署和发布，用于多渠道应用和分散性场景化销售。

3. 业务单元

以领域模型为基准完成微服务和微前端设计和开发后，我们就可以将它们组装成业务单元。业务单元组装的过程就是完成微服务和微前端集成的过程。此时微服务的 facade 接口服务会被发布到 API 网关，微前端调用 API 网关上的服务，就可以完成前端和后端业务逻辑的集成。

核心能力中台有投保和保单管理两个领域模型，因此会有投保和保单管理两个业务单元，如图 22-8 所示。投保业务单元由投保微服务和录单微前端组成，一起完成保险产品的前端录单和后端投保处理业务逻辑。保单管理业务单元由保单管理微服务和保单管理微前端组成，一起完成保单查询、批改等保单生命周期管理等业务逻辑。

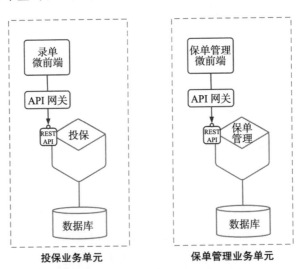

图 22-8　核心能力中台业务单元

通用能力中台有商品、购物车、订单、收款和付款等业务单元，如图 22-9 所示。

通用能力业务单元的微前端页面可以融入 App 或其他前台应用，提供通用能力页面级服务，实现通用能力页面级复用。

举一个简单的例子，传统企业有很多内部管理类应用，需要为大量的用户配置不同应用的权限，很多企业通常的做法是由管理员登录到用户中心前端页面，完成用户的权限配置。这个工作非常烦琐！

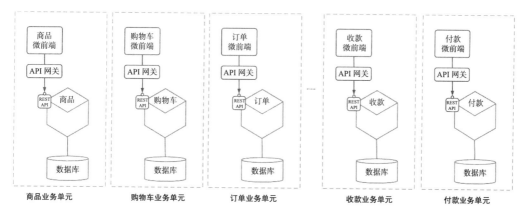

图 22-9 通用能力中台业务单元

如果我们将权限配置这个领域模型设计为包含权限配置微前端的业务单元，那么权限配置微前端页面，就可以很容易地被加载到任意前端应用。当管理员用户登录这些应用时，可在权限配置微前端页面完成用户权限配置，而不需要每次都去登录用户中心。

虽然权限配置微前端页面被分散和加载到了不同的前台应用，但它与权限配置微服务始终是在一个业务单元内。所以不管权限配置页面被加载到哪个前台应用，它们的后端业务处理逻辑和数据都是一致的。这样我们就可以很容易地在任意前台应用，实现通用业务能力的复用了。

22.6 业务的融合

前文提到，企业级中台建设往往会有"分"和"合"的两个设计过程，如何实现两者的完美结合，是一门很深的艺术。"分"是技术手段，是为了降低应用建设的复杂度，提升扩展能力。但业务的最终目标是"合"，通过"合"实现企业业务能力的融合，发挥合力效应，更好地支持前台一线业务，支持业务和商业模式创新。

我们前面学习的 DDD 设计方法、领域建模、微服务、微前端和单元化设计都属于分的过程。对于"分"，我们会采用分治策略，将复杂的业务问题域逐级分解，降低业务分析和应用建设复杂度，也让业务和应用拥有了更强的扩展能力。

相对"分"而言，"合"在企业中台建设过程中会更重要。因为分只是手段，而合是企业的根本目标。中台建设的"合"包含业务融合和数据融合。

业务融合是将拆分后的中台业务能力在前台进行企业级能力整合的过程。而数据融合则是将分散在不同微服务的数据，按照需求或一定的业务规则整合，形成统一数据视图和提供数据服务的过程。

业务融合大多在前台，而数据融合则大多在后台，两者的目标和技术实现手段是不一样的。

22.6.1 企业级前台应用

中台为前台而生，业务中台的能力在企业级前台实现融合！

如果采用微前端的设计模式，那么企业级前台应用或 App 就是一个前端容器应用。前端主页面作为 Base 主页面，会将这些业务单元的微前端通过页面路由聚合在一起，组成一个个页面，将企业级的业务流程串联起来。

企业级前台应用与微前端均属前端，但两者定位不同，具体分析如下。

1. 页面功能定位不一样

企业级前台应用基于前台总体集成框架，实现微前端应用的集成，完成前端主页面的页面导航、页面流程编排和常驻前端页面的管理，通常不涉及具体的业务逻辑。

业务相关的页面功能主要由业务单元的微前端来实现。

2. 业务流程定位不一样

企业级前台应用组合和编排不同业务单元的微前端页面，实现跨领域的企业级业务流程。微前端依托业务单元的微服务实现单元内部的页面逻辑和流程。

前者业务流程站在企业级全局高度，而后者只限于领域模型的内部业务逻辑。

在保险订单化销售场景中，企业级前台应用可以组合多个业务单元，完成从商品选择、投保录单、加购物车、生成订单和订单支付等，跨多个子域的企业级业务流程。而投保业务单元的录单微前端，则只需要完成投保录单相关的页面逻辑和流程，这些操作在投保业务单元内自包含完成。

企业级前台应用内完成的是企业级大流程，而微前端内完成的是领域模型所在业务单元内的局部小流程。企业级前台应用通过大流程来组合和编排各个业务单元内的小流程，实现企业级的业务融合。

3. 技术能力要求不一样

企业级前台应用需要加载和编排多个微前端页面，因此需要有微前端配置和注册管理能力、微前端模块加载能力、路由分发能力、全局数据分发能力和数据通信能力等基础能力。而微前端一般只需要完成领域模型内的前端页面逻辑和流程，并在业务单元内完成与微服务的集成就可以了，这是一种很普通的前端开发方式。

除了存在上述 3 个方面的差异，在前端设计时，其实我们还需要遵循统一的企业级前端开发标准和规范，也就是企业级前台应用和微前端需要统一页面风格，按照统一的前端技术规范完成开发和集成。

在保险订单化销售中，企业级前台应用和微前端的分工如图 22-10 所示。在前台应用中，会有页面导航，还有常驻前台主页面的通用微前端入口，如商品、购物车等。前台应用会根据正确的业务逻辑和规则，根据页面路由，动态加载不同业务单元的微前端。比如：它会根据用户在商品中心选择的保险产品，按照产品页面路由加载正确的录单微前端，完成投保单录单流程。用户选择的产品不同，微前端页面路由会不同，所以加载的录单微前端页面也会不同。

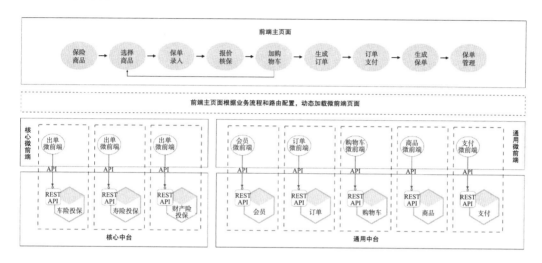

图 22-10　保险订单化前台应用与业务单元

企业级前台应用会整体协调核心和通用业务单元的微前端，共同完成企业级业务流程的页面路由、流程流转和页面编排，为用户提供全险种的统一销售接触界面。

22.6.2　业务和流程的融合

企业级前台应用可以利用微前端模块加载器，根据业务规则和页面路由动态加载微前端页面，根据流程规则动态编排微前端页面，实现多个业务单元微前端页面在企业级前台业务操作和流程的融合。虽然后端由多个业务单元组成，但用户始终感觉是在一个前台操作。

我们再一起来整体看一看，保险订单化销售的关键业务流程，如图 22-11 所示。

1）用户登录前台应用（App），在商品页面查询保险商品，选择保险产品，完成投保单信息录入。

2）投保单报价。

3）如果需人工核保，则提交人工核保。

4）生成投保单时，投保单数据会在后端自动加入购物车。

如果用户还需要购买其他保险产品，则重复 1~4 操作。

5）从购物车中选择核保通过且符合承保出单业务规则的多个投保单，生成购物结算单。如果客户确认投保，则根据购物结算单生成订单。

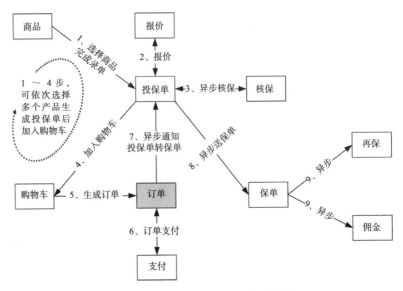

图 22-11　保险订单化销售关键业务流程

6）客户选择支付渠道，完成订单缴费。

7）订单缴费完成后，通知订单下所有投保单完成转保单操作。

至此，与用户操作相关的前台流程结束。以下是保险企业内的后台业务流程。

8）投保单转保单后，将保单数据送保单管理。

9）保单管理将保单数据送再保、佣金等后台应用，完成后台业务逻辑。

我们前面已经完成了商品、投保、购物车、订单和收款等业务单元的设计。现在根据图 22-11 中的流程，一起再来看看企业级前台应用是如何组织微前端完成订单化销售流程的，如图 22-12 所示。

第 1 步，选择商品。用户登录前台应用，在前台导航栏打开商品，这时前台 Base 主页面会根据商品微前端页面路由，加载商品微前端页面。商品微前端页面提供保险商品查询和展示功能。

第 2 步，录单。用户从商品微前端选择好购买的商品后，前台 Base 主页面会根据用户选择的商品，从页面路由配置数据中找到保险商品对应的录单微前端页面路由，加载商品对应的录单微前端页面。注意，用户选择的商品不同，加载的录单微前端页面也会不同。

用户在录单微前端完成投保信息录入，完成保费计算（报价），提交核保，生成投保单等操作。这些业务操作和流程都是投保业务单元的内部页面和业务逻辑，所以其操作和流程在投保业务单元内整体控制。

生成投保单后，投保单数据会在后端异步自动加入购物车。

如果用户还需要购买其他商品，重复第 1 步和第 2 步。

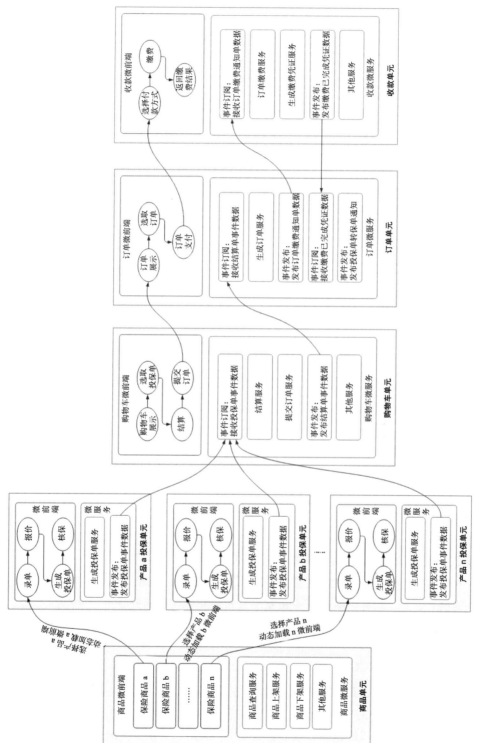

图 22-12　业务单元在订单销售流程中协作

第 3 步，购物结算。用户在前台导航栏打开购物车。前台 Base 主页面根据购物车页面路由，加载购物车微前端页面。用户在购物车页面选择待结算的投保单，生成购物结算单，提交订单。

第 4 步，生成订单。生成订单后，用户在前台导航栏打开订单，前台 Base 主页面加载订单微前端，用户选取订单，进行订单支付操作。

第 5 步，支付。用户选择"完成支付"后，前台 Base 主页面加载收款微前端页面。用户在收款微前端页面选择支付方式，完成订单支付。

缴费完成后，用户在前台购买保险商品的所有流程就结束了。

我们在前台 Base 主页面，对不同业务单元的微前端页面采用动态加载和页面路由等微前端技术，完成了不同业务板块能力的联通和融合。前台应用的这些能力是由许许多多独立部署、独立运行的业务单元融合而成的，但用户在前台却完全感受不到它们的独立。用户的所有操作和流程都是在一个前台应用内，享受的是一体化的体验。这样，既保证了领域模型边界清晰和功能独立，又实现了企业级业务的无缝融合。所以既有分的魅力，又有合的能力！

除了前台业务融合，在业务单元微服务之间也采用了大量的领域事件驱动机制来实现中台解耦，具体体现在以下业务场景中。

1）在投保业务单元生成投保单后，投保微服务会发布投保单已生成领域事件，将投保单概要业务数据异步发送到购物车业务单元。

2）用户选取购物车中的投保单生成购物结算单，购物车发布购物结算单已生成领域事件，将购物结算单数据异步发送到订单业务单元。

3）用户选择订单支付时，会在订单中心生成订单缴费通知单，发布订单缴费通知单已生成领域事件，将缴费通知单数据异步发送到收款业务单元。

4）用户选择支付渠道完成支付后，收款业务单元发布缴费已完成领域事件，将订单缴费凭证数据异步发送到订单业务单元。

5）订单业务单元收到订单缴费凭证后，异步通知订单下所有投保业务单元，完成投保单转保单操作。

综上，通过前台应用对微前端页面编排和页面流转，以及微服务之间的领域事件驱动设计，我们在企业业务能力的"分"与"合"之间找到了平衡，实现了"中台解耦，前台融合"的设计目标。这样，既保证了领域模型和业务单元在业务分析、设计、开发、测试、部署和运维的独立性，又实现了企业级业务和流程的完美融合。

22.6.3 单元化的价值

采用单元化设计后，我们用 DDD 方法构建的领域模型就可以以单元化的组件形式完成落地了。基于领域模型的单元化设计，既可以降低企业级前端应用集成的复杂度，实现业务在前端的融合，也可以快速发布成微前端应用，满足场景化销售的要求。

这种单元化的设计也会影响项目团队组织方式和开发模式。尤其是在移动应用盛行的时代，微前端和单元化的设计，会给产品运营带来比较大的影响。

下面来讨论一下在保险订单化设计这个具体场景下，单元化设计带来的价值。

保险订单化销售的产品是集团所有子公司的保险产品。所以在应用建设过程中，少不了要完成不同子公司应用的集成，也少不了与各子公司的项目团队打交道。这种团队沟通成本和集成复杂度会非常高。

为什么这样说呢？这是因为不同子公司发展历程不一样，选择的技术路线可能会不同，因此技术栈就会有差异。而且不同子公司的项目团队往往也不在一起办公，彼此不熟悉业务模式和具体技术实现。如果仍然采用微服务 API 集成的方式，这会对前端项目团队提出更高的技术要求。前端团队不仅需要了解所有子公司业务的前端逻辑和流程，还需要熟悉微服务的 API 参数和服务规约。当集成的应用越来越多的时候，团队之间的沟通成本和应用集成的复杂度也会越来越高。

在采用单元化设计后，你可以在一个企业级前台 App 中集成所有子公司保险产品的录单微前端页面，通过页面路由和动态加载技术，实现所有子公司保险产品的订单化销售。前端应用集成就不需要通过微服务 API 了，基于微前端的集成方式，可以实现技术栈无关。这样，企业级前端团队不再需要关心微服务团队采用了什么样的技术，中台团队也可以自由选择最合适自己的技术完成微服务开发了。

另外，各个子公司团队可以按照领域模型的业务边界组建项目团队，基于业务单元独立开发、独立测试、独立部署和独立运营，这样模块化的设计可以给不同子公司多团队并行开发带来极大自由。而且当应用出现问题时，可以实现不同业务单元的故障隔离，降低应用之间的相互影响，也能很容易地定位到问题业务单元，在团队边界和责任明确后，可以更快、更容易地定位和解决问题。

22.7　中台与后台的解耦

企业级前台通过微前端集成方式，实现了不同业务板块在前台的联通和融合。业务中台采用单元化的设计实现了中台的解耦，真正实现了"中台解耦，前台融合"的目标。但在企业的完整应用体系里一般还会有一些后台应用，它们承担企业内部日常管理、数据核算等职能，不直接面向前台客户。

在保险订单化销售业务场景中，用户在前台完成缴费后，前台业务流程就结束了。但是保险的业务流程却并没有结束，企业后台的核算流程还在继续流转。这是因为业务中台往往与后台业务存在上下游关系。生成保单之后还有佣金、再保和财务等后台业务处理流程，这些后台应用大多是数据计算密集型的，如图 22-13 所示。

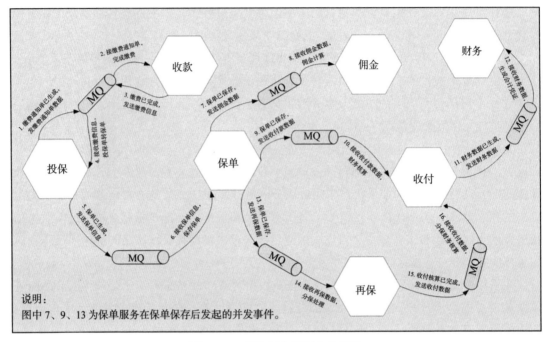

图 22-13　保险后台处理业务流程

另外，为了实现企业级数据融合，部分业务中台的数据还会流转到数据中台，由数据中台将数据加工后，再面向业务中台或前台提供数据服务。

在订单化销售场景中，业务中台与后台之间的数据交互方式还是挺复杂的。

作为全集团保险产品的订单化销售，保险产品来自于各个子公司，如寿险子公司的寿险产品，产险子公司的车险或非车险产品。

这些产品的前端出单页面，虽然通过微前端集成方式，在集团统一的 App 中实现了一体化产品订单化销售，但是这些业务中台的业务单元和后台应用却分别属于不同的子公司，业务管理权限同样也分别属于不同的子公司。在中台业务单元完成前台业务流程，生成业务数据后，这些业务数据会分别流向不同子公司的后台应用。

比如：寿险业务中台会将寿险保单数据送到寿险公司的佣金结算平台，而产险业务中台则会将保单数据送到产险子公司的佣金结算平台。这些数据分别在不同子公司的后台应用中按照不同的业务规则，完成后台佣金结算的逻辑处理。

由于这类后台应用一般不直接面向客户，时效性一般要求也不高，所以我们可以采用领域事件驱动机制，实现业务中台和后台业务的解耦。当业务中台生成后台所需的业务数据后，可以通过领域事件驱动机制异步将数据送到对应子公司的后台应用。

这样，业务中台与后台应用的集成和业务规则配置就可以分别由不同子公司的团队自行完成。在职责和团队边界清晰后，软件开发和运营业务的自由度就会大大提高。

22.8　数据的融合

　　DDD 领域建模和微服务设计都讲究业务职责单一性原则，在业务和应用边界拆分后，原来单体中很多耦合紧密的数据，就会被分散到不同的业务单元。而站在企业高度，从用户体验、数据完整性和商业模式创新的角度考虑，我们需要将这些分散的数据进行汇总和加工，形成多维度数据视图，实现数据融合，为前台提供数据服务。

　　这些数据服务可以是面向前台提供的在线数据服务，也可以是某个维度的数据视图服务，还可以是基于统计分析提供的决策支持数据服务。

22.8.1　在线数据服务

　　保险产品有很多销售渠道，客户投保过程的中间数据会散落到不同的渠道应用中。如果客户更换渠道投保，很可能会无法找回原来渠道投保的中间过程数据。同样，在投保业务单元设计时，不同的产品有不同的投保单元。因此投保过程的数据也会分散到不同的投保业务单元中。如果没有统一的投保数据服务，就会形成数据孤岛，失去客户多渠道一致性体验。

　　在保险订单化设计里，在购物车这个通用中台，我们实现了不同产品投保业务单元的数据集中管理。任意产品在投保业务单元生成投保单时，都会通过领域事件驱动机制，将投保事件数据异步发送到购物车。由于购物车与客户 ID 关联，客户可以在购物车中，找到自己所有未结算的投保数据，在任何渠道继续完成承保出单业务流程。这样，购物车就可以集中企业所有渠道应用的投保过程数据，提供投保相关在线数据服务了。

　　通用能力中台不仅可以实现业务能力的复用，还可以集中管理某个业务领域的数据，实现数据共享和复用。除了购物车这种模式，你还可以在用户中台集中管理企业所有用户，实现用户数据的复用。另外，还有诸如客户信息管理等业务领域也可以考虑数据的共享和复用。

　　总之，你可以深挖通用能力中台的业务和数据价值。

　　另外，除了通用中台，你也可以采用读写分离的方案来实现。在读写分离方案中，数据的增、删、改等数据变更管理都在写端维护。写端可以是多个不同业务领域的数据源，这些数据可以通过数据库日志捕获和消息中间件等技术，异步发送到读端。读端在订阅到数据后，根据业务规则对数据进行加工处理，将加工后的数据存储到数据库、缓存、内存数据库或者搜索引擎等，然后基于这些数据构建查询微服务，提供在线数据查询服务。读端的数据模型、格式和技术组件，可以根据具体业务场景酌情选择。

22.8.2　视图数据服务

　　除了在线数据服务之外，还有一类很重要的视图数据服务，这类视图数据服务主要基于特定业务目标，如基于数据完整性或者企业管理要求形成的统一视图数据。

客户统一视图是非常典型的数据完整性场景。很多企业提出了"以客户为中心"的服务理念。以客户为中心，首先就需要有客户的数据，能够在企业内建立全方位的客户数据视图，基于这些数据进行建模和分析，然后才能够建立"以客户为中心"的服务能力。

在保险业务场景中，客户主要有历史接触数据、订单、历史保单、风险等级和历史理赔等数据。这些数据大多来源于前台一线业务，分别属于不同的业务领域。我们需要建立客户视图数据模型，建立与客户相关的多维度数据关联，集中管理这些分散的数据。当业务领域发生与客户视图数据相关的领域事件时，我们可以采用领域事件驱动机制，异步将这些分散的客户数据集中到客户统一视图数据服务中。经过数据处理和加工后，再对外提供统一的客户视图数据服务。

另外，企业还会基于不同的业务需求，而设立不同的视图数据服务，如机构视图数据服务、代理人视图数据服务等。不同的数据视图会有不同的数据模型。它们大多可以采用领域事件驱动机制实现视图数据的集中。

对于大型企业，为了满足复杂的一线数据服务需求，支持企业商业模式创新，如果企业有大数据相关的技术和管理能力，其实也可以考虑建立数据中台。这样，既可以为前台一线提供在线数据服务，又可以满足企业统计分析和高层企业决策的数据服务要求，还可以支持企业数字化运营和商业模式创新。当然，这又是一个非常大的话题。

22.9　本章小结

本章我们选取保险订单化销售业务领域，采用自顶向下策略，完成了保险部分业务领域的中台设计，带你了解了中台设计全流程，理解了 DDD、业务中台、微服务、微前端和单元化设计的关系和它们的核心设计思想。

这里不妨再来回顾一下保险订单化中几个关键的设计过程。

1）业务中台领域建模。我们可以根据流程或功能边界，初步划分子域边界，并将子域分为通用子域和核心子域。在子域内开展事件风暴，找出限界上下文边界，完成领域建模。

2）业务单元化设计。以领域模型为基准进行单元化设计，向上建设微前端实现领域模型的前端页面逻辑，向下建设微服务实现领域模型的领域逻辑。将微服务和微前端组合为业务单元，完成集成、测试和部署。

3）构建企业级前台应用。根据企业级业务流程，组合和编排不同业务单元的微前端页面，实现不同业务单元的业务能力在企业级前台的业务联通和融合。

4）中台和后台的解耦。采用领域事件驱动机制实现中台微服务之间，以及中台与后台之间业务逻辑的解耦，实现数据的融合。

在设计过程中，我们全面引入了 DDD 的设计思想。首先从业务领域入手，划分限界上下文边界，建立领域模型。结合微服务和微前端的单元化设计，通过前台微前端和中台单元化设计，实现了"中台解耦，前台融合"的设计目标。当然，这个过程离不开领域的专业知识和领域专家的经验和决策。

　　技术上，单元化的设计既可实现基于微前端的页面级复用，又可实现基于微服务 API 的能力共享。同时，它还降低了不同项目团队之间的沟通、集成和运维成本。通过在前台应用对微前端拼图式的集成方式，解决了复杂业务和技术场景下应用集成难的问题。

　　业务上，企业级前台应用灵活加载不同保险产品的投保业务单元，在前台应用内完成无差异的不同产品组合销售。结合商品、购物车、订单和收款等通用能力中台，构建保险订单化销售通用能力技术框架，实现用户在前台操作的一体化体验。

　　核心能力中台面向不同的渠道提供不同保险产品销售的核心能力复用。而商品、购物车、订单和收付等通用能力中台，作为企业级通用能力，它们可以组合起来面向任何前台应用，提供订单化销售的企业级解决方案。这样，不同产品可以面向不同渠道和客户，充分释放出适应不同业务场景的个性能力和优势，而通用能力则可通过抽象和标准化设计，具有更强的业务融合和企业级组合与支撑能力，联通各个不同的业务板块，发挥企业业务和流程黏合剂的作用。

　　通用能力中台作为企业级的标准解决方案，面向企业所有业务领域，不仅能够提供业务服务能力的支持，也能够提供集中和共享的数据服务能力支撑。

　　这里还需要强调一点：一定要做好通用能力中台的抽象和标准化设计，这样才能更好地实现企业级能力复用。

　　本章内容相对较多，旨在带你了解中台设计的整个过程，详细的设计方法可以参阅前面的章节。

总　　结

　　前面我用五个部分的篇幅，系统讲解了中台建设的基本理念、设计思想和知识体系，希望能够帮你尽快开始中台实践。

　　这部分我会结合一些经验和思考，带你了解单体应用的微服务演进策略、如何避免陷入DDD设计的一些误区、了解微服务的设计原则以及分布式架构下的关键设计方法。

　　本部分主要包括第23章和24章。

　　❑ 第23章 微服务拆分和设计原则。

　　❑ 第24章 分布式架构的关键设计。

Chapter 23 第 23 章

微服务拆分和设计原则

虽然 DDD 的设计方法很好，可以很好地指导中台领域建模和微服务设计，但由于企业发展历程以及企业技术和文化的不同，DDD 和微服务的实施策略也会略有差异。

面对这种差异，我们应该如何落地 DDD 和微服务呢？本章我们就来聊聊微服务的演进策略和设计原则。

23.1 微服务的演进策略

如何实现从单体应用向微服务演进？ ThoughtWorks 提出了两种演进策略："绞杀者策略"和"修缮者策略"。其实，还有一种"另起炉灶"的策略，不过这种策略一般不太推荐。

1. 绞杀者策略

绞杀者策略是一种逐步剥离业务能力，用微服务逐步替代原有单体应用的策略。

它对单体应用进行领域建模，根据领域边界，在单体应用之外，将新功能和部分业务能力独立出来，建设独立的微服务。新微服务与单体应用之间保持松耦合关系，两者只通过服务或异步化的数据进行业务关联。随着时间的推移，大部分单体应用的功能就会被独立为微服务，这样就慢慢"绞杀"了原来的单体应用。

绞杀者策略类似建筑拆迁，在完成新建筑物建设和搬迁后，拆除原来的旧建筑物。

2. 修缮者策略

修缮者策略是一种维持原有系统整体能力不变，通过优化局部以提升系统整体能力的策略。

它是在现有系统的基础上，剥离影响整体业务的部分功能，独立为微服务。比如有高性能要求的功能，代码质量不高或者版本发布频率不一致的功能等。通过这些功能的剥离，我们可以兼顾整体和局部，解决系统整体不协调的问题。

修缮者策略类似古建筑修复，将存在问题的部分功能重建或者修复后，重新加入原有的建筑中，保持建筑原貌和功能不变。一般人从外表感觉不到这个变化，但是建筑物的质量却得到了很大的提升。

3. 另起炉灶策略

另起炉灶策略，顾名思义就是将原有的系统推倒重做。

在微服务建设期间，原有单体系统照常运行，一般会停止接收和开发新需求。而新系统则会组织新的项目团队，按照原有系统的功能域，重构领域模型，开发新的微服务。在完成数据迁移后，进行新旧系统切换。

对于大型核心应用一般不建议采用这种策略。这是因为系统重构后的不稳定，大量未知的潜在技术风险，新的开发模式下项目团队磨合等不确定性因素，会导致项目实施难度大大增加。

23.2　不同场景下的微服务建设策略

企业内情况千差万别，发展历程也不一样，有遗留单体系统的微服务改造，也有全新未知领域的业务建模和系统设计，还有遗留系统局部优化的情况。在不同场景下，领域建模的策略也会有差异。

下面我们就分几类场景来看看如何完成领域建模和微服务演进。

23.2.1　新建系统

新建系统又分为简单和复杂领域建模两种场景。

1. 简单领域建模

简单的业务领域，一个领域就是一个小的子域。在这个小的问题域内，领域建模过程相对简单，直接采用事件风暴的方法进行业务场景分析，提取领域对象，找出服务和聚合，建立领域模型，完成微服务设计即可。

2. 复杂领域建模

对于复杂的业务领域，可能需要将领域多级拆分后才能开始领域建模。领域需要拆分为子域，甚至子域还需要进一步拆分。比如：保险领域可以拆分为承保、理赔、收付费和再保等子域，承保子域还可以拆分为投保、保单管理等子子域。

复杂领域如果不做进一步的领域细分，由于问题域范围太大，领域建模的工程量会非常浩大。你不太容易在一个非常大的领域内通过事件风暴，完成领域建模，即使勉强完成，效果也不一定会好。

对于复杂领域，我们可以分三步来完成领域建模和微服务设计。

第一步，拆分子域建立领域模型。

根据业务领域的特点，参考流程节点边界或功能聚合模块等边界因素，结合领域专家的经验和项目团队的讨论结果，将领域逐级分解为大小合适的子域，然后针对子域采用事件风暴方法，划分聚合和限界上下文，初步确定子域内的领域模型。

第二步，领域模型微调。

梳理领域内所有子域的领域模型，对各子域领域模型进行微调。领域模型微调的过程重点考虑不同领域模型中聚合的重组。同步考虑领域模型之间的服务依赖关系，服务以及领域事件之间的依赖关系，确定最终的领域模型。

第三步，微服务的设计和拆分。

根据领域模型和微服务拆分原则，完成微服务的拆分和设计。

23.2.2　单体遗留系统

如果我们面对的单体遗留系统，从整体来说，要继续保持单体不变而只是将部分特定功能独立为微服务，比如将面临性能瓶颈的模块或代码质量比较差的模块拆分为微服务。我们可以将这一特定功能，理解为一个简单子领域，参考简单领域建模的方式就可以了。这种微服务演进策略采用的是"修缮者策略"。

如果单体遗留系统需要全部拆分为微服务，从整体上完成从单体向微服务架构的演进。可以根据具体的业务场景分析，采用以下两种领域建模方法。当单体应用功能模块非常多，业务范围非常大时，我们需要先将单体应用所对应的业务领域进行子域分解，当子域分解到大小合适，就可以用事件风暴完成领域模型构建。当单体应用业务领域大小正好适合开展事件风暴时，就不必分解子域，直接采用事件风暴构建领域模型即可。这种微服务演进策略采用的是"绞杀者策略"。

一般来说，项目团队对于单体遗留系统的业务模式和数据模型非常熟悉。在领域建模时，也可以采用事件风暴与单体系统数据模型相结合的方式，通过场景分析，快速从遗留系统的服务与数据模型中提取服务和领域对象，用更短的时间完成单体遗留系统的领域模型构建。

> **注意** 在对微服务 DO 对象和 PO 对象设计时，要尽量兼顾微服务的数据模型与单体应用的数据模型，毕竟单体遗留系统中还有大量的历史数据，我们需要尽量降低新旧应用历史数据迁移或数据兼容而带来的复杂度。

其实，在某些业务场景下，不需要进行老单体应用与新微服务的数据迁移和应用切换。我们可以借鉴命令与查询职责分离设计模式（Command Query Responsibility Segregation，CQRS）。CQRS 其实是一种读写分离设计模式。新微服务中只负责业务逻辑处理和业务数据变更，只存储微服务自身产生的业务数据，**专职提供数据新增和变更的写服务**。你可以单独建立一个 CQRS 查询库，存储查询必需的全量业务数据，这些数据包括老单体应用的历史数据和新微服务变更或新增后的数据，并基于查询库构建查询微服务，**专职提供数据查询的读服务**。当然，查询库的技术选型可以根据具体的技术或业务场景来选择，可以是分布式数据库，也可以是缓存或搜索引擎等。另外，查询库的数据模型可以根据具体的查询需求来设计，它的数据来源不必只局限于一个或两个应用，也可以专注于某一个查询主题域综合多个维度数据建立企业级查询数据模型。

对于新业务，微服务完成业务逻辑处理后，先完成本地数据写操作，然后通过领域事件驱动机制将数据复制到 CQRS 查询库。对于历史数据变更业务，微服务先从 CQRS 查询服务获取历史数据明细，然后在微服务内完成数据变更和写操作，再通过领域事件驱动机制将变更后的数据返回 CQRS 查询库。

在新微服务试运行时，如果老单体应用在构建 CQRS 的同时完成了读写分离改造，那么新老两套应用就可以基于同一个 CQRS 查询库完成数据查询逻辑，而各自又可以互不影响地并行独立完成写的业务处理逻辑。新老应用变更后的数据会通过领域事件驱动机制集中到同一个 CQRS 查询库。当微服务出现不可用时，老单体应用仍然可以不受影响地受理新业务，还能基于统一的查询库保证新老应用数据查询结果的一致性。这样，既实现了业务处理逻辑与数据查询逻辑的分离，又解耦了老单体应用与新微服务的服务和数据依赖，可以避免新微服务上线试运行带来的不确定性影响，保证业务的连续性。当微服务运行完全稳定后，老单体应用就可以无感地完成历史使命成功下线了。

经过 CQRS 改造后，你不再需要进行微服务和单体应用的数据模型适配，也省去了从单体应用向微服务的历史数据迁移和新旧应用切换的过程，从而避免了单体应用数据迁移对新的微服务运行的影响。而最关键的是：你再也不需要熬通宵来做应用切换和数据迁移了！

另外，在微服务与传统单体应用集成时，我们还要考虑新老系统之间服务和业务逻辑的兼容，必要时可引入防腐层，将微服务中需要与单体遗留应用交互的领域模型之外的业务逻辑放在防腐层实现，避免污染新构建的领域模型。当新旧应用完成过渡后，就可以抛弃防腐层代码了。

23.3 DDD 使用误区

很多人在接触微服务后，但凡是系统，一概都想设计成微服务架构。其实有些业务场景，单体架构的开发成本可能会更低，开发效率会更高，采用单体架构也不失为好的选择。同样，虽然 DDD 很好，但有些传统设计方法在微服务设计时依然有它的用武之地。

下面我们就来聊聊 DDD 使用过程中常见的几个误区。

1. 所有领域都用 DDD 方法设计

很多人在学会 DDD 后，可能会不加区分地将其用在所有业务领域，即在全部业务领域使用 DDD 来设计。DDD 从战略设计到战术设计，是一个相对复杂的过程。首先，企业内要培养 DDD 的文化。其次，对团队成员的设计和技术能力要求相对较高。

在资源有限的情况下，应先聚焦核心子域。所以建议你先从富领域模型的核心子域开始，而不必一下就在全业务领域推开。待企业内具备了全员实施 DDD 条件，培养了 DDD 的团队文化后，再进行全面推广。

2. 全部采用 DDD 战术设计方法

不同的设计方法有不同的适用场景和环境，我们应该将它用在它最擅长的业务场景中。

DDD 有很多概念和战术设计方法，比如聚合根和值对象等。聚合根利用仓储管理聚合内实体数据之间的一致性，这种方法对于管理新建和修改数据非常有效，比如在修改订单数据时，它可以保证订单总金额与所有商品明细金额的一致。

但聚合根并不擅长复杂的联表查询场景，对于量较大的数据查询处理，甚至有延迟加载进而影响效率的问题。而传统的设计方法，可能用一条简单的 SQL 语句就可以很快解决。

在很多贫领域模型的业务场景，比如数据统计和分析，DDD 的很多方法可能都用不上，或用得并不顺手，而采用传统的方法很容易就解决了。

因此，在遵守领域边界和微服务分层等大原则下，在进行战术层面设计时，我们应该更灵活地考虑选择多种方法，不只采用 DDD 设计方法，传统设计方法也应该在选项内。具体要结合企业情况，以快速、高效解决实际问题为目标，不要为做 DDD 而做 DDD。

3. 重战术而轻战略

很多 DDD 初学者学习 DDD 的主要目的，可能主要是为了设计和开发微服务，因此更看重 DDD 的战术设计实现。殊不知 DDD 是一种从领域建模到微服务落地的全方位的解决方案，领域模型与微服务之间是一种强关联关系。

DDD 战略设计时构建的领域模型，是微服务设计和开发的输入。领域模型确定了微服务的限界上下文边界，以及聚合、聚合根、实体、值对象和领域服务等领域对象。领域模型边界划分得清不清晰，领域对象定义得明不明确，会决定微服务的设计和开发质量。

没有领域模型的输入，基于 DDD 的微服务设计和开发将无从谈起。因此我们不仅要重视战术设计，更要重视战略设计。

4. DDD 只适用于微服务

DDD 是在微服务出现后才真正火爆起来的，很多人会认为 DDD 只适用于微服务，其实在 DDD 沉默的十多年里，它也一直被应用在单体应用的设计中。

很多企业可能有迫切的数字化转型的愿望，但是苦于没有实施微服务的条件，如云计算平台、DevOps 工具等，这些技术能够提高企业自动化运维能力和打造微服务运营的平台。其实这种情况下，DDD 正好可以发挥它的威力。

在项目推进时，我们可以用 DDD 做好应用的边界设计，虽然这时应用表现为单体形态，但是在这些单体的内部却有着清晰的聚合边界，层与层之间也都进了解耦，整个设计和开发完全遵守了 DDD 的解耦设计原则。

一旦企业具备了微服务的实施条件，这些边界清晰的单体就可以很容易地根据限界上下文和聚合的边界拆分为微服务，而这个拆分过程会比耦合度很高的传统单体的拆分过程容易得多，成本也会小得多。

综上，在具体项目实施时，我们要理解 DDD 的核心设计思想和理念，结合企业具体的业务场景和团队技术特点，组合多种设计方法，灵活运用，选择适合自己的正确方法解决实际问题。

23.4 微服务设计原则

微服务设计原则中，如高内聚低耦合、复用、单一职责等这些常见的设计原则在此就不再赘述了。这里主要强调下面几条。

第一条，要领域驱动设计，而不是数据驱动设计，也不是界面驱动设计。

微服务设计应先建立领域模型，在确定了逻辑和物理边界，提取了领域对象，并建立了领域对象之间的依赖关系后，才开始微服务的拆分和设计。

不是先定义数据模型和库表结构，也不是前端界面需要什么，就去调整核心领域逻辑代码。在设计时，应将外部需求变化从用户接口层到应用层和领域层逐级消化，尽量降低前端需求对领域层核心领域逻辑的影响。

第二条，要边界清晰的微服务，而不是分布式小单体。

微服务上线后，其功能和代码也不是一成不变的。随着需求或设计变化，领域模型会迭代演进，微服务的代码也会分分合合。边界清晰的微服务，可快速实现微服务代码的重组。

微服务内聚合之间的领域服务和数据库实体原则上应杜绝相互依赖。你可将聚合之间的调用上升到应用层，通过应用服务对领域服务进行编排或者采用领域事件驱动，实现聚合之间的解耦，以便微服务的架构演进。

第三条，微服务分层要职能清晰，而不是依赖混乱的"小泥球"。

分层架构中各层职能定位清晰，且都只能与其下方的层发生依赖，即只能从外层调用内层服务，内层服务通过封装、组合或编排对外逐层暴露，服务粒度也会由细到粗。

应用层负责服务的组合和编排，不应有太多核心业务逻辑。其中，领域层负责核心领域业务逻辑的实现。各层应各司其职，职责边界不要混乱。

在服务演进时，应尽量将可复用的能力向下层沉淀。

第四条，要做自己能掌控的微服务，而不是过度拆分的微服务。

微服务过度拆分必然会带来软件维护成本的上升，比如集成成本、运维成本、监控和定位问题的成本。企业在微服务转型过程中还需要有云计算、DevOps、自动化监控等能力，而一般企业很难在短时间内提升这些能力，如果项目团队没有这些能力，将很难掌控这些微服务。

如果在微服务设计之初按照 DDD 的战略设计方法，定义好了微服务内的逻辑边界，做好了架构的分层，其实我们不必拆分太多的微服务，即使是单体也未尝不可。

随着技术积累和能力提升，当我们有了这些能力后，由于应用内有清晰的逻辑边界，我们可以随时轻松地重组出新的微服务，而这个过程不会花费太多的时间和精力。

23.5　微服务拆分要考虑哪些因素

理论上，一个限界上下文内的领域模型可以被设计为微服务，但是由于领域建模主要从业务视角出发，没有考虑非业务的因素，比如需求变更频率、高性能、安全、团队以及技术异构等因素。这些非业务因素对于领域模型的系统落地也会起到决定性作用，因此在微服务拆分时也需要重点考虑它们。下面列出几个主要因素，供你参考。

1. 基于领域模型

基于领域模型，也就是按照限界上下文边界进行拆分，围绕业务领域边界按职责单一性、功能完整性进行微服务拆分。

2. 基于业务需求变化频率的不同

你需要识别领域模型中业务需求变动频繁的功能，考虑业务变更频率与相关度，将业务需求变动较高和功能相对稳定的业务进行分离。

这是因为需求的经常性变动必然会导致代码的频繁修改和版本发布。这种分离可以有效降低频繁发布版本的业务对不需要经常发布版本的业务的影响。

3. 基于应用性能的要求不同

你需要识别领域模型中性能压力较大的业务。因为对性能指标要求高的业务在资源需求上要求会比其他业务高，这样可能会拖累其他业务，也会造成资源无谓的浪费。为了降低对应用整体性能和资源要求的影响，我们可以将对性能方面有较高要求的业务与对性能要求不高的业务进行拆分。

4. 基于组织架构和团队规模

除非有意识地优化组织架构，否则微服务的拆分应尽量避免对团队和组织架构的调整，避免由于功能的重新划分，而增加大量且不必要的团队之间的沟通成本。

拆分后的微服务项目团队规模保持在 10 ～ 12 人为宜。在进行微服务拆分和组建项目团队时，应尽量将沟通边界控制在小团队内。

5. 基于安全边界的不同

对于有特殊安全要求的业务，应从领域模型中拆分、独立出来。避免因为不同的安全要求，而带来不必要的成本，或带来泄密的风险。

6. 基于技术异构等因素

领域模型中有些功能虽然在同一个业务领域内，但由于各种条件的限制，在技术实现时可能会存在较大的差异，也就是说领域模型内部不同的功能存在技术异构的问题。

由于业务场景或者技术条件的限制，有的可能采用 .NET 语言，有的则采用 Java 语言，甚至有的采用大数据技术架构。

对于这些存在技术异构的功能，你可以考虑按照技术栈的边界进行拆分。

综上，建立领域模型后，我们还需要考虑以上影响微服务拆分的非业务因素。说了这么多，需要注意一点：这些拆分都是以领域模型的聚合为单位拆分的。

在 DDD 里，聚合是可以拆分为微服务的最小单位，所以我们在领域建模时一定要把握好聚合这个逻辑边界，它随时可能会发挥出让你意想不到的威力。

23.6　本章小结

相信你在微服务落地的时候会有很多收获和感悟。

对于 DDD 和微服务，我想总结的就是：深刻理解 DDD 的设计思想和内涵，把握好边界和分层这个大原则，结合企业文化和技术特点，灵活运用战术设计方法，选择最适合的技术和方法解决实际问题，切勿为了 DDD 而做 DDD！

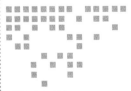

Chapter 24

第 24 章

分布式架构的关键设计

企业数字化转型不仅要关注商业模式、业务边界、领域建模以及前中台的融合设计，同时由于中台大多采用分布式微服务架构，我们还需要关注分布式架构下的关键技术实现细节。诸如分布式架构下的数据库选择？数据如何同步和复制？高频热点数据的处理方式等问题。

本章结合我多年的实施经验和思考，一起来聊聊分布式架构下的几个关键设计问题，给出一点点意见和建议。

24.1　选择什么样的分布式数据库

分布式架构下的数据应用场景远比集中式架构复杂，会产生很多数据相关的问题。谈到数据，首先就是要选择合适的分布式数据库。分布式数据库大多采用数据多副本的方式，让数据具有了高性能、多活和容灾能力。

目前有三类主要的分布式数据库解决方案，这些方案的差异主要在于数据多副本的处理方式和采用的数据库中间件的类型。

1）原生分布式数据库方案。它支持数据多副本、高可用。多采用 Paxos 协议，一次写入多数据副本，多数副本写入成功即算成功。

2）集中式数据库 + 数据库中间件方案。它是集中式数据库与数据库中间件相结合的方案，通过数据库中间件实现数据路由和全局数据管理。数据库中间件和数据库分别独立部署，采用数据库自身的同步机制实现主副本数据的一致性。

开源的集中式数据库主要有 MySQL 和 PostgreSQL。基于这两种数据库衍生出了很多解决方案，比如开源数据库中间件 MyCat+MySQL 方案等。

　　3）集中式数据库＋分库类库方案。它是一种轻量级的数据库中间件方案，分库类库实际上是一个基础 JAR 包，与应用软件部署在一起，实现数据路由和数据归集。它适合比较简单的读写交易场景，在强一致性和聚合分析查询方面相对较弱。典型分库基础组件有 ShardingSphere。

　　综上，这三种方案实施成本不一样，业务支持能力差异也比较大。

　　原生分布式数据库大多由互联网大厂开发，具有超强的数据处理能力，大多需要云计算底座，实施成本和技术能力要求比较高。集中式数据库＋数据库中间件方案，实施成本和技术能力要求适中，可基本满足中大型企业业务要求。分库类库的方案可处理简单的业务场景，成本和技能要求相对较低。

　　在选择数据库的时候，需要考虑自身技术能力、业务量、成本以及业务场景需要，以选择合适的数据库方案。

24.2　如何设计数据库分库主键

　　选择了分布式数据库，第二步就要考虑数据分库，这时分库主键的设计就很关键了。

　　与客户接触的关键业务，建议以客户 ID 作为分库主键。这样可以确保同一个客户的数据分布在同一个数据单元内，避免出现跨数据单元的频繁数据访问。跨数据中心的频繁服务调用或跨数据单元的查询，会对系统性能造成致命的影响。

　　将客户的所有数据放在同一个数据单元，也更容易为客户提供一致性服务。而对企业来说，要具备"以客户为中心"的业务能力，要先在数据上做到"以客户为中心"。

　　当然，你也可以根据业务需要选用其他的业务属性作为分库主键，比如机构代码、用户 ID 等代码。

24.3　数据库的数据同步和复制

　　在分布式微服务架构中，数据会根据数据扩展能力要求被进一步垂直或水平分割。为了实现数据的整合，数据库之间的批量数据同步与复制是必不可少的。

　　数据同步与复制主要用于数据库之间的数据同步，实现业务数据迁移、数据备份、不同渠道核心业务数据向数据平台或数据中台的数据复制，以及不同主题数据的整合等。

　　传统的数据同步方式有 ETL 工具和定时提数程序，但在数据时效性方面存在短板。

　　分布式架构一般采用数据库日志捕获技术（CDC），根据数据库增量日志提取数据库增量数据，实现准实时的数据复制和传输。这种设计方式可以实现业务处理逻辑及数据复制和同步处理逻辑的独立与解耦，使用起来会更加简单、便捷。

　　现在主流的 PostgreSQL 和 MySQL 等数据库外围，有很多数据库日志捕获技术组件。

CDC 技术也可以应用于领域事件驱动设计中，作为领域事件增量数据的捕获工具。

24.4　跨库关联查询如何处理

跨库关联查询是分布式数据库的一个短板，会影响查询性能。

在领域建模时，很多原来在一个数据库的实体会被分散到不同的微服务中，但很多时候因为业务需求，它们之间需要关联查询。关联查询的业务场景一般包括两类。

第一类是基于某一维度或某一主题域的数据查询，比如基于客户全业务视图的数据查询，由于客户的业务数据会随着不同业务条线的操作而被分散在不同业务领域中，这类数据查询会跨多个微服务。

第二类是表与表之间的关联查询，比如机构表与业务表的联表查询。但机构表和业务表却分散在不同的微服务。

如何解决这两类业务场景下的查询呢？

对于第一类场景，由于数据分散在不同微服务里，我们无法跨多个微服务来统计这些数据。你可以建立面向不同业务主题的分布式数据库，它的数据来源于不同业务领域的微服务。我们可以采用数据库日志捕获技术和领域事件驱动机制，从各业务端微服务将数据准实时汇集到主题数据库。

在数据汇集时，需要提前做好数据关联处理（如将多表数据合并为一个宽表）或者建立数据模型。然后建立面向主题数据查询的微服务，这样你就可以相对容易地一次获取客户所有维度的业务数据了。你还可以根据主题或场景设计分布式数据库的分库主键，以提高大数据量条件下的数据库查询效率。

对于第二类场景，即不在同一个数据库的表之间的关联查询场景，你可以采用小表广播的设计模式。

比如，如果需要基于机构代码进行关联查询，我们可以在需要进行关联查询的业务库中增加一张冗余的机构代码表，这张表的数据只用于关联查询。机构代码表的数据在主数据微服务中进行生命周期管理，当主数据微服务中的机构代码数据发生变化时，你可以通过消息发布和订阅的领域事件驱动模式，异步刷新所有订阅了机构代码表数据的冗余表中的数据。通过异步消息广播和数据冗余的方式，既可以解决表与表的关联查询，还可以提高数据的查询效率。

24.5　如何处理高频热点数据

对于高频热点数据，比如商品、机构等代码类数据，它们同时面向多个应用，需要有很高的并发响应能力。这样会给数据库带来巨大的访问压力，影响系统的性能。

常见的做法是将这些高频热点数据从数据库加载到如 Redis 等缓存中，通过缓存提供高频数据访问服务。这样既可以降低数据库的压力，还可以提高数据的访问性能。

另外，对需要模糊查询的高频数据，你也可以选用 ElasticSearch 等搜索引擎。

缓存就像调味料一样，投入小、见效快，用户体验提升快。

24.6 前后序业务数据的处理

在微服务设计时你会经常发现，某些数据需要关联前序微服务的数据。比如：在保险业务中，投保微服务生成投保单后，保单会关联前序业务的投保单数据等。在电商业务中，货物运输单会关联前序业务的订单数据。由于这些需要关联的数据分散在业务流程的前序微服务中，你无法通过不同微服务的数据库来给它们建立数据关联。

那如何解决这种前后序的实体关联呢？

一般来说，前后序的数据都跟领域事件有关。你可以通过领域事件处理机制，按需将前序数据通过领域事件实体，传输并冗余到当前的微服务数据库中。

你可以将前序数据设计为实体或者值对象，供当前实体引用。在设计时你需要关注以下内容：如果前序数据在当前微服务只可整体修改，并且不会对它做查询和统计分析，那么你可以将它设计为值对象。当前序数据是多条，并且需要做查询和统计分析，你可以将它设计为实体。

这样，当货物运输的前端应用需要查看订单数据时，你可以在货物运输微服务中一次同时获取前序订单的清单数据和货物运输单数据，并将所有数据一次反馈给前端应用，这样就降低了跨微服务之间的调用。

如果前序数据被设计为实体，你还可以将存储在本地业务库的前序数据作为查询条件，在本地微服务完成多维度的综合数据查询。只有在必要时才从前序微服务获取前序业务实体的明细数据。通过数据冗余设计，即使前序微服务出现故障不能提供服务，也不会影响当前微服务与前序数据相关的业务和服务。

这样，既能保证数据的完整性，还能降低微服务的依赖，减少跨微服务的频繁调用，提升系统性能。

24.7 数据中台与企业级数据集成

分布式微服务架构虽然提升了应用弹性和高可用能力，但原来集中的数据会随着微服务拆分而形成很多数据孤岛，增加数据集成和企业级数据使用的难度。

你可以通过数据中台来实现数据融合，解决分布式架构下的数据应用和集成问题。可以分三步来建设数据中台。

第一，按照统一数据标准，完成不同微服务和渠道业务数据的汇集和存储，解决数据孤岛和初级数据共享的问题。

第二，建立主题数据模型，按照不同主题和场景对数据进行加工处理，建立面向不同主题的数据视图，比如客户统一视图、代理人视图和渠道视图等。

第三，建立业务需求驱动的数据体系，支持业务和商业模式创新。

数据中台不只适用于分析场景，也适用于交易型场景。你可以将其建立在数据仓库和数据平台上，将数据平台化之后提供给前台业务使用，为交易场景提供支持。

当然，数据中台的建设投入高、见效慢、收益高，你需要整体权衡。

24.8　BFF 与企业级业务编排和协同

企业级业务流程往往是由多个微服务协作完成的，每个单一职责的微服务就像积木块，它们只完成自己特定的功能。但是企业级的业务功能往往是由多个中台微服务的功能组成的，那如何组织这些微服务，完成企业级业务编排和协同呢？

你可以在微服务和前端应用之间，增加一层 BFF（Backend for Frontends）微服务。BFF 的主要职责是处理微服务之间的服务组合和编排。

前面提到了，微服务内的应用服务也可以处理服务的组合和编排。那么你可能会问，这两者之间有什么差异呢？

BFF 是位于中台微服务之上，它的主要职责是负责微服务之间的服务协调和编排。而应用服务主要处理微服务内的服务组合和编排，它可以组合和编排领域服务。在小型项目里，应用服务也可以编排其他微服务的应用服务，我们就没必要增加一层 BFF 的逻辑了。

在设计时我们应尽可能地将可复用的服务能力往下层沉淀，在实现能力复用的同时，还可以避免跨中心的服务调用，带来不必要的开销。

BFF 像齿轮一样，适配着前端应用与微服务之间的步调。通过 BFF 微服务中的 facade 接口服务，向上适配不同的前端应用。通过协调不同微服务，向下实现企业级业务能力的组合、编排和协同。

BFF 微服务可根据需求和流程变化，与前端应用版本协同发布，避免中台微服务为适配不同前端需求的变化，而频繁地修改和发布版本，从而保证中台微服务版本和核心领域逻辑的稳定。

如果你的 BFF 做得足够强大，它可以成为一个集成了不同中台微服务能力、面向多渠道应用的业务能力聚合平台。

24.9　分布式事务还是事件驱动机制

分布式架构下，原来单体的内部调用会变成跨微服务的分布式调用。如果一笔交易同时新增和修改了多个微服务的数据，就容易产生数据一致性的问题。数据一致性有强一致性和最终一致性两种实现方案，它们的实现方式不同，代价也不同。

对实时性要求高的强一致性业务场景，你可以采用分布式事务，但分布式事务有性能代价，在设计时我们需平衡考虑业务拆分、数据一致性、性能和实现的复杂度，尽量避免分布式事务的产生。

领域事件驱动的异步方式是分布式架构常用的设计方法，它可以解决非实时性场景下的数据最终一致性问题。基于消息中间件的领域事件发布和订阅，可以很好地解耦微服务。通过削峰填谷，可以减轻数据库实时访问压力，提高业务吞吐量和业务处理能力。

你还可以通过领域事件驱动机制实现读写分离，提高数据库访问性能。对数据实时性要求不高的最终一致性的场景，一般优先采用异步化的领域事件驱动设计方式。

24.10 多中心多活设计

分布式架构的高可用主要通过多中心多活设计来实现。多中心多活是一个非常复杂的话题，涉及的技术很多，我主要列出以下几个关键的设计点。

1）选择合适的分布式数据库。数据库应该支持多数据中心部署，满足数据多副本以及数据底层复制和同步的技术要求，满足数据复制和恢复的时效性要求。

2）单元化架构设计。将若干个应用组成的业务单元集合作为部署的基本单位，实现同城和异地多活部署，以及跨中心的弹性扩容。各单元集合内业务功能自包含，所有业务流程都可在本单元集合内完成。任意单元的数据在多个数据中心有副本，不会因故障而造成数据丢失。任何单元故障不影响其他同类单元的正常运行。单元化设计时，我们要尽量避免跨数据中心和跨单元的调用。单元化架构可以很好地支持全链路压测和灰度发布，支持数据中心和业务的快速扩容。

3）访问路由。访问路由包括接入层、应用层和数据层的路由，需要确保前端请求能够按照正确的路由到达数据中心和业务单元，准确地写入或获取业务数据所在数据库。

4）全局配置数据管理。统一管理各数据中心全局配置数据，所有数据中心全局配置数据可实现实时同步。保证所有数据中心配置数据的一致性，在出现灾难时，可以一键切换。

24.11 本章小结

企业级分布式架构的实施是一个非常复杂的系统工程，涉及非常多的技术体系和方法。我选取了10个关键的分布式设计关键领域，每个领域其实都非常复杂，需要大量的投入和研究。具体实施和落地时，企业要结合自身情况来选择合适的技术组件和实施方案。

结 束 语

到这里，全书就要结束啦！

企业中台数字化转型是一个非常复杂的过程，它涵盖了业务中台、数据中台、技术中台等多个中台能力的建设，而且每个领域都很复杂，需要投入大量的人力和物力，综合提升企业各方面的能力。

本书聚焦于业务中台建设，从中台领域边界划分和构建领域模型开始，到完成微服务和微前端建设以及单元化设计等多个维度，系统地阐述了中台建设方法体系。其中也用到了很多案例，带你来加深理解和实践中台设计方法。

我们再来回顾一下全书的内容，在业务中台设计时，你可以用到以下方法。

1）在中台业务领域边界划分和构建中台领域模型时，可以采用 DDD 战略设计方法。

2）在业务中台落地时，可以采用微服务架构设计。

3）在微服务拆分、设计和开发时，可以采用 DDD 战术设计方法。

4）在前台设计和开发时，可以采用微前端设计方法。

5）以领域模型为基准，可以组合微前端和微服务，采用业务单元化设计方法。既可以实现企业级业务流程在前台的联通和融合，也可以提供场景化销售的快速响应能力。

这些设计思想和方法涵盖了业务中台建设的方方面面，可以帮你建立"中台解耦，前台融合"的企业级中台架构。在这些设计方法里，中台业务边界的划分、领域建模、微服务和微前端的设计属于业务和应用拆分过程，而企业级前台对不同业务单元能力的组合则是业务能力融合过程。通过"分"的设计，让中台业务和应用拥有了更强的扩展能力；通过"合"的设计，实现了业务和数据融合，联通了各个业务板块的能力，在企业形成合力，推动企业业务和商业模式的创新。

一套好的方法体系可以帮你建立标准的中台设计方法体系，让你的中台设计思路更加清晰，设计过程更加规范。但采用同样的方法，有的企业成功了，有的却失败了。

这里面其实有很多原因，毕竟这些方法在具体落地时还有很多准备工作要做。而每个企业的文化、技术以及组织架构存在很大的差异。有的企业能够百分百地执行和落地，而有的企业却只能落地其中的一小部分，甚至有的可能还会因为各方面的原因而无法推行。

正是由于这种企业之间的差异，不同的企业在落地中台和实践这些方法的时候，要真正理解它们的设计理念和核心设计思想，找到企业的痛点和中台数字化转型的真正目标和诉求，然后结合企业具体情况，选择最适合自身的方法、技术和实现手段，实现中台建设目标，而不是照搬照抄，更不能把手段当成目标，抱着"别人有我也要有的心理"，变成漫无目标的为做而做。

中台的能力建设涉及技术、业务、数据和组织能力建设。在实施中台过程中，你可能会遇到各种各样的困难。如果让你给它们的实现难度排个序的话，你会如何选择呢？

我认为技术难度最小，其次是数据，然后是业务，最难的其实是企业组织能力建设。

你可能会问，为什么是这样的顺序呢？其实这些能力的建设和提升，都与组织能力建设有关。

首先传统企业的 IT 科技部门，整体负责 IT 系统建设、数据管理和运营，不存在组织架构壁垒，在确定数字化转型目标后，可以相对容易地同心协力达成目标，所以技术和数据能力的提升就会相对容易一些。

而业务能力的建设就会有组织架构上"部门墙"的问题，需要 IT 科技部门与业务部门协同与合作。甚至某些核心能力中台，还需要 IT 科技部门与业务部门组成团队来实现中台的产品化运营，这就需要打破原来的组织架构边界，所以业务能力的建设难度会比技术和数据更大。

中台的能力最终需要落到组织能力上，只有这样才能持续优化中台各方面的能力，才能无缝联通各个流程环节的能力，降低内耗，发挥最大的效能。组织架构的调整对企业来说不啻于一场大的变革，其遇到的阻力和难度会更大。而这种变革可能需要有魄力的企业一把手来推动。所以组织能力建设才是最复杂，也是最困难的。

虽然这 4 种能力在实施难度上存在差异，但是每一种能力的提升都不是一件容易的事，需要企业投入大量的人力和物力。

好了，我们还是回到 DDD、微服务和中台建设的主题上来。

DDD 设计方法从业务领域边界划分、构建领域模型开始，到微服务设计和开发，涵盖了技术和业务两个方面的能力，它可以帮你解决技术和业务能力提升的问题。当然，那些基础的技术能力如技术中台和云平台等，仍然需要企业投入大量资源。

既然 DDD 这么重要，那我们就需要学好和用好 DDD 了。

DDD 是一个相对复杂的方法体系，它与传统的软件开发模式或者流程存在一定的差异。在实践 DDD 时，你可能会遇到一些困难。企业可能需要在研发模式上有一定的调整，项目团队也需要提升 DDD 的设计和技术能力，培养适合 DDD 成长的"土壤"。

我觉得你可能会遇到这样三个问题，下面结合我的经验来谈一谈看法。

1. 业务专家或领域专家的问题

传统企业中业务部门的人员往往是需求的主要提出者，但由于部门墙，他们很少参与到软件设计和开发过程中。如果组织架构和研发模式不调整，你不要奢望业务人员会主动加入项目团队中，一起来完成领域建模。没有业务人员的参与，你是不是就会觉得没有领域专家，就不能领域建模了呢？其实并不是这样的。

对于成熟业务的领域建模，我们可以从团队需求人员或者经验丰富的设计或开发人员中，挑选出能够深刻理解业务内涵和业务管理要求的人员，担任领域专家完成领域建模。对于既熟悉业务又熟悉面向对象设计的项目人员，这种设计经验尤其重要，他们可以利用面向对象的设计经验，更深刻地理解和识别出领域模型的领域对象与业务行为，有助于推进领域模型的设计。

而对于新的创业企业，他们面对的可能是从来没人做过的全新的业务领域，没有任何可借鉴的经验，更不要提什么领域专家。对于这种情况，就需要团队一起经过更多次、更细致的事件风暴，才能建立领域模型。当然建模的过程离不开产品愿景分析，这个过程是确定和统一项目建设目标以及产品的核心竞争力是什么的过程。这种初创业务的领域模型往往需要经过多次迭代才能成型，不要奢望一次就可以建立一个完美的领域模型。

2. 团队 DDD 的理念和技术能力问题

完成领域建模和微服务设计后，就要投入开发和测试了。这时你可能会发现一些开发人员，并不理解 DDD 设计方法，不知道什么是聚合、分层以及边界，也不知道服务的依赖以及层与层之间的职责边界是什么。

这样很容易出现设计很精妙，而开发结果很糟糕的状况。遇到这种情况，除了要在项目团队普及 DDD 的知识和设计理念外，你还要让所有的项目成员尽早地参与到领域建模中，事件风暴的过程除了统一团队语言外，还可以让团队成员提前了解领域模型、设计要点和注意事项。

3. DDD 设计原则问题

基于各种考虑，DDD 有很多设计原则，也用到了很多设计模式。条条框框多了，很多人可能就会被束缚住，总是担心或犹豫这是不是原汁原味的 DDD。其实我们不必追求极致的 DDD，这样做可能反而会导致过度设计，增加开发复杂度和项目成本。

DDD 的设计原则或模式，是考虑了很多具体场景或者前提的。有的是为了解耦，如仓储、聚合边界以及分层思想，有的则是为了确保遵循业务规则以保证数据一致性，如聚合根管理等。在理解了这些设计原则的根本原因后，有些场景你就可以灵活把握设计方法了，你可以根据实际业务场景突破某些原则，不必受限于条条框框，大胆选择最适合自己业务场景的设计方法。

用好 DDD 的关键，首先要领悟 DDD 的核心设计思想和理念，了解它为什么适合中台建设和微服务设计，然后慢慢体会、消化、吸收和实践。

中台建设是一个非常复杂的工程。业务中台建设的知识和理论体系涵盖了 DDD、微服务、微前端、单元化设计等内容，也涉及前台、中台和后台等协同设计。虽然整个知识体系很复杂，但也是有矩可循的，照着样例多做几个事件风暴，完成领域建模和微服务设计，体会中台设计的完整过程。相信你很快就能领悟到它们的核心设计理念，做到收放自如，趟出一条适合自己的 DDD 和中台实践之路。

本书设计方法不仅适用于企业级业务中台建设，同样适用于企业应用由单体架构向微服务架构转型的场景。在云计算的下一站——Serverless 架构下，DDD 的领域事件驱动模型、领域模型内可独立部署的更细粒度的聚合的边界和松耦合的设计思想，也能更好地帮助你实现从微服务到云函数的演进。当然，没有万能的"银弹"，要构建优秀的企业信息系统架构，应该将中台和 DDD 视作一种思维方式和设计思想，并结合企业实际情况灵活运用。

推荐阅读

  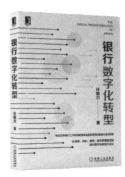

《RPA流程自动化引领数字劳动力革命》

这是一部从商业应用和行业实践角度全面探讨RPA的著作。作者是全球三大RPA巨头之一AA（Automation Anywhere）的大中华区首席专家，他结合自己多年的专业经验和全球化的视野，从基础知识、发展演变、相关技术、应用场景、项目实施、未来趋势等6个维度对RPA做了全面的分析和讲解，帮助读者构建完整的RPA知识体系。

《用户画像》

这是一本从技术、产品和运营3个角度讲解如何从0到1构建一个用户画像系统的著作，同时它还为如何利用用户画像系统驱动企业的营收增长给出了解决方案。作者有多年的大数据研发和数据化运营经验，曾参与和负责了多个亿级规模的用户画像系统的搭建，在用户画像系统的设计、开发和落地解决方案等方面有丰富的经验。

《银行数字化转型》

这是一部指导银行业进行数字化转型的方法论著作，对金融行业乃至各行各业的数字化转型都有借鉴意义。

本书以银行业为背景，详细且系统地讲解了银行数字化转型需要具备的业务思维和技术思维，以及银行数字化转型的目标和具体路径，是作者近20年来在银行业从事金融业务、业务架构设计和数字化转型的经验复盘与深刻洞察，为银行的数字化转型给出了完整的方案。

推荐阅读

数据中台

超级畅销书

这是一部系统讲解数据中台建设、管理与运营的著作，旨在帮助企业将数据转化为生产力，顺利实现数字化转型。

本书由国内数据中台领域的领先企业数澜科技官方出品，几位联合创始人亲自执笔，7位作者都是资深的数据人，大部分作者来自原阿里巴巴数据中台团队。他们结合过去帮助百余家各行业头部企业建设数据中台的经验，系统总结了一套可落地的数据中台建设方法论。本书得到了包括阿里巴巴集团联合创始人在内的多位行业专家的高度评价和推荐。

中台战略

超级畅销书

这是一本全面讲解企业如何建设各类中台，并利用中台以数字营销为突破口，最终实现数字化转型和商业创新的著作。

云徒科技是国内双中台技术和数字商业云领域领先的服务提供商，在中台领域有雄厚的技术实力，也积累了丰富的行业经验，已经成功通过中台系统和数字商业云服务帮助良品铺子、珠江啤酒、富力地产、美的置业、长安福特、长安汽车等近40家国内外行业龙头企业实现了数字化转型。

中台实践

超级畅销书

本书是国内领先的中台服务提供商云徒科技为近百家头部企业提供中台服务和数字化转型指导的经验总结。主要讲解了如下4个方面的内容：

第一，中台如何帮助企业让数字化转型落地，以及中台在资源整合、业务创新、数据闭环、应用移植、组织演进5个方面为企业带来的价值；

第二，业务中台、数据中台、技术平台这3大平台的建设内容、策略和方法；

第三，中台如何驱动新地产、新汽车、新直销、新零售、新渠道5大行业和领域实现数字化转型，给出了成熟的解决方案（实现目标、解决方案和实现路径）和成功案例；

第四，开创性地提出了"软件定义中台"的思想，通过对中台的进化历程和未来演进方向的阐述，帮助读者更深入地理解中台并明确未来的行动方向。